Benjamin Pickel

Das Dirigentprotein AtDIR6 aus A. thaliana

Benjamin Pickel

Das Dirigentprotein AtDIR6 aus A. thaliana

Heterologe Expression, Aufreinigung und molekulare Charakterisierung

Südwestdeutscher Verlag für Hochschulschriften

Impressum/Imprint (nur für Deutschland/only for Germany)
Bibliografische Information der Deutschen Nationalbibliothek: Die Deutsche Nationalbibliothek verzeichnet diese Publikation in der Deutschen Nationalbibliografie; detaillierte bibliografische Daten sind im Internet über http://dnb.d-nb.de abrufbar.
Alle in diesem Buch genannten Marken und Produktnamen unterliegen warenzeichen-, marken- oder patentrechtlichem Schutz bzw. sind Warenzeichen oder eingetragene Warenzeichen der jeweiligen Inhaber. Die Wiedergabe von Marken, Produktnamen, Gebrauchsnamen, Handelsnamen, Warenbezeichnungen u.s.w. in diesem Werk berechtigt auch ohne besondere Kennzeichnung nicht zu der Annahme, dass solche Namen im Sinne der Warenzeichen- und Markenschutzgesetzgebung als frei zu betrachten wären und daher von jedermann benutzt werden dürften.

Verlag: Südwestdeutscher Verlag für Hochschulschriften GmbH & Co. KG
Dudweiler Landstr. 99, 66123 Saarbrücken, Deutschland
Telefon +49 681 37 20 271-1, Telefax +49 681 37 20 271-0
Email: info@svh-verlag.de

Zugl.: Stuttgart, Universität Hohenheim, Diss., 2011

Herstellung in Deutschland:
Schaltungsdienst Lange o.H.G., Berlin
Books on Demand GmbH, Norderstedt
Reha GmbH, Saarbrücken
Amazon Distribution GmbH, Leipzig
ISBN: 978-3-8381-2948-8

Imprint (only for USA, GB)
Bibliographic information published by the Deutsche Nationalbibliothek: The Deutsche Nationalbibliothek lists this publication in the Deutsche Nationalbibliografie; detailed bibliographic data are available in the Internet at http://dnb.d-nb.de.
Any brand names and product names mentioned in this book are subject to trademark, brand or patent protection and are trademarks or registered trademarks of their respective holders. The use of brand names, product names, common names, trade names, product descriptions etc. even without a particular marking in this works is in no way to be construed to mean that such names may be regarded as unrestricted in respect of trademark and brand protection legislation and could thus be used by anyone.

Publisher: Südwestdeutscher Verlag für Hochschulschriften GmbH & Co. KG
Dudweiler Landstr. 99, 66123 Saarbrücken, Germany
Phone +49 681 37 20 271-1, Fax +49 681 37 20 271-0
Email: info@svh-verlag.de

Printed in the U.S.A.
Printed in the U.K. by (see last page)
ISBN: 978-3-8381-2948-8

Copyright © 2011 by the author and Südwestdeutscher Verlag für Hochschulschriften GmbH & Co. KG and licensors
All rights reserved. Saarbrücken 2011

Heterologe Expression und molekulare Charakterisierung des Dirigentproteins *At*DIR6 aus *A. thaliana*

Benjamin Pickel

Für meinen Großvater

Inhaltsverzeichnis

1. **Abkürzungsverzeichnis**   8
2. **Zusammenfassung**   11
3. **Summary**   12
4. **Einleitung**   13
   - 4.1. Lignane 14
     - 4.1.1. Chemische Struktur 14
     - 4.1.2. Vorkommen 16
     - 4.1.3. Physiologische Eigenschaften 17
   - 4.2. Lignanbiosynthese 19
   - 4.3. Dirigent Proteine 22
     - 4.3.1. Verbreitung 25
     - 4.3.2. Physiologische Funktion 25
     - 4.3.3. Molekulare Charakterisierung 27
   - 4.4. Fragestellung 28
5. **Material & Methoden**   30
   - 5.1. Material 30
     - 5.1.1. Verbrauchsmaterial 30
     - 5.1.2. Chemikalien 30
       - 5.1.2.1. Koniferylalkohol 30
       - 5.1.2.2. (+)-Pinoresinol 30
     - 5.1.3. Enzyme 30
     - 5.1.4. Oligonukleotide 31
     - 5.1.5. Plasmide 31
   - 5.2. Organismen 32
     - 5.2.1. *Escherichia coli* 32
       - 5.2.1.1. *E. coli*-Klone 32
     - 5.2.2. *Arabidopsis thaliana* 33
     - 5.2.3. *Forsythia × intermedia* 33
     - 5.2.4. *Solanum peruvianum* 34
   - 5.3. Kultivierung von *E. coli* 34

Inhaltsverzeichnis

5.4. Kultivierung von *S. peruvianum*-Zellen	34
5.4.1. Kultivierung von Kallus	34
5.4.2. Etablierung von Zellsuspensionskulturen	36
5.4.3. Kultivierung der Zellsuspensionskultur	36
5.5. DNS-Extraktion	36
5.5.1. Plasmidisolation (Minipräparation)	36
5.5.2. Extraktion genomischer DNS mit DEX	38
5.5.3. Extraktion genomischer DNS mit CTAB	38
5.6. Polymerasekettenreaktion	39
5.7. Agarosegelelektrophorese	41
5.8. Sequenzierung	41
5.9. DNS-Klonierung	42
5.9.1. DNS-Elution	42
5.9.2. Restriktionsverdau	42
5.9.3. Dephosphorylierung von DNS-Enden	42
5.9.4. Ligation	42
5.9.5. TOPO-Ligation	43
5.10. Transformation von *E. coli*	43
5.10.1. Herstellung chemisch kompetenter *E. coli*	43
5.10.2. Chemische Transformation von *E. coli*	44
5.10.3. Herstellung elektrisch kompetenter *E. coli*	44
5.10.4. Elektroporation von *E. coli*	44
5.11. Transformation von *S. peruvianum*-Zellen	45
5.12. Protein-Extraktion	46
5.12.1. Erstellung von *E. coli*-Gesamtproteinextrakten	46
5.12.2. Erstellung von *E. coli*-Proteinextrakten	46
5.12.3. Isolation prokaryotischer Proteineinschlusskörper	46
5.12.4. Erstellung pflanzlicher Proteinextrakte	47
5.12.5. Extraktion von Zellwandproteinen aus Suspensionszellen	47
5.13. Proteinfällung	48
5.13.1. Trichloressigsäurefällung	48
5.13.2. Methanol/$CHCl_3$-Fällung	48
5.14. Umpuffern von Proteinlösungen	48
5.14.1. Vivaspin	48
5.14.2. Dialyse	49
5.14.3. HiTrap	49
5.15. Proteinanalytik	49
5.15.1. Bestimmung der Proteinkonzentration nach Bradford	49
5.15.2. Proteinkonzentrationsbestimmung bei 280 nm	50
5.15.3. SDS-Polyacrylamidgelelektrophorese	50

Inhaltsverzeichnis

5.15.4. Coomassie Brilliant Blau-Färbung 52
5.15.5. Roti®-White-Färbung 52
5.15.6. Ponceaufärbung 52
5.15.7. Western Blot 53
5.15.8. Immundetektion 53
5.16. Proteinaufreinigung 54
5.16.1. Nickelaffinitätschromatographie 54
5.16.2. Ammoniumsulfatfällung 55
5.16.3. Kationenaustauschbatchchromatographie 56
5.16.4. Kationenaustauschchromatographie 57
5.16.5. Gelfiltration 57
5.17. Proteinbiochemie 58
5.17.1. Kalibrierte Gelfiltration 58
5.17.2. Chemische Quervernetzung 58
5.17.3. Glykosylierungstest mit Schiff's Reagenz 59
5.17.4. Deglykosylierung von Proteinen mit TFMS 60
5.17.5. Massenspektrometrische Proteinanalytik 60
    5.17.5.1. Molekulargewichtsbestimmung 60
    5.17.5.2. Tryptischer Verdau von Proteinen 61
    5.17.5.3. Proteinidentifikation 61
    5.17.5.4. Top-Down-MALDI-TOF-TOF MS 62
    5.17.5.5. Identifikation von N-Glykopeptiden 62
5.17.6. CD-Spektroskopie 62
    5.17.6.1. Kalibrierung des CD-Spektrometers 63
    5.17.6.2. Auswertung der CD-Spektren 63
    5.17.6.3. Bestimmung der Schmelzkurven 64
5.18. Umsetzung von Koniferylalkohol 65
5.19. Lignan-Analyse 65
5.19.1. Hochdruckflüssigkeitschromatographie 65
5.19.2. Chirale HPLC 66
5.19.3. LC-MS 67
5.19.4. Standardverbindungen 67
    5.19.4.1. Quantifizierung von Koniferylalkohol und Pinoresinol 67
    5.19.4.2. Wiederfindungsrate von Koniferylalkohol und Pinoresinol . . 68
    5.19.4.3. Charakterisierung von Koniferylalkohol und Pinoresinol . . . 68

6. Ergebnisse   70

6.1. Identifikation DP-homologer Proteine in *A. thaliana* 70
    6.1.1. Bioinformatische Charakterisierung 71
6.2. Expression eines *At*DIR6-Konstruktes in *E. coli*-Zellen 72
    6.2.1. Klonierung und Expression von His_6-*At*DIR6 73

Inhaltsverzeichnis

      6.2.2.   Aufreinigung von His$_6$-AtDIR6 74
      6.2.3.   Expression in *E. coli* Rosetta-gami B und Renaturierung 74
      6.2.4.   Herstellung eines polyklonalen Antiserums gegen His$_6$-AtDIR6 77
  6.3.   Expression von AtDIR6 in *S. peruvianum*-Zellen 77
      6.3.1.   Klonierung und Expression von nativem AtDIR6 78
      6.3.2.   Isolation der Zellwandproteine 80
      6.3.3.   Aufreinigung von AtDIR6 80
            6.3.3.1.   Aufkonzentrierung 80
            6.3.3.2.   Größenausschlusschromatographie 82
            6.3.3.3.   Graduelle Kationenaustauschchromatographie 84
            6.3.3.4.   Bilanz der Aufreinigung 84
            6.3.3.5.   Identifizierung des aufgereinigten AtDIR6 85
  6.4.   Expression von *Fi*DIR1 in *S. peruvianum*-Zellen 86
  6.5.   Funktionelle Charakterisierung von AtDIR6 89
      6.5.1.   Umsetzung von Koniferylalkohol mit *T. versicolor*-Laccase 89
      6.5.2.   Einfluss von AtDIR6 und *Fi*DIR1 auf die radikalische Kupplung von Koniferylalkohol 92
      6.5.3.   Fehlende oxidative Aktivität von AtDIR6 93
      6.5.4.   Variation der Substratkonzentration 94
      6.5.5.   Variation der AtDIR6-Konzentration 96
  6.6.   Molekulare Charakterisierung von AtDIR6 97
      6.6.1.   Quartärstruktur des nativen AtDIR6 97
      6.6.2.   Molekulare Masse des AtDIR6-Monomers 98
      6.6.3.   Glykosylierung von AtDIR6 101
            6.6.3.1.   Qualitativer Nachweis der Glykosylierung 101
            6.6.3.2.   Glykosylierungsmuster von AtDIR6 103
      6.6.4.   Spaltstelle des Signalpeptids 105
      6.6.5.   Sekundärstruktur 109
      6.6.6.   Temperaturbedingte Denaturierung 111
  6.7.   Vergleich von AtDIR6 mit AtAOC2 und *Rn*OBP1 117
      6.7.1.   Bioinformatische Daten 117
      6.7.2.   Expression und Aufreinigung von AtAOC2 und *Rn*OBP1 119
      6.7.3.   Vergleich der Quartärstruktur 119
      6.7.4.   Vergleich der Sekundärstrukturzusammensetzung 121
      6.7.5.   Effekt von *Rn*OBP1 und AtAOC2 auf die Kupplung von Koniferylalkohol . . 124

7. Diskussion   **126**
  7.1.   Heterologe Expression von AtDIR6 126
      7.1.1.   Posttranslationale Modifikationen von DPs 130
            7.1.1.1.   Glykosylierungsmuster 130
            7.1.1.2.   Signalpeptid 133

Inhaltsverzeichnis

	7.2.	Enantiokomplementarität	135
	7.2.1.	Testsystem	135
	7.2.2.	Funktionale Aktivität	136
	7.2.3.	Struktureller Vergleich enantiokomplementärer DPs	140
	7.3.	Vergleich zu anderen Protein-Familien	142
	7.3.1.	Molekularer Vergleich	143
	7.3.2.	Struktureller Vergleich	145
	7.3.3.	Sequenzvergleich	147
	7.3.4.	Schlussfolgerung	149

8. Literaturverzeichnis   **171**

9. Abbildungsverzeichnis   **173**

10. Tabellenverzeichnis   **174**

A. Sequenzen   **175**

   A.1. p*AtDIR6* ohne Signalpetid mit N-terminalem His_6-Tag 175

   A.2. *AtDIR6* in pART7 177

   A.3. *FiDIR1* in pART7 179

1. Abkürzungsverzeichnis

AcCN	Acetonitril
AKS	Ammonium-D-(+)-Kampfersulfonat
Apo D	Apolipoprotein D
BAP	6-Benzylaminopurin
BBP	Bilin-Bindeprotein
bFSH	follikelstimulierendes Hormon aus dem Rind
BLAST	Basic Local Alignment Search Tool
BLG	β-Laktoglobulin
bp	Basenpaar
C3H	Zimtsäure-3-hydroxylase
C4H	Zimtsäure-4-hydroxylase
CAD	Zimtalkoholdehydrogenase
CAP	Chloramphenicol
CCR	Zimtsäure-CoA-reduktasen
CHL	chloroplastisches Lipocalin
CIAP	Alkalische Phosphatase aus Kalbsdarm
CL	CoA-Ligasen
CoA	Coenzym A
CTAB	Cetyltrimethylammoniumbromid
DP	Dirigentprotein
DRR206	Disease resistance response protein
DTT	1,4-Dithiothreitol
EDC	1-Ethyl-3-(3-dimethylaminopropyl)carboidimid
ee	enantiomerer Überschuss
EDTA	Ethylendiamintetraessigsäure
EtOAc	Ethylacetat
EtOH	Ethanol
F5H	Ferulasäure-5-hydroxylase
FMN	Flavinmononukleotid
Fuc	Fucose
g	Erdbeschleunigung
Gal	Galaktose
GlcNAc	N-Acetylglucosamin

1. Abkürzungsverzeichnis

HAc	Essigsäure
Hex	Hexose
HEXO	β-N-Acetylhexosaminidasen
HILIC	Hydrophile Interaktionschromatographie
HPLC	Hochdruckflüssigkeitschromatographie
hTLC	humanes Tränenlipocalin
IPTG	Isopropylthiogalaktopyranosid
ISD	In Source Decay
Iso.	Isomerisierung
JHBP	Juvenilhormon Bindeprotein
Kan	Kanamycin
kb	Kilobase
KPP	Kaliumphosphatpuffer
LB	Lysogeny Broth
LC-MS	Flüssigkeitschromatographie-Massenspektrometrie
LM	Laufmittel
LMS	Laufmittelsystem
Lsg.	Lösung
LSM	Lösungsmittel
MeOH	Methanol
MS	Massenspektrometrie
MUP	Major Urinary Protein
NAD$^+$	Nicotinamidadenindinukleotid
NADPH	Nicotinamidadenindinukleotidphosphat
NDGA	Nordihydroguajaretsäure
NES	Naphtylessigsäure
NRMSD	Normalisierte Standardabweichung
OBP	Geruchsstoff-Bindeproteine
OMT	O-Methyltransferase
OPDA	12-Oxo-Phytodiensäure
ORF	offenes Leseraster
Ox.	Oxidase
p.a.	pro analysi
PAGE	Polyacrylamidgelelektrophorese
PAL	Phenylammoniumlyase
PCR	Polymerasekettenreaktion
PGDS	Prostaglandin D Synthase
pI	Isoelektrischer Punkt
PIPES	Piperazindiethansulfonsäure
PLR	Pinoresinollariciresinolreduktase

1. Abkürzungsverzeichnis

PrR	Pinoresinolreduktase
RBP	Retinol-Bindeprotein
RP	Umkehrphase
RT	Raumtemperatur
SCR	kurze konservierte Region
SDH	Secoisolariciresinoldehydrogenase
SDS	Natriumdodecylsulfat
TAE	Tris/Acetat/EDTA
TAL	Tyrosinammoniumlyase
TCA	Trichloressigsäure
TE	Tris/EDTA
Tet	Tetrazyklin
TFA	Trifluoressigsäure
TFMS	Trifluormethansulfonsäure
TG	Trockengewicht
TIL	temperaturinduzierbares Lipocalin
ÜN	Über Nacht
UV	ultravioletter Wellenlängenbereich
VIS	Wellenlängenbereich des sichtbaren Lichtes
Vol.	Volumen
X-Gal	5-Bromo-4-Chloro-3-indolyl-β-D-Galaktopyranosid
Xyl	Xylose

2. Zusammenfassung

Dirigentproteine sind an der stereo- und regiospezifischen Kontrolle in der Biosynthese von Sekundärmetaboliten beteiligt. Funktional charakterisierte Dirigentproteine aus *Forsythia intermedia* und *Thuja plicata* kuppeln Koniferylalkoholradikale spezifisch zu (+)-Pinoresinol, einem Vorläufermolekül vieler Lignane, unter anderem des pharmazeutisch bedeutsamen Podophyllotoxin. Der Nachweis von (−)-Lariciresinol in *A. thaliana* Wurzeln und die Akkumulation des im Lignanbiosyntheseweg vorangehenden (−)-Pinoresinol in Pinoresinolreduktase defizienten Mutanten weist auf die Existenz einer neuartigen Dirigentaktivität in *A. thaliana* hin, die die enantiokomplementäre Bildung von (−)-Pinoresinol vermittelt.

In der vorliegenden Arbeit wurde *At*DIR6 als Kandidat für die enantiokomplementäre Dirigentaktivität identifiziert. Das Protein wurde kloniert und heterolog in einem pflanzlichen Zellsystem exprimiert. Das exprimierte Protein wurde mit konventionellen Chromatographiemethoden bis zur apparenten Reinheit aufgereinigt. Das aufgereinigte *At*DIR6 war funktionell aktiv und vermittelte die Bildung von (−)-Pinoresinol aus Koniferylalkoholradikalen *in vitro*. Weiterhin konnte gezeigt werden, dass die Stereoselektivität von *At*DIR6 derjenigen der bekannten Dirigentproteine aus *F. intermedia* und *T. plicata* entgegengesetzt ist. *At*DIR6 ist damit das erste funktionell charakterisierte enantiokomplementäre Dirigentprotein.

*At*DIR6 besitzt ein N-terminales Signalpeptid, das während der Sekretion zwischen der Aminosäure 29 und 30 abgespalten wird. Das prozessierte *At*DIR6 akkumulierte extrazellulär und verblieb nichtkovalent an die primäre Zellwand der Zellen gebunden. Das native Protein besitzt zwei komplexe bzw. paucimannosidische N-Glykane, formt Homodimere von ca. 42 kDa und weist einen hohen Anteil an β-Faltblattstrukturen auf.

Die funktional beschriebenen Dirigentproteine sind kleine Proteine, die reaktive Koniferylalkoholradikale binden und enantioselektiv kuppeln ohne eine eigenständige katalytische Aktivität aufzuweisen. Die Sequenzidentität verschiedener Dirigentproteine ist zum Teil sehr gering. In diesen Aspekten ähneln die Dirigentproteine den Lipocalinen. Ein Sequenzvergleich von Lipocalinen mit Dirigentproteinen zeigte, dass das lipocalinspezifische Sequenzmotiv im Bereich der SCR II in Dirigentproteinen konserviert ist. Die strukturellen und mechanistischen Eigenschaften von *At*DIR6 lassen vermuten, dass Dirigentproteine Teil der Calycin Superfamilie sind, zu der auch die Lipocaline gehören und ihre dreidimensionale Struktur vermutlich einem β-Fass entspricht.

3. Summary

Dirigent proteins are involved in the stereo- and regioselective control of plant secondary metabolism. Functionally described dirigent proteins from *Forsythia intermedia* and *Thuja plicata* couple coniferyl alcohol radicals to (+)-pinoresinol, a precursor of various lignans including the pharmaceutically relevant podophyllotoxin. The discovery of (–)-lariciresinol in *A. thaliana* roots and the accumulation of its precursor (–)-pinoresinol in a knock-out mutant lacking two pinoresinol reductases indicated the presence of a novel dirigent activity in *A. thaliana* which mediates the enantiocomplementary formation of (–)-pinoresinol.

In this work *At*DIR6 was identified as a candidate for this novel dirigent activity. The protein was cloned and heterologously expressed in a plant cell culture system. The recombinant protein was purified to appearent homogeneity by conventional chromatography methods. The purified protein was functionally active and directed the coupling of coniferyl alcohol radicals to (–)-pinoresinol *in vitro*. It was further shown that the stereoselectivity of *At*DIR6 is opposed to that of known dirigent proteins in *F. intermedia* and *T. plicata*, and therefore, *At*DIR6 is the first of the long-sought enantiocomplementary dirigent proteins.

*At*DIR6 was shown to possess a N-terminal signal peptide, which was cleaved during secretion between amino acids 29 and 30. Mature *At*DIR6 accumulated extracellularly and remained non-covalently attached to the primary cell wall of suspension cultured cells. The native protein is glycosylated with two complex type and paucimannosidic N-glycans, respectively. It forms homodimers of app. 42 kDa and shows a high content of β-sheets.

The functionally described dirigent proteins are small proteins that are characterised by the ability to bind coniferyl alcohol radicals and couple them enantiospecifically without possessing a catalytic activity of their own. Sequence identity between different dirigent proteins may be low. In these aspects dirigent proteins are similiar to lipocalins. A sequence alignment with dirigent proteins and lipocalins shows that the lipocalin-specific sequence motive, which is part of SCR II, is conserved among all functionally described dirigent proteins. Structural and mechanistic features of *At*DIR6 suggest that dirigent proteins may belong to the calycin superfamily, which also includes lipocalins, and that their threedimensional structure may be that of a β-barrel.

4. Einleitung

In allen Organismen muss eine Vielzahl chemischer Reaktionen ablaufen, um die Zelle(n) am Leben zu erhalten. Diese biochemischen Vorgänge dienen dem Aufbau, Wachstum und Erhalt der zellulären Struktur(en), ermöglichen die Reproduktion und können dem Organismus eine Vielzahl spezifischer Eigenschaften verleihen. Hierbei werden drei Kategorien an biochemischen Reaktionen unterschieden. Der anabole Metabolismus dient der Synthese von Verbindungen. Der Abbau von Molekülen erfolgt im Katabolismus. Drittens werden Reaktionen, die der Gewinnung von Energie dienen, im Energiestoffwechsel zusammengefasst.

Die Entstehung des Lebens fand in der Erdgeschichte nur einmal statt. Dies äußert sich unter anderem darin, dass alle Lebewesen prinzipiell aus den gleichen Substanzen bestehen. Alle Stoffwechselwege, die für den Aufbau, das Wachstum und die Reproduktion eines Organismus essentiell sind, werden dem primären Stoffwechsel zugeordnet. Der primäre Stoffwechsel und dessen Produkte werden daher als unentbehrlich, einheitlich, universell und konserviert charakterisiert [82].

In der Natur werden Organismen mit artgleichen oder -fremden Lebewesen sowie sich ändernden abiotischen Umweltbedingungen konfrontiert. Um zu überleben, muss der einzelne Organismus auf wechselnde Umweltbedingungen reagieren können. Die meisten Tiere und Einzeller besitzen die Fähigkeit zur Fortbewegung, um negative Umwelteinflüsse zu vermeiden. Diese Fähigkeit besitzen viele Bakterien, Pilze und Pflanzen nicht. Auf biotische oder abiotische Einflüsse können diese Organismen nur durch morphologische bzw. anatomische Veränderungen oder durch physiologische Anpassung reagieren. Dazu gehört in Pflanzen die Synthese bestimmter chemischer Verbindungen, die dem Organismus spezielle Eigenschaften verleihen. Alle Verbindungen mit den zugehörigen Stoffwechselwegen, die zwar nicht essentiell für die vollständige Entwicklung sind, aber im Laufe der Evolution Selektionsvorteile gegenüber verschiedenen Umweltfaktoren verschaffen, werden als Sekundärmetabolite bezeichnet [82].

Sekundäre Inhaltsstoffe sind entbehrlich für Wachstum und Entwicklung, aber unter Umständen essentiell für das Überleben einer Population. Weitere Charakteristika sind die Verschiedenartigkeit bezüglich der chemischen Struktur und Adaptivität im Bezug auf spezifische Umweltreize. Da primäre und sekundäre Metaboliten Stoffwechselprodukte des gleichen Biosynthesewegs sein können, ist eine Unterscheidung aufgrund der chemischen Struktur nicht möglich. Ausschlaggebend für die Zuordnung ist die Funktion der Verbindungen innerhalb des Organismus.

Sekundärmetabolite fungieren oft als Signalstoffe bzw. Effektoren in einer Vielzahl pflanzlicher Interaktionen mit der Umwelt (Abb. 4.1A) [80, 82]. Sie sind maßgeblich an der Bestäubung und Fruchtverbreitung durch Tiere beteiligt. Als konstitutive (Phytoantizipine) bzw. induzierbare (Phytoalexine) Verbindungen können sie die Pflanze vor Herbivor- bzw. Pathogenbefall schützen. Um andere Pflanzen am Wachstum bzw. an der Keimung zu hindern, sondern manche Pflanzen allelopathisch wirksame Substanzen ab. Sekundärmetabolite helfen Pflanzen auch abiotischen Stressfaktoren, wie zum Beispiel Kälte, Trockenheit und hoher Salinität, erfolgreich zu begegnen. Aufgrund ihrer vielfältigen Eigenschaften wurden Sekundärmetabolite seit frühester Zeit vom Menschen als Gifte, Arzneimittel, Aroma- und Farbstoffe genutzt.

Im Gegensatz zum ubiquitären Vorkommen des Primärstoffwechsels finden sich bestimmte Sekundärmetabolite nur in bestimmten Organismengruppen, die häufig in phylogenetischer Beziehung zueinander stehen. Die vielfältigen Funktionen und die phylogenetisch distinkte Verbreitung von Sekundärmetaboliten, führten zur Entstehung einer riesigen Anzahl verschiedener Sekundärmetabolite sowie der Evolution zahlreicher verschiedener Stoffwechselwege. In Pflanzen sind bis heute mehr als 10^5 verschiedene Sekundärmetabolite beschrieben worden [66, 114].

Trotz der unüberschaubaren Anzahl beschriebener Sekundärmetabolite können diese auf einige wenige chemische Grundstrukturen zurückgeführt werden, die durch entsprechende Biosynthesewege gebildet werden. Nach diesen Grundstrukturen werden Sekundärmetabolite in Terpenoide, phenolische und stickstoffhaltige Verbindungen unterteilt. Daneben können spezielle Zucker, Aminosäuren, Fettsäuren sowie Amine Sekundärmetabolitcharakter besitzen. Die chemische Vielfalt entsteht durch Oligomerisierung oder Kombination verschiedener Grundstrukturen sowie Glykosyl-, Hydroxyl- und Methylierung oder andere chemische Modifikationen des Grundgerüstes.

Ausschlaggebend für die physiologische Aktivität eines Moleküls ist seine absolute chemische Konformation. Dies liegt im Schlüssel-Schloss- bzw. „Induced-Fit"-Prinzip molekularer Interaktionen begründet [54, 108]. Beispielsweise lösen die Enantiomere des Carvon, die sich in ihrer absoluten Konformation wie Bild und Spiegelbild verhalten (Abb. 4.1B), beim Menschen völlig unterschiedliche Geruchsempfindungen aus. (R)-Carvon riecht nach Pfefferminze, während (S)-Carvon einen kümmelartigen Geruch aufweist [168].

4.1. Lignane

Lignane bilden eine in höheren Pflanzen weit verbreitete und strukturell vielseitige Stoffklasse an sekundären Inhaltsstoffen [146, 186, 195]. Zusammen mit den Flavonoiden, Stilbenen und Kumarinen gehören sie zu den phenolischen Sekundärmetaboliten. Ihre grundsätzliche chemische Struktur besteht aus zwei C-C-verknüpften Phenylpropanoidkörpern [84]. Nur Grundstrukturen die über die Kohlenstoffatome C_8 und $C_{8'}$ verbunden sind, werden als Lignane bezeichnet (Abb. 4.2B). Erfolgt die Verknüpfung der Monomere unter der Beteiligung anderer Kohlenstoffatome als C_8 und $C_{8'}$, werden die resultierenden Verbindungen als Neolignane (Abb. 4.2C) bzw. bei einer Verknüpfung durch Sauerstoff als Oxyneolignane (Abb. 4.2D) bezeichnet [131].

4.1.1. Chemische Struktur

In der Natur kommen zahlreiche Modifikationen der Lignangrundstruktur vor [146, 186, 195, 205]. Sie werden in Abhängigkeit von der Ab- bzw. Anwesenheit von Ringstrukturen und dem Einbau

4. Einleitung

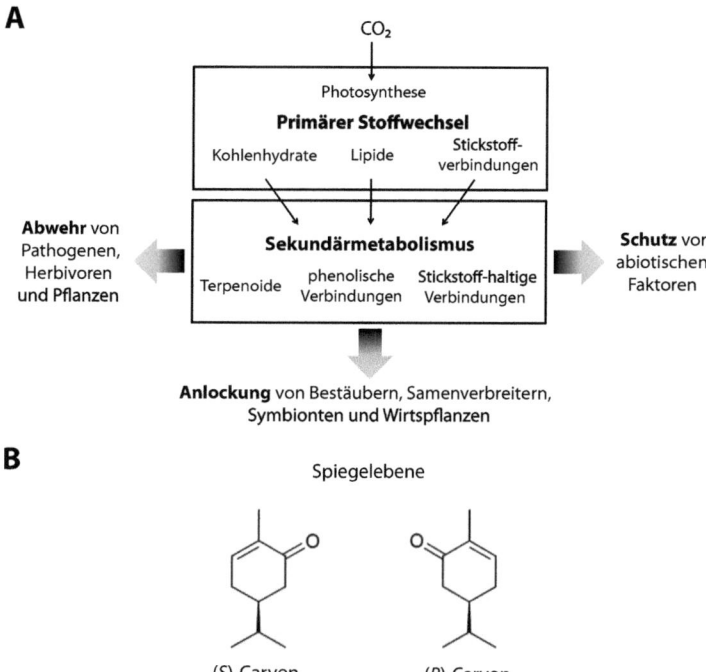

Abb. 4.1.: Schematische Übersicht über den Primär- und Sekundär-Stoffwechsel von Pflanzen sowie deren Wechselwirkungen mit der Umwelt (A, nach [82]) und die chemischen Strukturen von (S)- und (R)-Carvon unter Berücksichtigung der absoluten Konformation (B).

von Sauerstoff im Grundgerüst in 8 Klassen unterteilt: Furane, Furofurane, Dibenzylbutane, Dibenzylbutyrolactone, Aryltetraline, Arylnaphthalene, Dibenzocyclooctadiene und Dibenzylbutyrolactole (Abb. 4.3A) [195]. Aufgrund der durch die Vergabe von Trivialnamen unübersichtlichen Benennung der Lignane wurden im Jahr 2000 von der IUPAC Empfehlungen zur systematischen Benennung der Lignan- bzw. lignanähnlichen Strukturen herausgegeben [131]. Der Einbau von einem oder mehreren Kohlenstoffringen resultiert in der Bildung von Cyclolignanen, zum Beispiel vom Aryltetralintyp. Bei einer nachträglichen Spaltung von Ringstrukturen entstehen Secocyclolignane. Die Veränderung der Stammstruktur durch Entfernen bzw. Hinzufügen eines oder mehrerer Kohlenstoffatome führt zur Bildung von Nor- bzw. Homolignanen. Durch geeignete Gruppen verbrückte Stammstrukturen werden unter Angabe der verbrückenden Struktur benannt. Ein Beispiel hierfür sind die Epoxylignane, die somit eine Furofuran- oder Furangrundstruktur aufweisen.

Der Vielzahl der in der Literatur beschriebenen Lignane liegen auch Modifikationen der acht Grundstrukturen durch Methoxylierungen und Bildung von Epoxiden an den aromatischen Resten zugrunde (Abb. 4.3B). Eine in der Natur weit verbreitete Modifikation ist die Bildung von Glykosiden [31, 185, 188, 224]. Glykoside fungieren in Pflanzen häufig als Speicherform physiologisch aktiver

4. *Einleitung*

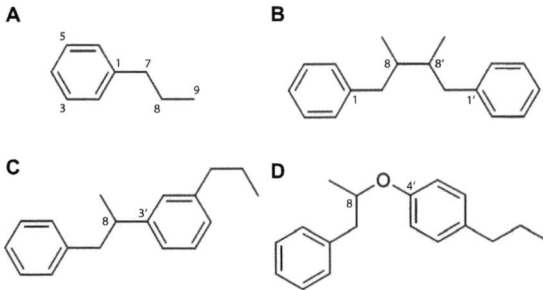

Abb. 4.2.: Die Kupplung zweier Phenylpropane (A) führt in Abhängigkeit von der an der Verknüpfung beteiligten Kohlenstoffatome zur Bildung von Lignanen (C_8-$C_{8'}$, B) bzw. Neolignanen (andere Verknüpfung als C_8-$C_{8'}$, C) bzw. unter Beteiligung von Sauerstoff zu Oxyneolignanen (D).

Verbindungen in der Vakuole. Durch die Glykosylierung der meist hydrophoben Aglyka wird deren Löslichkeit in Wasser erhöht. Unter Addition weiterer Phenylpropankörper entstehen aus Lignanen oligomere bis polymere Strukturen. Lignane, die aus drei bzw. vier Phenylpropankörpern bestehen, werden – analog zu den Terpenen – als Sesqui- bzw. Dilignane bezeichnet. Aufgrund der Tatsache, dass neben den C_8- weitere Kohlenstoffatome an der Verknüpfung beteiligt sein müssen, werden diese Verbindungen formal den Neolignanen zugeordnet.

Ein wichtiger Aspekt der Lignanbildung ist die Tatsache, dass durch die Verknüpfung zweier achiraler Vorläufermoleküle Verbindungen entstehen, die Chiralitätszentren aufweisen. Dadurch existieren von jeder Lignangrundstruktur – in Abhängigkeit von der Anzahl chiraler Kohlenstoffatome – verschiedene Stereoisomere bzw. Diastereomere.

4.1.2. Vorkommen

Lignane konnten in Lebermoosen [33–35, 167], Hornmoosen [191], Farnen [116, 165] und vielen höheren Pflanzen nachgewiesen werden [121, 195]. Vor allem in Vertretern der Klasse Coniferopsida stellen Lignane verbreitete Sekundärmetabolite dar. In fünf der sechs Familien dieses Taxons wurde das Vorkommen von Lignanen gezeigt [23]. Innerhalb der Angiospermen (Magnoliophyta) waren im Jahr 2003 108 Familien als lignanenthaltend bekannt [195]. Hierbei waren vor allem Arten der Unterklassen Magnoliidae, Rosidae und Asteridae stark vertreten. Innerhalb der Liliopsida wurden Lignane seltener nachgewiesen. Hierbei handelte es sich meist um Furofuranlignane, die Anfangsprodukte des Lignanbiosyntheseweges darstellen.

Die Lokalisation von Lignanen innerhalb der Pflanzen ist vielfältig. So wurden Lignane in Wurzeln, Rhizomen, Stämmen, Blättern, Früchten und Samen nachgewiesen [115]. Besonders hohe Konzentrationen an Lignanen wurden in Holzaugen – den im Stamm liegenden Basen der Seitenäste – der gemeinen Fichte (*Picea abies*) gefunden [210]. Dort akkumuliert vor allem Hydroxymatairesinol mit 6-24 % w/w in Abhängigkeit von der Lage und dem Alter des Holzauges und Herkunft des untersuch-

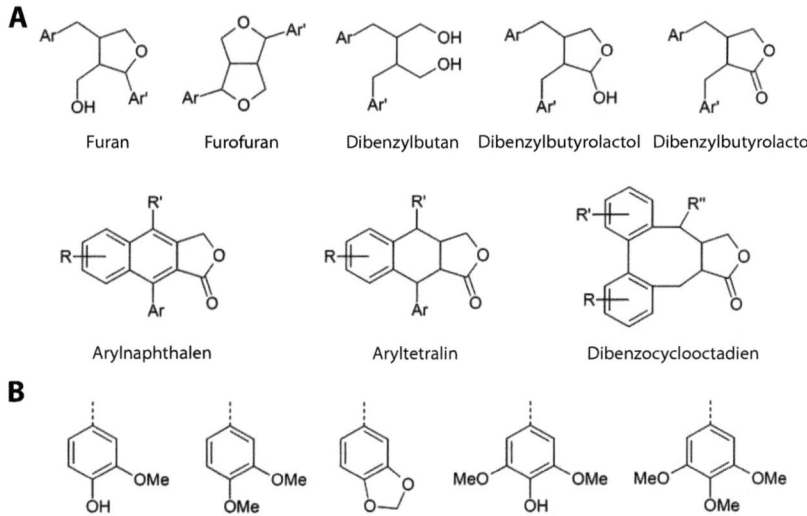

Abb. 4.3.: Grundstrukturen der verschiedenen Lignantypen (A, Ar: Aryl-Rest, R: -H, -OH bzw. -OMe) sowie mögliche Modifikationen des Aryl-Restes (B).

ten Individuums. Aus dem Kernholz von *Thuja plicata* konnten Plikatinsäure, Plikatin und Dihydroxythujaplikatin isoliert werden [217]. Die Rotfärbung des Kernholzes ist auf das Vorhandensein eines Polymers zurückzuführen, das vor allem aus Plikatinsäure besteht [95]. Allgemein scheinen Lignane an der Hartholzbildung beteiligt zu sein [189] und konnten auch im Kernholz von Angiospermen gefunden werden [36, 77]. In Blättern von *Laurrea tridentata* akkumulierte Nordihydroguajaretsäure (NDGA, Abb. 4.4) mit 38,3 mg je g Blattgewicht [92]. Aus einigen pflanzlichen Nahrungsmitteln, vor allem aus Leinsamen (*Linum usitatissimum*) konnten nach saurer Hydrolyse hohe Konzentrationen an Secoisolariciresinol (546 mg/100 g Trockengewicht (TG)) und Matairesinol (1,3 mg/100 g TG) isoliert werden [128].

Lignane sind innerhalb der Kormophyten weit, im Gegensatz zum Lignin aber nicht ubiquitär verbreitet und akkumulieren zum Teil in für Sekundärmetabolite sehr hohen Konzentrationen in den unterschiedlichsten Geweben. Aufgrund ihrer weiten Verbreitung, vor allem innerhalb der ursprünglicheren Gymnospermen, stellen Lignane vermutlich eine phylogenetisch alte Gruppe an Sekundärmetaboliten dar.

4.1.3. Physiologische Eigenschaften

Für Lignane wurde eine Vielzahl unterschiedlichster physiologischer Aktivitäten gezeigt. Im Folgenden sind beispielhaft einige Lignane und ihre biologischen Wirkungen aufgeführt.
NDGA besitzt starke antioxidative Eigenschaften. Gegenüber durch Lipoxygenasen aus Sojabohnen bedingter Oxidation von Linolensäure zeigte sie eine ca. zehnfach höhere Aktivität als α-Tocopherol

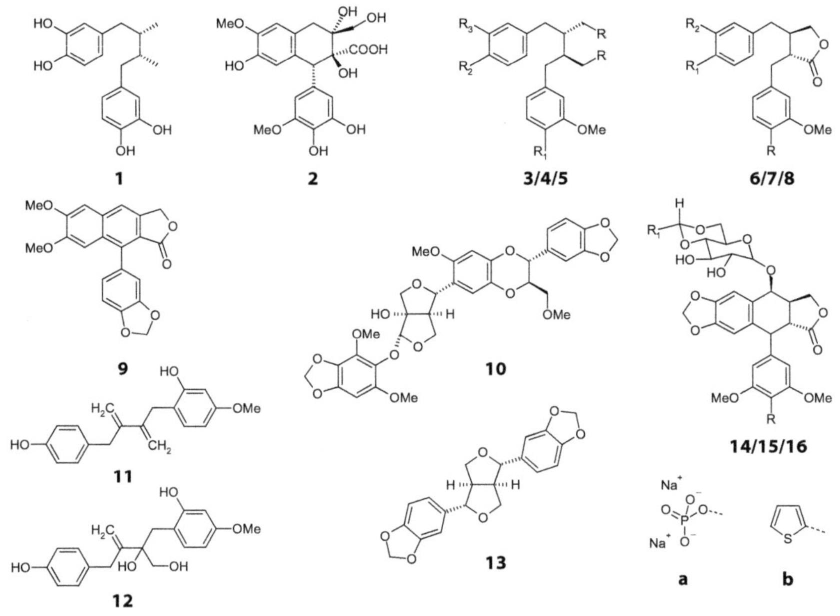

4. Einleitung

Abb. 4.4.: Strukturformeln verschiedener Lignane. NDGA (**1**), Plikatinsäure (**2**), Secoisolariciresinol (R, R_1, R_2: -OH, R_3: -OMe; **3**), Secoisolariciresinol Diglukosid (R: -OGlc, R_1, R_2: -OH, R_3: -OMe; **4**), Enterodiol (R, R_3: -OH, R_1, R_2: -H; **5**), Matairesinol (R: -OH, R_1, R_2: -OMe; **6**), (−)-α-Konidendrin (R, R_1: -OH, R_2: -OMe; **7**), Enterolakton (R, R_1: -H, R_2: -OH; **8**), Justicidin B (**9**), (+)-Haedoxan A (**10**), Termilignan (**11**), Thannilignan (**12**), (+)-Sesamin (**13**), Etoposide (R: -H, R_1: -CH$_3$; **14**), Etopophos (R: a, R_1: -CH$_3$; **15**), Teniposide (R : -OH, R_1: b; **16**)

[218] und stellt damit ein sehr effektives natürliches Antioxidans dar. NDGA besitzt hierbei radikalfangende Eigenschaften gegenüber reaktiven Sauerstoffspezies [56]. Für die Nutzung in Lebensmitteln erweist sie sich allerdings als ungeeignet, da sie in Untersuchungen an Mäusen hepato- und nephrotoxische Effekte verursachte [111].

Termilignan und (−)-Thannilignan (Abb. 4.4) aus der Fruchtschale von *Terminalia bellerica* wirken sich hemmend auf das Wachstum von *Penicillium expansum* – einem Verurachser von Blauschimmel auf Obst – aus [198]. Die benötigten Konzentrationen um einen hemmenden Effekt zu detektieren, betrugen das doppelte bzw. vierfache derjenigen von Nystatin, einem kommerziell eingesetztem Antimykotikum. Die aus *Myristica fragans*-Samen isolierten Lignane *Erythro*-Austrobailignan, *Meso*-Dihydroguajaretsäure und Nectandrin B zeigten *in vitro* und *in vivo* Aktivität gegen eine Reihe phytopathogener Pilze [27].

(+)-Haedoxan A – ein Sesquilignan aus *Phyrma leptostachya* – wirkt in Verbindung mit Piperonylbutoxid stark toxisch auf *Musa domestica* (Stubenfliege) und verschiedene Schmetterlingslarven [192, 216]. Deoxypodophyllotoxin zeigt insektizide Wirkung auf *Pieris rapae*-Raupen im fünften Larvenstadium [64]. Für Yatein und Hinokinin konnten fraßhemmende Eigenschaften auf Larven von *Tribolium confusum* und *Trogoderma granarium* sowie adulte Tiere von *Sitophilus granarius* und *Tribolium confusum*, die Schädlinge von Agarprodukten sind, nachgewiesen werden [81]. *Pieris rapae*-Larven machen sich die auf Ameisen repellente Wirkung von Pinoresinol zu nutze, indem sie die mit der Nahrung aufgenommene Substanz in ihre Drüsenhaare einlagern [170].

Aufgrund ihrer antioxidativen, antimikrobiellen, fungiziden und insektiziden Eigenschaften dienen Lignane *in planta* vermutlich primär der Abwehr von Pathogenen [115]. Daneben zeigen einige Lignane auch allelopathische Aktivität. NDGA hemmt das Wurzel-Wachstum diverser Gräser [50]. Fargesin besitzt die Fähigkeit die Keimung von Erdnuss- und Gurkensamen zu hemmen, hat aber keinen Effekt auf die Keimung von Reissamen [12].

Lignane stellen pharmakologisch relevante Verbindungen dar, da sie über antikanzerogene, entzündungshemmende, antimikrobielle, antivirale, immunsuppressive und antioxidative Eigenschaften verfügen [121, 163]. Der prominenteste Vertreter ist Podophyllotoxin (Abb. 4.4) [93], das aufgrund seiner antiviralen Eigenschaften als aktive Komponente eines wässrigen Extrakts aus dem Rhizom von *Podophyllum peltatum* identifiziert wurde [9]. Podophyllotoxin wird in der Therapie verschiedener Warzentypen verwendet. Die semisynthetischen Derivate Etoposide, Teniposide und Etopophos, die eine geringere Toxizität als Podophyllotoxin aufweisen, werden zur Behandlung unterschiedlicher Tumore eingesetzt [69]. Justicidin B, das stark toxisch auf Fische (*Oryzias latipes* und Zebrafisch) wirkt [67, 133], hemmt das Wachstum von *Candida albicans*, *Aspergillus fumigatus* und *Aspergillus flavus* [67]. Ferner zeigt es Toxizität gegenüber *Trypanosoma brucei rhodesiense* und *Trypanosoma cruzi*. Die Justicidin B-haltige Pflanze *Justicia pectoralis* wird von den Ureinwohnern des tropischen Amerikas als Heilpflanze gegen Lungenerkrankungen verwendet und zeigt *in vitro* Zytotoxizität gegenüber einer epidermal-pulmonalen bzw. lymphoiden Krebszelllinie [97, 199].

Die Enterolignane Enterodiol und Enterolakton (Abb. 4.4), die im Urin von Säugern nachgewiesen werden konnten [172, 173], besitzen schwache östrogene bzw. antiöstrogene Wirkungen [156]. Es wurde gezeigt, dass verschiedene Bakterienarten der humanen Darmflora in der Lage sind unterschiedliche pflanzliche Lignane bzw. deren Glykoside zu metabolisieren und in die aktiven humanen Enterolignane umzuwandeln [28, 86, 215].

Der hohe Bedarf an bestimmten Lignanen, in Kombination mit der begrenzten Menge an natürlich verfügbaren Resourcen und dem Fehlen effizienter chemischer Synthesemethoden, führt derzeit zu Bemühungen die entsprechenden Biosynthesewege vollständig aufzuklären und die Substanzen bzw. ihre Vorläuferstufen biotechnologisch in Zellkulturen produzieren zu lassen [103, 171].

4.2. Lignanbiosynthese

Ausgangsverbindungen der Lignanbiosynthese sind die Endprodukte des Phenylpropanoidbiosynthesewegs. Dieser Stoffwechselweg, der auch Vorstufen für Flavonoide, Stilbene und Lignine erzeugt, wurde in höheren Pflanzen ausgiebig untersucht [53, 200] und scheint im Laufe der Evolution mit der Entstehung der Landpflanzen verknüpft zu sein [102]. Ausschlaggebend für die Landbesiedlung ist die Entwicklung leitender Gefäße, die in vaskulären Pflanzen durch Lignin imprägniert und verstärkt

4. Einleitung

werden [150]. Phenylpropanoide Stoffwechselprodukte wurden auch in Bryophyten [214] und kürzlich in der Rotalge *Calliarthron cheilosporioides* nachgewiesen [127], was auf eine phylogenetisch frühe Entstehung dieses Stoffwechselweges hindeutet.

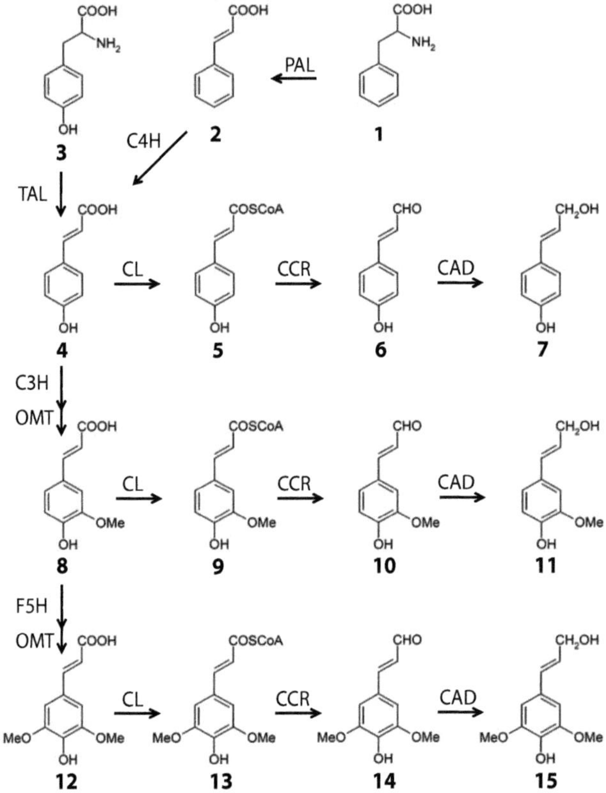

Abb. 4.5.: Im Phenylpropanbiosyntheseweg entstehen aus Phenylalanin (**1**) über Zimtsäure (**2**) bzw. alternativ direkt aus Tyrosin (**3**) *p*-Kumarsäure (**4**). Diese wird durch Hydroxylierung und Methylierung zu Ferulasäure (**8**) bzw. Sinapinsäure (**12**) umgewandelt. Die Säuren werden durch Bildung der entsprechenden CoA-Ester (**5, 9, 13**) aktiviert und zunächst zu Aldehyden (*p*-Kumaraldehyd **6**, Koniferylaldehyd **10**, Sinapinaldehyd **14**) und anschließend zu den Monolignolen *p*-Kumar- (**7**), Koniferyl- (**11**) bzw. Sinapylalkohol (**15**) reduziert (CAD: Zimtalkoholdehydrogenasen, CCR: Zimtsäure-CoA-reduktasen, C3H: Zimtsäure-3-hydroxylase, C4H: Zimtsäure-4-hydroxylase, CL: CoA-Ligasen, F5H: Ferulasäure-5-hydroxylase, OMT: *O*-Methyltransferasen, PAL: Phenylalaninammoniumlyase, TAL: Tyrosinammoniumlyase); verändert nach [90, 115].

Ausgangsmoleküle für die Phenylpropanbiosynthese sind die beiden Aminosäuren Phenylalanin und Tyrosin, die im Shikimisäureweg gebildet werden [169, 200]. Phenylalanin wird zunächst von der Phenylalaninammoniumlyase (PAL) durch Desaminierung in Zimtsäure umgesetzt und anschließend durch die Zimtsäure 4-Hydroxylase (C4H) am C_4 hydroxyliert. Dabei entsteht p-Kumarsäure. Alternativ führt die Desaminierung von Tyrosin durch die Tyrosinammoniumlyase (TAL) direkt zur Bildung von p-Kumarsäure. In weiteren enzymatischen Schritten wird p-Kumarsäure durch Bildung eines CoA-Esters aktiviert und sukzessive über das Aldehyd zu p-Kumarylalkohol reduziert (Abb. 4.5). Durch die Einführung unterschiedlicher Methoxylierungsgrade vor der Reduktion zum Alkohol entstehen Koniferyl- bzw. Sinapylalkohol [90]. p-Kumaryl-, Koniferyl- und Sinapylalkohol werden als Monolignole bezeichnet und stellen unter anderem die Monomerbausteine des Lignins dar. Von den drei Monolignolen dient vor allem Koniferylalkohol als Ausgangsverbindung für die Biosynthese von Lignanen in Angio- und Gymnospermen [101, 143, 186, 195, 213], die durch die Dimersierung zweier C_6C_3-Körper entstehen [52]. Dieser Biosyntheseweg scheint in höheren Pflanzen ursprünglicher Natur zu sein. Die Lignansynthese von Liriodendrin in *Liridendron tulipifera* geht dagegen von Sinapylalkohol aus [100].

Im ersten Schritt der Lignanbiosynthese wird aus Koniferylalkohol durch Oxidation das entsprechende Radikal erzeugt (Abb. 4.6A). Die Fähigkeit zur Erzeugung von Monolignolradikalen wurde vor allem für Laccasen im Zusammenhang mit der Ligninsynthese gezeigt [7, 41, 182]. Daneben konnte auch für Peroxidasen eine oxidative Aktivität gezeigt werden [62]. Zwei dieser Radikale können unter Ausbildung der lignanspezifischen $C_8,C_{8'}$-Bindung kuppeln. Die Addition zweier Wassermoleküle führt zur Bildung der zwei Furanringe des Pinoresinols. Durch Pinoresinollariciresinolreduktasen (PLRs) wird Pinoresinol unter dem Verbrauch zweier NADPH zu Lariciresinol und anschließend zu Secoisolariciresinol reduziert [42]. Eine Ausnahme stellen die Pinoresinolreduktasen (PrRs) in *A. thaliana* dar, die lediglich den ersten Umsetzungsschritt katalysieren [135]. Secoisolariciresinoldehydrogenasen (SDHs) katalysieren die Bildung eines Lactolringes unter Beteiligung der benachbarten Hydroxylgruppen an C_9 und $C_{9'}$ von Secoisolariciresinol. In einem zweiten Schritt entsteht ein Lactonring, wobei zwei NAD^+-Moleküle als Elektroneakzeptor dienen [219]. Das entstandene Matairesinol dient als Ausgangsverbindung für die Synthese zahlreicher weiterer Lignanstrukturen, die vor allem durch Modifikation der Grundstruktur bzw. der Arylreste entstehen [186].

Die *in planta* gebildeten Dibenzylbutyrolignane sind meist optisch rein, während die zuerst gebildeten Furofuran-, Furan- und Dibenzyllignane häufig nur einen Enantiomerenüberschuss aufweisen [143, 195]. Im Verlauf des beschriebenen Biosyntheseweges verhalten sich die absoluten chemischen Konfigurationen der Zwischenprodukte Pinoresinol, Lariciresinol, Secoisolariciresinol und Matairesinol wie in Abb. 4.6B dargestellt. Für alle drei Biosyntheseschritte, die von Koniferylalkohol zu Matairesinol führen, konnte eine stereospezifische Kontrolle durch die Substratselektivität der beteiligten Enzyme nachgewiesen werden.

Die willkürliche Kupplung zweier Koniferylalkoholradikale wird durch die Gegenwart von Dirigentproteinen (DPs) so beeinflusst, dass bevorzugt (+)-Pinoresinol als Produkt entsteht [41, 105]. Optische Selektivität wurde auch für die im Biosyntheseweg folgenden Enzyme PLR und SDH gezeigt. In *F. intermedia* und *Linum flavum* finden sich PLRs, die lediglich (+)-Pinoresinol als Substrat akzeptieren [42, 213]. In *Linum perenne* existiert eine (+)-Pinoresinol-(−)-lariciresinolreduktase, die bezüglich der sukzessiven Substrate gegensätzliche Enantiomerenspezifität besitzt [87]. Die SDHs aus *Forsythia intermedia* und *Podophyllum peltatum* katalysieren die Bildung von (−)-Matairesinol aus

4. Einleitung

(−)-Secoisolariciresinol. Das entgegengesetzte Enantiomer wird nicht umgesetzt [212]. In *Wikstroemia sikokiana* konnte dagegen (+)-Secoisolariciresinol nachgewiesen werden [143]. Dies lässt auf die Existenz einer SDH schließen, die (+)-Secoisolariciresinol als Substrat verwendet. Strukturell identische Lignane, die aus unterschiedlichen Arten isoliert wurden und entgegengesetzte absolute Konfigurationen aufweisen, sind ein Hinweis auf die Existenz enantiokomplementärer Lignanbiosynthesewege. So ist in *Thuja occidentalis* (−)-Matairesinol nachgewiesen worden [101], während *Daphne odora* und *D. genkwa* (+)-Matairesinol synthetisieren [144]. In *Arctium lappa* besitzen zellfreie Proteinextrakte unterschiedlicher Organe derselben Pflanze die Fähigkeit entgegengesetzte Enantiomere aus racemischen Vorläuferstufen zu synthetisieren. Ein Proteinextrakt aus Petiolen führt bei Zugabe von Koniferylalkohol zur Bildung von (+)-Secoisolariciresinol [188, 196]. Bei Applikation des gleichen Substrats zu einem Proteinextrakt aus reifenden Samen kommt es dagegen zur Bildung eines enantiomeren Überschusses an (−)-Secoisolariciresinol [187, 188].

4.3. Dirigent Proteine

Der erste Schritt der Lignanbiosynthese, die Kupplung zweier Phenylpropanmonomere unter Bildung der $C_8,C_{8'}$-Bindung, erfolgt in einem radikalischen Prozess. Aus Koniferylalkohol entsteht durch Einelektronenoxidation das entsprechende Radikal (Abb. 4.7). Das Koniferylalkoholradikal ist ein durch Mesomerie stabilisiertes, sehr reaktives Molekül. In Kombination mit einem zweiten Koniferylalkoholradikal kuppelt es durch Knüpfung von $C_8,C_{8'}$-, $C_8,C_{5'}$-Bindungen bzw. unter Bildung einer Etherbindung zwischen C_8 und dem Sauerstoff an $C_{4'}$ [79]. Unter Wasseranlagerung entsteht ein Gemisch aus (±)-Dehydrodikoniferylalkohol, (±)-Pinoresinol und verschiedener *Erythro/Threo*-Guajacylglycerin-8-*O*-4'-koniferylether in konstantem Verhältnis von ca. 1:0,5:0,3 [75]. Die unkontrollierte radikalische Kupplung von Koniferylalkohol führt somit nur zu einer Ausbeute von 30 % racemischem Pinoresinol. Unter Berücksichtigung der Enantioselektivität der im Biosyntheseweg folgenden PLRs sinkt die Ausbeute an verstoffwechselbarem Substrat damit auf 15 %. Mit der Entstehung von 85 % nicht verwertbarer Nebenprodukte ist die unkontrollierte Kupplung im Vergleich zu anderen enzymatischen Reaktionen sehr ineffizient.

Die Inkubation von Koniferylalkohol in Gegenwart der unlöslichen Proteinfraktion aus Zweigen von *F. intermedia* bzw. *F. suspensa* führte dagegen zu einer vermehrten Bildung von (+)-Pinoresinol mit 65-80 % *ee* [37]. Die lösliche Proteinfraktion katalysierte in Gegenwart von Reduktionsäquivalenten die Bildung von (−)-Secoisolariciresinol [99], einem Folgeprodukt von (+)-Pinoresinol in der Lignansynthese (Abb. 4.6B). Gleichzeitig akkumulierte (−)-Pinoresinol mit >96 % *ee*. Dies impliziert das (−)-Pinoresinol ein unnatürliches Nebenprodukt des Testansatzes darstellt und *in planta* durch die mehrheitliche Erzeugung von (+)-Pinoresinol eine Verschwendung an ungeeigneten Substratenantiomeren vermieden wird. Die radikalische Kupplung *in planta* steht also unter stereoselektiver Kontrolle.

Das Prinzip der Stereo- und Regioselektivität des radikalischen Kupplungsprozesses von Koniferylalkohol in *F. intermedia* konnte 1997 erstmals einem Protein zugeordnet werden, das als *Fi*DIR1 bezeichnet wurde [41]. Unter Verwendung anorganischer Oxidationsmittel wurde die Bildung von

4. Einleitung

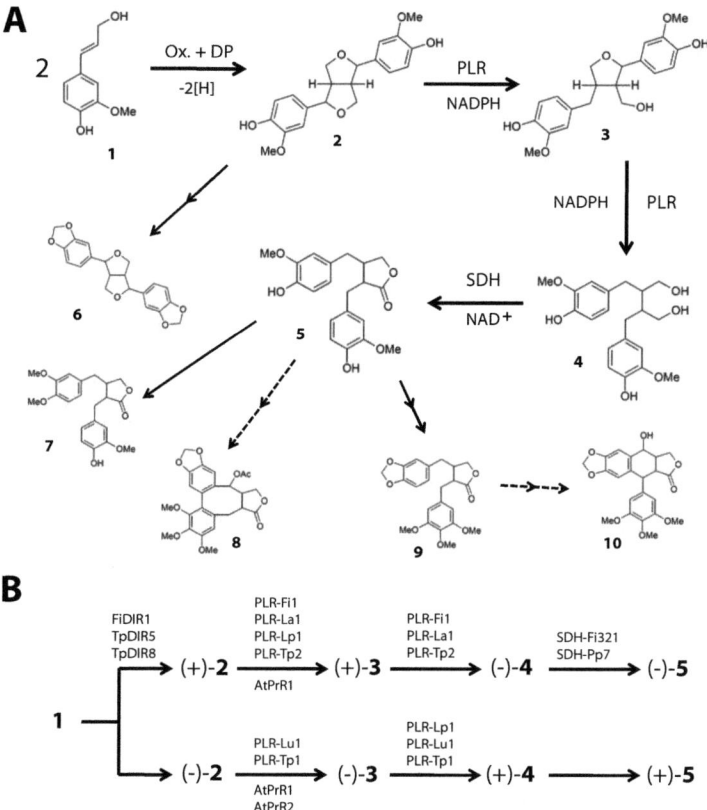

Abb. 4.6.: Im Lignanbiosyntheseweg (A) wird Koniferylalkohol (**1**) unter Einfluss einer Oxidase (Ox.) und eines Dirigent Proteins (DP) spezifisch zu Pinoresinol (**2**) gekuppelt. Pinoresinollariciresinolreduktasen (PLRs) bilden aus Pinoresinol unter Verbrauch von NADPH zuerst Lariciresinol (**3**) und anschließend Secoisolariciresinol (**4**). Secoisolariciresinol wird durch Secoisolariciresinoldehydrogenasen (SDHs) unter Reduktion von NAD^+ zu Matairesinol (**5**) umgewandelt. Von diesem Grundstoffwechsel führen verschiedene weitere Umsetzungen zu den *in planta* nachgewiesenen Verbindungen. Beispielhaft ist die Biosynthese von Sesamin (**6**), Arctigenin (**7**), Steganacin (**8**), Yatein (**9**) und Podophyllotoxin (**10**) gezeigt (durchgezogene Pfeile: bekannte Umsetzungen, gestrichelte Pfeile: vermutete Reaktionen); verändert nach [186]. Als Substrat dient den beteiligten Enzymen häufig nur eines der Enantiomere (B, At: *A. thaliana*, Fi: *F. intermedia*, La: *Linum album*, Lp: *L. perenne*, Lu: *L. usitatissimum*, Tp: *T. plicata*, Pp: *Podophyllum peltatum*); verändert nach [135]. Eine Besonderheit stellen die Pinoresinol Reduktasen (PrRs) aus *A. thaliana* dar, die lediglich die Umsetzung von Pinoresinol zu Lariciresinol katalysieren.

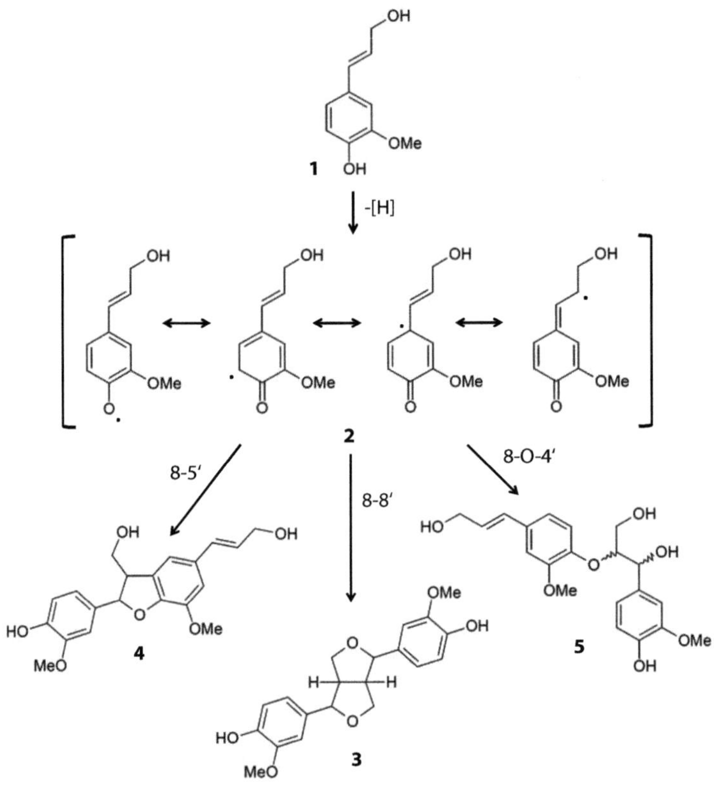

Abb. 4.7.: Die Oxidation von Koniferylalkohol (**1**) führt zur Bildung des durch Mesomerie stabilisierten Koniferylalkoholradikals (**2**), das spontan zu (±)-Pinoresinol (**3**), (±)-Dehydrodikoniferylalkohol (**4**) oder (±)-*Erythro/Threo*-Guajacylglycerin-8-*O*-4'-koniferylethern (**5**) reagiert.

(+)-Pinoresinol mit einer Ausbeute von 100 % erreicht. Die Gegenwart von *Fi*DIR1 verschiebt das Produktgleichgewicht der Kupplung zweier Koniferylalkoholradikale zugunsten von (+)-Pinoresinol in regio- und stereospezifischer Weise und stellt damit das erste Beispiel einer biologischen Kontrolle intermolekularer radikalischer Phenoxykupplungen durch Proteine dar [41].

Radikalische Kupplungen phenolischer Verbindungen sind in der Natur weit verbreitet [151] und zum Beispiel an der Biosynthese von Melanin [19], der Sklerotisierung der Insektenkutikula [122, 125, 129], der Fruchtkörperbildung bei Pilzen [20] und an der Lignifizierung [140] und Suberinbildung in Pflanzen beteiligt [11]. Es ist daher anzunehmen, dass eine stereo- und regioselektive Kontrolle radikalischer Prozesse in diesen Organismen ebenfalls vorhanden ist, um die Bildung unbrauchbarer Nebenprodukte zu vermeiden. Ein Beispiel hierfür ist die Synthese von Kotanin in *Aspergillus niger* (Abb. 4.8A). Der radikalische Kupplungsschritt der Kotaninsynthese erfolgt hier regio- und

4. Einleitung

stereoselektiv, sodass nur *P*-(+)-Kotantin (>98 % *ee*) entsteht [91]. Dagegen liefert ein freier Kupplungsansatz drei verschiedene C,C'-verknüpfte Produkte in racemischer Form [48]. Analoge Befunde wurden auch für die radikalische Kupplung von Hemigossypol zu (+)-Gossypol in *Gossypium hirsutum* var. *marie-galante* [10] und von Kaffeesäure zu *trans*-(–)-„blechnic acid" in *Blechnum spicant* [40, 202] beschrieben (Abb. 4.8B und C). Das stereospezifische Prinzip der radikalischen Kupplung von (+)-Gossypol *in vivo* konnte einem nicht näher charakterisierten Protein zugeordnet werden, bei dem es sich vermutlich um ein DP handelt [118].

4.3.1. Verbreitung

Transkripte von für DPs codierenden Genen konnten in allen untersuchten Gymnospermen (Cupressaeceae, Taxaceae und Pinaceae) und Angiospermen (Asteraceae, Brassicaceae, Eucommiaceae, Oleaceae, Salicaceae, Linaceae, Fabaceae, Solanaceae, Magnoliaceae, Poaceae und Pedaliaceae) nachgewiesen werden [38, 63, 105]. Im Rhizom von *Podophyllum peltatum* wurden zwei Volllänge-Transkripte gefunden, deren ORFs für Proteine mit 60-70 % Sequenzidentität zu *Fi*DIR1 codieren [213]. Unter den Transkripten von *Picea ssp.* konnten 35 verschiedene Volllängetranskripte für Dirigent- bzw. dirigentähnliche Proteine identifiziert werden [158, 159].
Der Nachweis von DP-Genen in den phylogenetisch alten Gymnospermen wie auch in „modernen" Familien der Angiospermen, zum Beispiel den Asteraceen, suggeriert eine ubiquitäre Verbreitung innerhalb der höheren Pflanzen und damit eine frühe Entstehung dieser Proteinklasse im Laufe der Evolution. Ein Hinweis hierauf ist auch das verbreitete Vorkommen optisch aktiver Inhaltsstoffe in kormophytischen Pflanzen, an deren Synthese radikalische Kupplungsprozesse beteiligt sind, wie es beispielsweise für die Biosynthese von (+)-Gossypol [118] und *trans*-(–)-„blechnic acid" gezeigt wurde [40, 202]. Es kann daher angenommen werden, dass DPs einen generellen Lösungsansatz der Natur zur Vermittlung von Spezifität in ansonsten ungerichtet ablaufenden radikalischen Kupplungsprozessen darstellen.

4.3.2. Physiologische Funktion

Die physiologische Funktion von DPs ist weitgehend unbekannt. Aufgrund ihrer molekularen Funktion als enantiospezifisches Prinzip bei radikalischen Phenoxykupplungen [41, 105] erscheint eine Beteiligung von DPs an der Lignan-Biosynthese naheliegend [186, 195].
Immunhistologische Untersuchungen haben gezeigt, dass DPs in den Zellwänden von vaskulärem Kambium sowie in Markstrahlparenchyminitialen von *Forsythia*-Stämmen lokalisiert sind [21]. Durch ein polyklonales gegen *Fi*Dir1 gerichtetes Antiserum wurden in Querschnitten von *Forsythia*-Sprossen der innere und äußere Bereich der sekundären Zellwand verschiedener Zellen des Xylems markiert [63]. Diese Bereiche entsprechen den Lignifizierungsintiationszentren [45, 46]. Die Lokalisation in Lignifizierungsintiationszentren der pflanzlichen Zellwand und die Tatsache, dass Phenylpropandimere – zumindest formal – Vorläuferstufen des Lignins darstellen, führten zur Hypothese einer stereo- und regiospezifisch kontrollierten Ligninsynthese unter Beteiligung von DPs [21, 38, 63]. Hierbei wird davon ausgegangen, dass DPs an der Bildung oligomerer Ligninvorlagen beteiligt sind [21, 63].

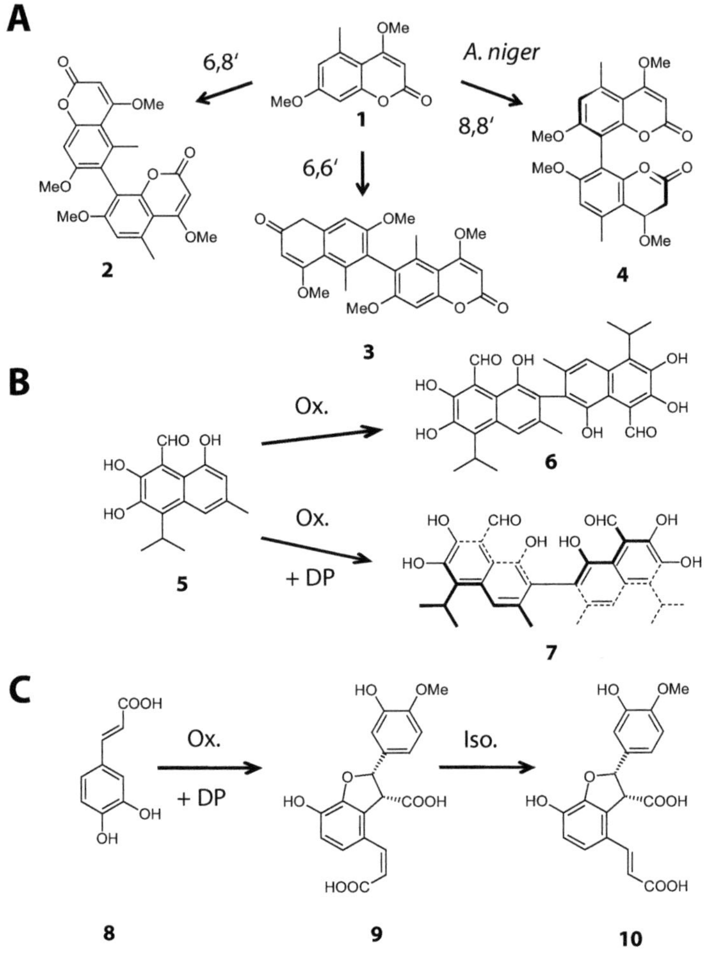

Abb. 4.8.: Stereospezifische Kontrolle biologischer Phenoxykupplungen bei der Synthese von Kotanin (A), Gossypol (B) und „blechnic acid" (C). Die Biosynthese von *P*-Kotanin (**4**) aus Siderin (**1**) in *A. niger* erfolgt ohne die Bildung von Nebenprodukten, wie z.B. Desertorin C (**2**) oder Isokotanin A (**3**) [91]. Im Beisein eines nicht weiter identifizierten Proteins kuppelt Hemigossypol (**5**) spezifisch zu (+)-Gossypol (**7**, B) [10, 118]. Die freie Kupplung führt zur Entstehung von racemischem Gossypol (**6**) Die stereospezifisch kontrollierte Bildung von Kaffeesäure (**8**) zu *cis*-(−)-„blechnic-acid" (**9**) in *Blechnum spicant*, welche weiter zu *trans*-(−)-„blechnic-acid" (**10**) isomerisiert [40, 204] (C). (Ox.: Oxidase, DP: Dirigent Protein, Iso. Isomerisierung).)

Die Bildung der endgültigen Ligninstruktur erfolgt dann durch Polymerisierung unter Beeinflussung durch die oligomeren Vorlagen [164]. Diese Hypothese wird aber widersprüchlich diskutiert [39, 83].

4. Einleitung

Gegenargumente sind fehlende Hinweise für den Aufbau von Lignin aus Dimeren, sowie die riesige Anzahl an benötigten DPs, um die in der Natur beobachtete Verknüpfungsspezifität zu gewährleisten [83]. Nach dem gängigen Synthesemodell werden Monolignole in den Apoplasten sekretiert, zu Radikalen oxidiert und in das Ligninmolekül integriert [150]. Das Modell der „zufälligen" Ligninsynthese wurde bereits 1977 aufgestellt und beschreibt die Integration einzelner Monolignolradikale in das wachsende Ligninmolekül [1]. Es wurden mehrere monolignoloxidierende Enzyme im pflanzlichen Apoplasten beschrieben [62, 124, 182]. Die Art und Weise der zur Verfügungstellung von Monolignolen ist zumindest *in vitro* für die Entstehung verschiedener Lignin-Typen ausreichend [190]. Gegen eine Beteiligung von DPs spricht weiterhin, dass bisher keine optische Aktivität der aus Lignin von *Pinus taeda*, *Hibiscus cannabinus* und *Zea mays* isolierten Dimer-Bausteine gezeigt werden konnte [157].

In der Rinde und im Xylem zwei Jahre alter Fichten (*Picea sitchensis*) akkumulieren nach Herbivorbefall durch *Pissodes strobi* bzw. mechanischer Verwundung die Transkripte von DPs [158]. Ebenso konnte die Induktion zweier für DP-ähnliche Proteine codierende Transkripte *Gbd1* und *Gbd2* in Baumwolle nach Befall durch *Verticillium dahliae* gezeigt werden [223]. Die Sequenz von *Fi*DIR1 weist Homologie zu einem in Erbsenpflanzen nach Pathogenbefall induzierten Protein (DRR206) auf [32]. Eine Überexpression von DRR206 in *Brassica napus* führte zu einer erhöhten Resistenz der transgenen Pflanzen gegenüber bio- und nekrotrophen Pilzen [204].

DP-homologe Domänen sind Bestandteil einiger Lektine, die die Fähigkeit der Bindung spezifischer Zucker besitzen. Lektine sind teilweise an der pflanzlichen Pathogenabwehr beteiligt [153]. Die Deletion der N-terminalen DP-ähnlichen Domäne des β-Glucosidase aggregierenden Faktors aus *Zea mays* führte zu einer Veränderung der Zuckerspezifität des Proteins [107]. Lektine, die aus einer N-terminalen Dirigent- bzw. C-terminalen Jacalin-Domäne bestehen, wurden auch in *Oryza sativa* und *Sorghum bicolor* beschrieben [94, 106].

Eine Beteiligung von DPs bzw. DP-ähnlichen Proteinen an der Pathogenabwehr bzw. Wundantwort in Pflanzen erscheint wahrscheinlich. Dafür sprechen auch die insektiziden und fungiziden Eigenschaften der Lignane (Kap. 4.1.3). Neben präventiven Funktionen, wie der Biosynthese von Lignanen bei der Kernholzbildung, mag auch die Induktion spezieller DPs nach Verwundung bzw. Pathogenbefall für eine erfolgreiche Verteidigung der Pflanzen nötig sein.

4.3.3. Molekulare Charakterisierung

Bisher wurden zehn DPs heterolog exprimiert und in *in vitro* Umsetzungen funktional charakterisiert. Dabei handelt es sich um *Fi*DIR1 aus *F. intermedia* [41] und *Tp*DIR1-9 [105]. Alle diese DPs verschoben das Produktgleichgewicht der radikalischen Kupplung von Koniferylalkohol zugunsten von (+)-Pinoresinol. Auf das Produktverhältnis der radikalischen Kupplung der anderen Monolignole *p*-Kumaryl- und Sinapylalkohol, die sich nur im Methoxylierungsgrad von Koniferylalkohol unterscheiden, hatte die Gegenwart dieser DPs keinen Einfluss. Die bisher untersuchten DPs besitzen eine sehr hohe Substratspezifität.

Eine weitere Eigenschaft der untersuchten DPs ist eine fehlende oxidative Aktivität, weswegen lediglich Koniferylalkoholradikale als Substrat akzeptiert werden. Koniferylalkohol kann ohne die Anwe-

4. Einleitung

senheit eines oxidierenden Prinzips nicht umgesetzt werden. In *Forsythia* sp. erfolgt die Radikalbildung vermutlich durch die Aktivität einer Laccase [41]. Auch dem nicht weiter charakterisierten DP aus *G. hirsutum* var. *marie-galante* fehlte die oxidative Kapazität [118]. DPs können daher nicht als Enzyme bezeichnet werden. Sie müssen als chirale Reagenzien betrachtet werden, die eine spontan ablaufende Reaktion – die Kupplung zweier Radikale – in eine spezifische Richtung lenken. Die Untersuchung des mechanistischen Ablaufs der DP-vermittelten Kupplung an *Fi*DIR1 deutet darauf hin, dass je DP-Monomer ein Koniferylalkoholradikal gebunden wird und zwei DP-gebundene Koniferylalkoholradikale durch Interaktion zweier DP-Monomere derart ausgerichtet werden, dass lediglich eine Kuppplung zu (+)-Pinoresinol möglich ist [73].

Zu DPs homologe Aminosäuresequenzen wurden bisher nur innerhalb der Samenpflanzen gefunden [159]. Die fehlende Homologie zu irgendeiner bekannten Proteinfamilie, führte zur Einstufung der DPs in eine neue, auf das Vorkommen in Pflanzen beschränkte Proteinfamilie [41, 63].

4.4. Fragestellung

Für alle Umsetzungen der Lignanbiosynthese, die von Koniferylalkohol über (+)-Pinoresinol, (+)-Lariciresinol und (–)-Secoisolariciresinol zur Bildung von (–)-Matairesinol führt, wurde ein zugehöriges enzymatisches Prinzip beschrieben (Kap. 4.2). Der Nachweis von (+)-Matairesinol in *D. odora* und *D. genkwa* [144] legt die Vermutung nahe, dass ein enantiokomplementärer Lignanbiosyntheseweg existiert, der zur Synthese von (+)-Matairesinol aus Koniferylalkohol führt. Von den dazu nötigen Enzyme wurden bisher lediglich die zugehörigen PLRs beschrieben, die die Umsetzung von (–)--Pinoresinol zu (+)-Secoisolariciresinol katalysieren (Abb. 4.6B). An der Bildung von (–)-Pinoresinol bzw. (+)-Matairesinol beteiligte Enzyme sind bisher unbekannt. Eine Proteinfraktion aus *D. odora* und *D. genkwa* mit SDH-Aktivtät katalysierte die bevorzugte Bildung von (–)-Matairesinol [142] und steht mit der Hypothese der Existenz eines enantiokomplementären Lignanbiosyntheseweges in scharfem Widerspruch. Die Akkumulation von (+)-Matairesinol könnte daher auf eine geringe Enantiospezifität der beteiligten PLR und eine fehlende Umsetzung des (+)-Enantiomers von Matairesinol zurückzuführen sein.

Ein DP, welches das Produktspektrum der radikalischen Kupplung von Koniferylalkohol zugunsten von (–)-Pinoresinol verschiebt, ist unbekannt. Die Existenz eines solchen Proteins wäre ein starkes Indiz für die Existenz eines enantiokomplementären Lignanbiosyntheseweges. Ferner würde eine solche enantiokomplementäre Aktivität zeigen, dass es möglich ist, die radikalische Kupplung von Koniferylalkohol durch Proteine auf Ebene der Chiralität in Richtung beider Enantiomere zu beeinflussen. Die Kontrolle der Spezifität radikalischer Kupplungen könnte diesen Reaktionstyp in biomimetischen Synthesemethoden für die organische Synthese erschließen. Radikalische Kupplungen finden in der chemischen Synthese bislang keine große Anwendung, da eine ausreichende Regio- und Stereoselektivität nur selten oder nicht erreicht wird [18].

In den Wurzeln von *A. thaliana* konnte die Bildung von (–)-Lariciresinol mit 88 % *ee* durch die Bildung der bisher einzig in *Arabidopsis* nachgewiesenen PrRs gezeigt werden [135]. Die beiden untersuchten PrRs besaßen unterschiedliche Substratpräferenzen. PrR1 verwertete beide Enantiomere

4. Einleitung

von Pinoresinol, während PrR2 lediglich (–)-Pinoresinol als Substrat akzeptierte. In *prr1/2* Knockout Pflanzen akkumulierte (–)-Pinoresinol mit einem Enantiomerenüberschuss von 74 %. Dies ist nur durch eine enantiospezifische Kontrolle der radikalischen Kupplung erklärbar, die derjenigen der bisher beschriebenen DPs komplementär sein muss. Als Modellorganismus ist *A. thaliana* physiologisch sehr gut charakterisiert. Da das Genom der Pflanze und damit deren theoretisches Proteom bekannt ist, erscheint *A. thaliana* als idealer Kandidat für die Identifikation eines enantiokomplementären DPs.

In der folgenden Arbeit sollten potentielle DPs in *A. thaliana* durch Aminosäuresequenzvergleich mit funktional charakterisierten DPs identifiziert und ein geeigneter Kandidat heterolog exprimiert werden. Das aufgereinigte Protein sollte sowohl funktional als auch molekular charakterisiert und mit den bekannten DPs verglichen werden. Der Vergleich von Aminosäuresequenzen erlaubte bisher keine Zuordnung der DPs zu einer bekannten Proteinfamilie. Dennoch müssen die rezenten DPs im Laufe der Phylogenie aus Vorläuferproteinen entstanden sein. Durch den Vergleich mit geeigneten Proteinen, die funktionale und strukturelle Ähnlichkeiten zu DPs aufweisen, sollten mögliche Aussagen über die potentielle Zugehörigkeit von DPs zu einer Proteinfamilie getroffen werden.

5. Material & Methoden

5.1. Material

5.1.1. Verbrauchsmaterial

Plastikverbrauchsartikel wie Pipettenspitzen, Reaktionsgefäße, Kulturröhrchen und Petrischalen wurden von SARSTEDT AG & Co. (Nümbrecht) bezogen. Nicht-sterile Pipettenspitzen und Reaktionsgefäße wurden vor der Verwendung autoklaviert.

5.1.2. Chemikalien

Alle Chemikalien wurden – soweit nicht anders angegeben – von Carl Roth GmbH & Co. KG (Karlsruhe), Fluka und Sigma-Adrich (Taufkirchen), Serva (Heidelberg) oder Merck KGaA (Darmstadt) bezogen und besaßen eine Reinheit von $\geq 99,5$ % p.a. Die verwendeten Antibiotika, Kulturmedien sowie die Agarose stammten von Duchefa Biochemie B.V. (Haarlem, Niederlande).

5.1.2.1. Koniferylalkohol

Koniferylalkohol war kommerziell nicht verfügbar und wurde deshalb von Mihaela-Anca Constantin (Institut für Chemie, Universität Hohenheim) synthetisiert und zur Verfügung gestellt. Die Synthese erfolgte durch Acetylierung von Ferulasäure zu Ferulasäureethylester, welcher durch Diisobutylaluminiumhydrid zu Koniferylalkohol reduziert wurde [154]. Der synthetisierte Koniferylalkohol wurde über Säulenchromatographie an Silica Gel und anschließender Kristallisation gereinigt und die Authentizität durch IR-, ^{1}H- und ^{13}C-NMR-Spektroskopie sowie massenspektrometrisch bestätigt [154].

5.1.2.2. (+)-Pinoresinol

(+)-Pinoresinol wurde mit einer Reinheit von < 95 % bei ArboNova (Oy Arbonova Ab; Turku, Finnland) bezogen. Die Substanz wurde aus einem unbekannten – vermutlich pflanzlichen – Organismus extrahiert und chromatographisch aufgereinigt.

5.1.3. Enzyme

Verwendete Enzyme, ihre Konzentration sowie die Hersteller sind in Tab. 5.1 aufgeführt. Die Anwendung der Enzyme erfolgte nach Herstellerangaben in den entsprechenden Puffern.

Tab. 5.1.: Verwendete Enzyme. Angegeben werden Name (*T.v: Trametes versicolor*, CIAP: Alkalische Phosphatase aus Kalbsdarm), Aktivität der Stammlösungen und Hersteller der Enzyme (Fer: Fermentas, St. Leon-Rot; Flu: Fluka Chemie AG, Buchs (Schweiz); NEB: New England Biolabs Inc., Ipswich (USA); Peq: Peqlab Biotechnologie GmbH, Erlangen; Sig: Sigma-Aldrich Co. KG, Steinheim).

Enzym	Aktivität [U/μl]	Hersteller
RNase A	900	Sig
DNase I	552 (je mg)	Sig
Taq	5	Peq
SAWADY-*Pwo*	1	Peq
*Eco*RI	10	Fer
*Not*I	10	Fer
*Cla*I	10	Fer
T.v.-Laccase	>20 (je mg)	Flu
CIAP	10	NEB
T4-Ligase	1	Fer
PNGase F	500	NEB

5.1.4. Oligonukleotide

Die Wahl der verwendeten Oligonukleotide zur Amplifikation durch PCR wurde anhand der Sequenzen der Gene *AtDIR6* (At4g23690, NM_118500) bzw. *FiDIR1* (AF210061) getroffen und mit BLAST [2–4] gegen die Gene aller bekannten Organismen (non-redundant protein sequences) auf ihre Spezifität getestet. Die verwendeten Oligonukleotide (Tab. 5.2) wurden bei Operon Biotechnologies (Köln) bestellt. Die Primer wurden in einem entsprechenden Volumen Tris/EDTA (TE)-Puffer (siehe Kap. 5.5.1) gelöst (Endkonzentration: 100 mM) und bis zur weiteren Verwendung bei -20 °C gelagert.

5.1.5. Plasmide

Die Expression des offenen Leserasters (ORF) eines Proteins in verschiedenen Zellsystemen benötigt Organismen-spezifische Promotoren, Terminatoren und Selektionsfaktoren. Daher wurden die ORFs der untersuchten Dirigentproteine in verschiedene Expressionsvektoren kloniert (Tab. 5.3). Zur beliebigen Amplifikation der DNS in Bakterien wurde der pCR®2.1-TOPO®-Vektor (Invitrogen, Darmstadt) verwendet. Die prokaryotische Proteinexpression erfolgte mit Hilfe des pET21a-Vektors (Novagen) und die in Pflanzenzellen wurde mit dem binären Vektorsystem (pART7 und pART27) von Gleave et al. 1992 [68] gewährleistet.

Tab. 5.2.: Sequenzen der verwendeten Oligonukleotidpaare. Vorwärts bzw. rückwärts gerichtete Oligonukleotide wurden mit f bzw. r gekennzeichnet, bei der Angabe der Schmelztemperatur (T_m) wurde nur der während des ersten PCR-Zyklus hybridisierende Teil der Nukleotidesequenzen berücksichtigt.

Name	Sequenz (5'→3')	T_m [°C]
p*AtDIR6*f	GGGCATATG[CAC]$_6$TTCCGAAAAACAATCGACCAG	59
p*AtDIR6*r	CCCGTCGACACACATTCTTAGCTACTTAGTA	57
*AtDIR6*f	GGGATCGATCTCTAGCTAACCATGGCATTTCTAGTA	63
*AtDIR6*r	CACACATTCTTAGCTACTTAGTAACATTC	62
*FiDIR1*f	CCAAACATGGTTTCTAAAACAC	57
*FiDIR1*r	CGGCTAAATTGTTTACCAACA	57
*M13*r	GGAAACAGCTATGACCATG	53
T7	TAATACGACTCACTATAGGG	52
p*HANN*-R2	AAGGATCTGAGCTACACATGC	57
*SlAktin*f	TGTGGGAGATGAAGCTCAATCG	63
*SlAktin*r	TCAAACTATCAGTGAGGTCACG	61

Tab. 5.3.: Verwendete Plasmide (BlWe: Blau-Weiss-Selektion).

Plasmid	Selektion	Hersteller/Literatur
pCR®2.1-TOPO®	Amp, BlWe	Invitrogen™
pET21(+)a	Amp	Novagen™
pART7	Amp	Gleave et al. 1992 [68]
pART27	Kan, BlWe	Gleave et al. 1992 [68]

5.2. Organismen

5.2.1. *Escherichia coli*

Alle verwendeten *E. coli*-Stämme wurden bis zur Verwendung bei -80 °C aufbewahrt. Die Eigenschaften der verschiedenen Klone werden in Tab. 5.4 angegeben.

5.2.1.1. *E. coli*-Klone

*Rn*OBP1- bzw. *At*AOC2-exprimierende *E. coli*-Stämme wurden freundlicherweise von der AG Breer (Institut für Physiologie, Universität Hohenheim) bzw. AG Weiler (Lehrstuhl für Pflanzenphysiologie, Universität Bochum) zur Verfügung gestellt. Der ORF von *Rn*OBP1 lag im pTrcHIS-Vektor (GE Healthcare) vor und war so modifiziert, dass das exprimierte Protein einen N-terminalen His$_6$-Tag

Tab. 5.4.: Verwendete *E. coli* Bakterienstämme unter Angabe des Genotyps sowie der Resistenzeigenschaften (CAP: Chloramphenicol, Kan: Kanamycin, Tet: Tetrazyklin). DH5α und DH10B wurden von Invitrogen, BL21(DE3)pLysS von Stragene und Rosetta-Gami B von Novagene bezogen.

Stamm	Genotyp	Resistenz
DH5α™	F⁻ Φ80*lacZ*ΔM15 Δ(*lacZYA-argF*) U169 *regA1 endA1 hsdR17* (r_K^-, m_K^+) *pho*A *sup*E44 λ⁻ *thi*-1 *gyr*A96 *rel*A1	-
DH10B™	F⁻ *mcr*A Δ(*mrr-hsd*RMS-*mcr*BC) Φ80*lacZ*ΔM15 Δ(*lacX74 regA1 endA1 ara*D139 Δ(*ara-leu*)7697 *galU galK rpsL nupG* λ⁻	-
BL21(DE3)pLysS	F⁻ *ompT hsdS*$_B$(r_B^-, m_B^-) *gal dcm araB::T7RNAP-tetA*	CAP
Rosetta-gami B	F⁻ *ompT hsdS*$_B$(r_B^-, m_B^-) *gal dcm lacY1 aphC*(DE3) *gor522::Tn10 trxB* pLysSRARE	CAP, Kan, Tet

besaß [120]. Die Expression erfolgte in *E. coli* BL21.
In *At*AOC2 waren die ersten 77 Aminosäuren durch einen N-terminalen His$_6$-Tag ersetzt worden. Der Klon lag im pQE30-Vektor (Qiagen) in *E. coli* M15-Zellen vor [89].

5.2.2. Arabidopsis thaliana

Wildtypische *A. thaliana* cv. Columbia (L.) Heynh. -Samen wurden trocken für 3-4 h bei -70 °C inkubiert, um die Gefahr einer Infektion mit Thrips (Thysanoptera) zu vermeiden und in 0,1 %igem Agar auf Erde ausgebracht. Nach einer Stratifizierung von 2-3 Tagen bei 7 °C wurden die Pflanzen bei 22 °C und einer Photoperiode von 12 h angezogen.

5.2.3. Forsythia × intermedia

Als pflanzliches Material von *F. × intermedia* cv. Lynwood wurden junge Blattknospen eines unter Freilandbedingungen gewachsenen Strauches aus dem botanischen Garten der Universität Hohenheim verwendet. Das Material wurde unmittelbar nach der Ernte in N_2(l.) schockgefroren.

5.2.4. *Solanum peruvianum*

Pflanzliche Suspensions- bzw. Kalluszellen von *S. peruvianum* (L.) Mill. wurden von L. Nover (Frankfurt) zur Verfügung gestellt.

5.3. Kultivierung von *E. coli*

Alle verwendeten *E. coli*-Stämme wurden bei 37 °C in sterilem Lysogeny Broth (LB)-Medium kultiviert. Im Fall flüssiger Kulturen erfolgte die Anzucht unter Schütteln (ca. 200 rpm). Stämme mit Resistenzeigenschaften wurden stets in Medium mit den entsprechenden Antibiotika gezüchtet. Über Nacht (ÜN)-Kulturen von Einzelkolonien besaßen ein Volumen von ca. 4 ml und wurden mit einem sterilen Zahnstocher angeimpft. Präparative Kulturen wurden mit 1 % ihres Volumens an ÜN-Kultur inokuliert. Die Expression von Proteinen wurde mit – soweit nicht anders angegeben – 1 mM Isopropylthiogalaktopyranosid (IPTG) induziert und die Temperatur während der Induktion auf 30 bzw. 4 °C gesenkt.

Zur dauerhaften Aufbewahrung wurden 500 μl einer frischen ÜN-Kultur mit 500 μl sterilem 80 % v/v Glycerin vermischt, in N_2(l.) schockgefroren und bei -80 °C aufbewahrt. Zur Reaktivierung eines Stammes wurde ein Aliquot der Glycerinkultur auf entsprechendem Medium ausgestrichen.

LB-Medium
20 g/l LB broth low salt
5 g/l NaCl
Für die Herstellung von festem Medium wurden vor dem Autoklavieren 12 g/l Agar zugegeben und das Medium anschließend steril in Platten gegossen. Das Versetzen mit Antibiotika erfolgte nach Abkühlung des Mediums auf ca. 50 °C.

Antibiotika-Stocklösungen
Art und Konzentration der verwendeten Antibiotika können Tab. 5.5 entnommen werden. Von jedem Antibiotikum wurden Stammlösungen in den entsprechenden Lösungsmitteln hergestellt, die steril filtriert (Porengröße: 2 μm), aliquotiert und bei -20 °C aufgehoben wurden.

5.4. Kultivierung von *S. peruvianum*-Zellen

5.4.1. Kultivierung von Kallus

Kallus wurde auf Nover-Medium bei 22 °C und einer Photoperiode von 12 h kultiviert. Das Medium für transgene Kalli wurde vor dem Gießen der Platten mit 75 μg/ml Kanamycin versetzt. Die Erhaltung der Kalli erfolgte durch dreiwöchiges steriles Umsetzen größerer Zellaggregate auf frisches Medium.

Tab. 5.5.: Angabe der verwendeten Antibiotika, des entsprechenden Lösungsmittels (LSM, EtOH: Ethanol) sowie die Konzentration der jeweiligen Stammlösungen c_S. Für die Anwendung im Medium wurden die Stammlösungen im Verhältnis $1:10^3$ im Medium verdünnt.

Antibiotika	LSM	c_S [mg/ml]
Ampicillin (Na-Salz)	ddH$_2$O	100
Chloramphenicol	EtOH	34
Kanamycin (Sulfat)	ddH$_2$O	75
Spectinomycin (Hydrochlorid)	ddH$_2$O	50
Streptomycin (Sulfat)	ddH$_2$O	50
Tetrazyklin	EtOH	12,5

Nover-Medium 3 % Saccharose
4,4 g MSMO basal salt mixture (Duchefa Biochemie B.V.)
0,17 g KH$_2$PO$_4$
500 μl NES (10 mg/ml in EtOH)
50 μl BAP (40 mg/ml in 2 N KOH)
1 ml *At*-Vitamine
1 ml MSMO-Vitamine
30 g Saccharose
6 g Agar
Der pH-Wert wurde mit 1 M KOH auf 5,5 eingestellt und das Medium anschließend autoklaviert. Antibiotika wurden nach dem Abkühlen auf ca. 50 °C zugesetzt, das Medium in sterile Platten gegossen und bis zur Verwendung bei 4 °C aufbewahrt.

***At*-Vitamine (1000×)**
2 g/l Thiamin-2HCl
1 g Nicotinsäure
100 mg/l *p*-Aminobenzoesäure
500 mg/l Pyridoxin-HCl
5 g/l Cholinchlorid
1 g/l Calcium-D(+)-Panthothenat
10 mg/l Folsäure (in 0,1 M NaOH gelöst)
10 ml/l Biotin (0,1 mg/ml gelöst in 0,1 M NaOH)
10 ml Cyanocobalamin (0,1 mg/ml)
Der pH-Wert wurde mit 1 M KOH auf 6,2 eingestellt, die Stammlösung steril filtriert (Porengröße: 2 μm) und bei -20 °C in Aliquoten aufbewahrt.

MSMO-Vitamine (1000×)

100 g/l Myoinositol
400 mg/l Thiamin-2HCl
Die Stammlösung wurde steril filtriert (Porengröße: 2 μm) und in Aliquoten bei -20 °C aufbewahrt.

5.4.2. Etablierung von Zellsuspensionskulturen

Zellsuspensionskulturen wurden aus Kallusmaterial erstellt. Hierfür wurde eine größere Menge Kallus (ca. 1-2 g) steril mit einem Spatel durch ein Stahlsieb passagiert und die gesiebten Zellen in 50 ml Nover 3 % Saccharose-Medium (bei transgenen Zelllinien mit 75 μg/ml Kanamycin) überführt. Die so erhaltene Flüssigkultur wurde bei 25 °C und 100 rpm im Dunkeln inkubiert. Nach einer Woche wurde etwa die Hälfte des Mediums abgenommen und durch frisches ersetzt. Dieser Vorgang wurde solange wiederholt, bis eine deutliche Vermehrung der Suspensionszellen erfolgte. Daraufhin wurde die Kultur wie in Kap. 5.4.3 beschrieben weiter vermehrt.

Nover-Medium 3 % Saccharose (l.)
Siehe Kap. 5.4.1 aber ohne Zugabe von Agar.

5.4.3. Kultivierung der Zellsuspensionskultur

Die Erhaltung von *S. peruvianum*-Zellsuspensionskulturen erfolgte in Nover-Medium mit 3 % Saccharose. Das Volumen des Mediums betrug 20 % des Kolbenvolumens. Für das Animpfen einer neuen Kultur wurden 8 % des neuen Kulturvolumens einer 7 Tage alten Kultur steril in einen neuen Kolben überführt. Die Kultur wurde bei 25 °C und 100 rpm im Dunkeln inkubiert.
Das Volumen der Erhaltungskulturen betrug 50 ml, das derjenigen für die Proteinextraktion 200 ml. Kulturen für Proteinextrakte wurden am 7. Tag geerntet.

5.5. DNS-Extraktion

5.5.1. Plasmidisolation (Minipräparation)

Als Ausgangsmaterial wurden 1,5 bis 3 ml einer Bakterien-ÜN-Kultur für 1 min bei Raumtemperatur (RT) und $1,6 \cdot 10^4 \times g$ abzentrifugiert und der Überstand vollständig verworfen. Das erhaltene Zellsediment wurde in 100 μl Lösung (Lsg.) I resuspendiert. Nach dem Hinzufügen von 150 μl Lsg. II und zweimaligem Invertieren des Probengefäßes wurde der Ansatz für 5 min auf Eis inkubiert. Anschließend wurden 150 μl Lsg. III zugesetzt, der Ansatz durch Invertieren gemischt und erneut 5 min auf Eis inkubiert. Nach einem fünfminütigen Zentrifugationsschritt ($1,6 \cdot 10^4 \times g$, 4 °C) wurde der Überstand in ein neues Probengefäß mit 800 μl EtOH überführt und die DNS 15 min auf Eis gefällt.

5. Material & Methoden

Die präzipitierte DNS wurde 20 min bei $1,6 \cdot 10^4 \times g$ und 4 °C abzentrifugiert, der Überstand vollständig entfernt und das Präzipitat ca. 10 min bei 37 °C trocknen gelassen. Das getrocknete Präzipitat wurde in 200 µl TE-Puffer mit 1 µl RNase A-Stammlösung gelöst und für mind. 30 min bei 37 °C inkubiert. Hierauf wurde der Ansatz mit 300 µl Phenol und 300 µl $CHCl_3$ ausgeschüttelt. Die Phasentrennung wurde durch Zentrifugation beschleunigt und die wässrige Oberphase in einem neuen Probengefäß mit 300 µl $CHCl_3$ extrahiert. Das Volumen der abgenommenen Oberphase wurde bestimmt, mit $0,1 \times$Volumen (Vol.) Lsg. IV sowie dem $2,5 \times$Vol. an EtOH versetzt und 15 min auf Eis inkubiert. Nach 20 min Zentrifugation bei $1,6 \cdot 10^4 \times g$ und 4 °C wurde der Überstand entfernt und das Präzipitat mit 500 µl 70 % EtOH gewaschen. Die gewaschene DNS wurde durch einen erneuten Zentrifugationsschritt unter den vorherigen Bedingungen präzipitiert, der Überstand vollständig abgenommen und die DNS bei 37 °C ca. 10 min getrocknet. Das trockene Präzipitat wurde in einer entsprechenden Menge (in der Regel 20 µl) ddH_2O aufgenommen und bei -20 °C aufbewahrt.

Lsg. I
25 mM Tris/HCl (pH 7.5)
50 mM Glukose
10 mM Ethylendiamintetraessigsäure (EDTA)

Lsg. II
0,2 M NaOH
1% Natriumdodecylsulfat (SDS)
Lsg. II wurde kurz vor der Verwendung aus 0,4 M NaOH und 2% SDS hergestellt.

Lsg. III
60 ml 5 M Kaliumacetat
11,5 ml Essigsäure (HAc)
28,5 ml H_2O

Lsg. IV
3 M Natriumacetat
Der pH-Wert wurde mit HAc auf pH 5,2 eingestellt.

TE-Puffer
10 mM Tris/HCl (pH 8)
1 mM EDTA

RNase A-Stammlösung
10 µg/ml RNase A in TE-Puffer.
Die fertige Stammlösung wurde 10 min bei 85 °C inkubiert und in 1 ml Aliquoten bei -20 °C gelagert.

5.5.2. Extraktion genomischer DNS mit DEX

Als Ausgangsmaterial wurden ca. 10 mg in N_2(l.) schockgefrorenes pflanzliches Gewebe verwendet, das sofort weiter verarbeitet oder bei -80 °C gelagert wurde. Das pflanzliche Material wurde mit einem gekühlten Pistill zu feinem Pulver zerrieben, mit 100 μl DEX-Puffer versetzt und bis zum Tauen weiter gemörsert. Anschließend wurden 100 μl $CHCl_3$ zu pipettiert, die Probe 10 s gut durchmischt und für 30 min bei 65 °C im Heizblock inkubiert. Die Phasentrennung wurde durch eine Zentrifugation von 5 min bei $1,6 \cdot 10^4 \times g$ und 4 °C beschleunigt und die obere wässrige Phase in ein neues Probengefäß überführt. Durch Zugabe von 100 μl ($1\times$ Vol.) Isopropanol wurde die DNS 30 min bei RT gefällt und durch 15-minütiges Zentrifugieren bei $1,6 \cdot 10^4 \times g$ und 4 °C präzipitiert. Der Überstand wurde vollständig entfernt und das Präzipitat mit 100 μl 70 % EtOH gewaschen. Nach der anschließenden 10-minütigen Zentrifugation bei $1,6 \cdot 10^4 \times g$ und 4 °C wurde das EtOH vollständig abgenommen und das Präzipitat bei 37 °C getrocknet. Die isolierte DNS wurde in 20 μl ddH_2O aufgenommen und bei -20 °C aufbewahrt.

DEX-Puffer

0,14 M Sorbitol
0,22 M Tris/HCl (pH 8,0)
0,22 M EDTA
0,8 M NaCl
0,8 % w/v Cetyltrimethylammoniumbromid (CTAB)
1 % Sarkosin
Vor der Verwendung wurden dem DEX-Puffer 2 % v/v β-Mercaptoethanol zugesetzt.

5.5.3. Extraktion genomischer DNS mit CTAB

Zur Extraktion wurde zerkleinertes Pflanzenmaterial eingesetzt. Im Fall von Blättern wurden 300-500 mg Material mit N_2(l.) schockgefroren und anschließend mit Mörser und Pistill zerkleinert. Kallusmaterial wurde – ohne Schockfrieren – unter Kühlung zerkleinert. Das zerkleinerte Material wurde in 800 μl auf 65 °C vorgewärmten CTAB-Extraktionspuffer überführt und durch Invertieren gut gemischt. Nach der Zugabe von 16 μl β-Mercaptoethanol und erneutem Mischen wurde der Ansatz 30-45 min unter zeitweiligem Durchmischen bei 65 °C inkubiert. Der Extrakt wurde anschließend mit 800 μl $CHCl_3$ versetzt, kräftig ausgeschüttelt und die Phasentrennung durch einen Zentrifugationsschritt von 5 min bei $1,6 \cdot 10^4 \times g$ und RT beschleunigt. Die wässrige Oberphase wurde in ein neues Probengefäß überführt und mit $1 \times$ Vol. CTAB-Präzipitationspuffer versetzt. Falls die DNS nicht sofort ausfiel, wurde der Ansatz 30-60 min bei 65 °C inkubiert. Durch einen Zentrifugationsschritt von 15 min bei $1,6 \cdot 10^4 \times g$ und RT wurde die DNS präzipitiert und der Überstand verworfen. Das Präzipitat wurde in 300 μl NaCl-TE-Puffer vollständig durch Schnippen und Inkubation bei 65 °C gelöst, mit 180 μl (entspricht $0,6\times$ Vol.) Isopropanol versetzt und 2 h bis über Nacht bei RT inkubiert. Nach 15-minütiger Zentrifugation bei $1,6 \cdot 10^4 \times g$ und 4 °C wurde das erhaltene Präzipitat mit 500 µl 70 % EtOH gewaschen, erneut 5 min bei $1,6 \cdot 10^4 \times g$ und 4 °C abzentrifugiert und der Überstand vollständig verworfen. Das bei 37 °C getrocknete Präzipitat wurde in 60 µl TE/RNAse A-Lösung aufgenommen und 30 min bei 37 °C inkubiert. Anschließend wurden 20 µl (entspricht 1/3×Vol.) 10 M NH_4Ac und 200 µl (entspricht 2,5×Vol.) EtOH zugesetzt und die DNS 30 min bei 4 °C gefällt. Nach einer Zentrifugation von 20 min bei $1,6 \cdot 10^4 \times g$ und 4 °C und dem Verwerfen des Überstandes wurde das Präzipitat mit 70 % EtOH gewaschen und 10 min bei $1,6 \cdot 10^4 \times g$ und 4 °C zentrifugiert. Der Überstand wurde vollständig entfernt und das Präzipitat 10 min bei 37 °C getrocknet und – abhängig von der Größe des Präzipitats– in 20-50 µl ddH_2O gelöst. Die DNS wurde bis zur weiteren Verwendung bei -20 °C aufbewahrt.

CTAB-Extraktionspuffer
2% w/v CTAB
100 mM Tris/HCl (pH 8,0)
20 mM EDTA
1,4 M NaCl

CTAB-NaCl-Puffer
10% w/v CTAB
0,7 M NaCl

CTAB-Präzipitationspuffer
1 % w/v CTAB
50 mM Tris/HCl (pH 8,0)
10 mM EDTA

NaCl-TE-Puffer
10 mM Tris/HCl (pH 8,0)
0,1 mM EDTA
1 M NaCl

5.6. Polymerasekettenreaktion

Ein Polymerasekettenreaktion (PCR)-Ansatz setzte sich aus je 200 nM eines entsprechenden Vorwärts- bzw. Rückwärts-Oligonukleotidpaares, 1,6 µM dNTPs (jedes 400 µM) sowie 1 µl DNS-Polymerase und DNS-Vorlage zusammen. Als Standard wurde ein Volumen von 25 µl und die *Taq*-DNS-Polymerase verwendet. Für Klonierungen wurde die SAWADY *Pwo*-DNS-Polymerase mit 3'→5'-Exonukleaseaktivität eingesetzt, um die Wahrscheinlichkeit möglicher Replikationsfehler zu verringern. Hierbei wurde das Reaktionsvolumen auf 50 µl erhöht und die eingesetzte Polymerase-Menge verdoppelt.

5. Material & Methoden

Als DNS-Vorlage diente entweder ein Aliquot (ca. 100 ng) isolierter DNS (siehe Kap. 5.5.2 und 5.5.3) bzw. einer 1:100 v/v Verdünnung eines Plasmidisolates (siehe Kap. 5.5.1). Bei Durchführung einer Kolonien-PCR wurde ein 1 μl-Aliquot einer in N_2(l.) schockgefrorenen und 5 min gekochten Bakteriensuspension als DNS-haltige Probe verwendet.

Die PCR wurde in einem Mastercycler gradient (Eppendorf AG, Hamburg) mit einer Temperaturänderung von 3 °C/s und einer Denaturierungstemperatur von 95 °C durchgeführt. Die Denaturierungszeitdauer zu Beginn jeder PCR betrug 2 min, die während der folgenden Zyklen 30 s. Die Temperatur des 40-sekündigen Primer-Anlagerungsprozeß wurde so gewählt, dass sie 1-5 °C unter der Schmelztemperatur des Primers mit der niedrigeren Schmelztemperatur lag. Alternativ wurde eine Gradienten-PCR mit bis zu 12 verschiedenen Anlagerungstemperaturen durchgeführt. Die Elongationsphase bei einer Temperatur von 72 °C wurde entsprechend der erwarteten Größe des amplifizierten DNS-Fragments gewählt. Hierbei wurde eine Prozessivität von 1 kb/min für die *Taq*- bzw. 0,5 kb/min für die *Pwo*-DNS-Polymerase angenommen. Die Zahl der wiederholten Zyklen belief sich auf 25 bis 30. Den Abschluss der PCR bildete eine 7-minütige Elongationsphase. Amplifizierte DNS-Fragmente wurden für kurze Zeit bei 4 °C, im Falle einer längeren Aufbewahrung bei -20 °C gelagert.

Primer

Als Arbeitslösung diente eine 10fache Verdünnung der Stammlösung (Endkonzentration: 10 mM, Kap. 5.1.4) in ddH_2O, die bei -20 °C aufbewahrt wurde.

dNTPs

0,1 M dATP
0,1 M dCTP
0,1 M dGTP
0,1 M dTTP (alle Bioline GmbH, Luckenwalde)

Die Arbeitslösung wurde zu je gleichen Teilen aus diesen 4 Stammlösungen zusammengesetzt (Endkonzentrationen der einzelnen Nukleotide: 25 mM) und aliquotiert bei -20 °C aufbewahrt.

PCR-Puffer für *Taq* (5×)

15 mM MgCl
50 mM Tris/HCl (pH 8,3)
100 mM $(NH_4)_2SO_4$
250 mM KCl
0,08 % v/v Triton X-100
20 % v/v DMSO

PCR-Puffer für *Pwo* (10×)

20 mM $MgSO_4$
100 mM Tris/HCl (pH 8,8)
250 mM KCl

5.7. Agarosegelelektrophorese

Die Auftrennung linearer DNS-Fragmente in Agarosegelen erfolgte unter Anlegen elektrischer Spannung. Es wurde das EASY-CAST™-System (Owl Scientific Inc.; Woburn, USA) verwendet. Der Agarosegehalt der Gele betrug je nach aufzutrennender Fragmentgröße zwischen 1 und 1,5 %. Die Agarose (GenAgarose LE, Genaxxon Bioscience GmbH; Ulm) wurde in einem entsprechenden Volumen an TAE-Puffer unter Wärmeeinwirkung gelöst. Nach Abkühlung auf ca. 70 °C wurden 0,5 µl Ethidiumbromid (10 g/l) je 100 ml Gel zugegeben und die Agaroselösung in einer entsprechenden Kammer mit eingesetztem Kamm erkalten lassen.

Die zu analysierenden Proben wurden vor dem Auftragen mit einer entsprechenden Menge an 10×-DNS-Ladepuffer versetzt. Die Elektrophoresse wurde in TAE-Puffer bei 80-120 V durchgeführt. Zur Größenabschätzung wurden die molekularen Marker GeneRuler™ 1 kb bzw. 100 bp DNA-Ladder (Fermentas; St. Leon-Rot) mit aufgetrennt. Die Sichtbarmachung und photographische Dokumention der aufgetrennten DNS-Fragmente erfolgte unter UV-Licht (254 nm, Eagle Eye-System von Stratagene (Erlangen).

TAE-Puffer
40 mM Tris/HCl
20 mM HAc
1 mM EDTA
0,14 mg/l Ethidiumbromid

DNS-Ladepuffer (10×)
50 % v/v Glycerin
1 mM EDTA
0,03 % w/v Bromphenolblau bzw. Xylencyanol
Nach der Herstellung autoklaviert.

5.8. Sequenzierung

Die Sequenzierung von DNS-Fragmenten in Plasmiden erfolgte durch einen ABI 3730 Kappilarsequenzer von StarSeq GmbH (Mainz). Ca. 1 µg DNS wurden mit 10 pM des die Sequenzierung initiierenden Oligonukleotids in einem Gesamtvolumen von 10 µl ddH$_2$O postalisch verschickt. Die erhaltenen Sequenzen wurden manuell auf Unstimmigkeiten überprüft.

5.9. DNS-Klonierung

5.9.1. DNS-Elution

Zur Isolation einzelner durch Agarose-Gelelektrophorese aufgetrennter DNS-Fragmente wurden die entsprechenden Banden unter UV-Licht aus dem Gel ausgeschnitten und gemäß den Herstellerangaben mit dem Qiaquick Gel Extraction Kit (Qiagen; Hilden) extrahiert. Die Elution der DNS erfolgte mit mind. 30 μl ddH$_2$O.

5.9.2. Restriktionsverdau

Der analytische Verdau von DNS erfolgte in einem Volumen von 20 μl für mind. 2 h bei 37 °C. Der Verdau wurde mit 0,1-1 μg DNS, 1 μl Restriktionsenzym (ca. 10 U), 2 μl des entsprechenden Puffers und sterilem ddH$_2$O angesetzt. Beim Verdau mit zwei verschiedenen Restriktionsenzymen wurde der ideale Puffer anhand der Herstellerangaben ausgewählt und von jedem Enzym 0,5 μl eingesetzt.
Für präparative Zwecke wurden 50- bzw. 100 μl Ansätze durchgeführt. Die Mengen der einzelnen Komponenten wurden dem Volumen entsprechend angepasst. Die Analyse eines Aliquots durch Agarose-Gelelektrophorese gab Aufschluss über die Vollständigkeit der Restriktion. Bei unvollständiger Spaltung wurde die Inkubationszeit verlängert bzw. das eingesetzte Volumen an Enzym auf maximal 10 % v/v des Ansatzes erhöht.

5.9.3. Dephosphorylierung von DNS-Enden

Um Religationen einfach restriktiv gespaltener Vektoren zu vermeiden, wurden diese dephosphoryliert. Die Dephosphorylierung erfolgte nach Fällung der DNS durch EtOH (Kap. 5.5.1 im Phosphatasepuffer oder direkt im Puffer des Restriktionsverdaus unter Zugabe von 1 μl CIAP (1 U/(μl)) je μg Vektor-DNS für 30 min bei 37 °C. Um die CIAP zu inaktivieren, wurde der Ansatz mit CHCl$_3$/Phenol extrahiert, mit EtOH gefällt (siehe Kap. 5.5.1) und in einer entsprechenden Menge an ddH$_2$O aufgenommen.

Phosphatase-Puffer (10$\times$)
0,5 M Tris/HCl (pH 7,9)
1 M NaCl
0,1 M MgCl$_2$
10 mM 1,4-Dithiothreitol (DTT)

5.9.4. Ligation

Für eine Ligation wurden 50-200 ng an Vektor, der 5-fache molare Überschuss an DNS-Fragment und 0,5 μl T4 DNS-Ligase (5 Weiss U/μl) in einem Volumen von 10 μl 1$\times$ Ligationspuffer gemischt. Die benötigte Menge an DNS-Fragment wurde nach Gleichung (5.1) berechnet. Die Ligation erfolgte bei

RT für 10-20 min oder im Cycler 99-mal abwechselnd 1 min bei 10 °C und 1 min bei 30 °C. Die Ligase wurde anschließend durch Erhitzen auf 65 °C für 10 min inaktiviert.

$$m_I = 5 \cdot \frac{M_I}{M_V} \cdot m_V \qquad (5.1)$$

mit m_I bzw. m_V := Masse des Inserts bzw. Vektors [µg]

M_I bzw. M_V := Molekulargewicht des Inserts bzw. Vektors [g/mol]]

Ligationspuffer (10×)
400 mM Tris/HCl (pH 7,8)
100 mM $MgCl_2$
100 mM DTT
5 mM ATP

5.9.5. TOPO-Ligation

Um PCR-Produkte (siehe Kap. 5.6) für die weitere Klonierung unbegrenzt verfügbar zu machen, wurden sie mit dem TOPO TA Cloning® Kit (Invitrogen, Merck KgAG; Darmstadt) in den pCR®2.1 TOPO® ligiert und anschließend in *E. coli* amplifiziert. Hierzu wurde 1 µl des aufgereinigten PCR-Fragments mit 1,5 µl 1:4 verdünnter Salzlösung und 0,5 µl TOPO-Lösung versetzt und 30 min bei RT inkubiert.

5.10. Transformation von *E. coli*

5.10.1. Herstellung chemisch kompetenter *E. coli*

Mit frisch ausgestrichenen *E. coli*-Bakterien des entsprechenden Stammes wurden 3 ml steriles LB-Medium beimpft und bei 37 °C und 200 rpm ÜN inkubiert. Je 100 ml LB-Medium wurde mit 1 ml ÜN-Kultur inokuliert und bis zu einer OD_{600nm} von 0,4 unter den vorherigen Bedingungen wachsen gelassen. Nach einem Zentrifugationsschritt (7 min bei 4 °C und $1,8 \cdot 10^3 \times g$) wurde das Zellsediment in 10 ml eiskalter Spüllösung resuspendiert. Der Waschschritt wurde wiederholt und das in Spüllösung resuspendierte Sediment für 30 min auf Eis inkubiert. Nach einer weiteren Zentrifugation ($1,25 \cdot 10^3 \times g$, 5 min, 4°C) und dem Resuspendieren in 2 ml Spüllösung wurden 0,2 ml Portionen aliquotiert, in N_2(l.) schockgefroren und bei -80 °C aufbewahrt.

Spüllösung
15 % v/v Glycerin
60 mM $CaCl_2$
10 mM Piperazindiethansulfonsäure (PIPES, pH 7,0 mit KOH)

5.10.2. Chemische Transformation von *E. coli*

Für jeden Transformationsansatz wurden 100 μl chemisch kompetenter Bakterien ca. 15 min auf Eis aufgetaut. Vom zu transformierenden Plasmid bzw. einem Ligationsansatz wurden 1 bis 6 μl zugegeben und vorsichtig mit den Bakterien vermischt. Der Ansatz wurde 30 min auf Eis inkubiert und die Bakterien anschließend 1,5 min einem Hitzeschock bei 42 °C im Wasserbad ausgesetzt. Nach 1 min Inkubation auf Eis wurden 400 μl LB(l.) zugegeben und die Bakterien 1 h bei 37 °C und 200 rpm inkubiert. Nach einem kurzen Zentrifugationsschritt wurde der Überstand weitgehend abgenommen und die sedimentierten Bakterien im restlichen Überstand resuspendiert. Die resuspendierten Bakterien wurden steril auf entsprechendes Selektionsmedium (LB) ausplattiert und über Nacht bei 37 °C inkubiert. Im Fall einer Transformation von pCR®2.1 TOPO® bzw. pART27 wurde zusätzlich eine Blau-Weiss-Selektion durchgeführt. Dazu wurden die Platten vor dem Ausstreichen der Bakterien mit je 40 μl 5-Bromo-4-Chloro-3-indolyl-β-D-Galaktopyranosid (X-Gal) bzw. Isopropylthiogalaktopyranosid (IPTG) behandelt. Kolonien, die das Vektor-Insert-Konstrukt beinhalteten, wurden anhand ihrer weissen Färbung identifiziert.

X-Gal
20 g/l in Dimethylformamid

IPTG
200 g/l IPTG in ddH$_2$O gelöst und steril filtriert bei -20 °C gelagert.

5.10.3. Herstellung elektrisch kompetenter *E. coli*

Für die Herstellung elektrisch kompetenter *E. coli*-Zellen wurde eine Hauptkultur bis zu einer OD$_{600nm}$ mit ÜN-Kultur angeimpft und bei 37 °C und 180 rpm bis zu einer OD$_{600nm}$ von 0,5-1,0 angezogen. Die Zellen der Hauptkultur wurden durch eine 15-minütige Zentrifugation bei $4 \cdot 10^3 \times g$ und 4 °C präzipitiert. Anschließend wurden die Zellen in jeweils halbiertem Kulturvolumen viermal mit eiskaltem 10 %igen v/v Glycerin gewaschen. Für die Aufbewahrung wurde das Zellsediment in 2 ml/l Kultur 10 %igem Glycerin aufgenommen, in 40 μl Aliquote unterteilt und in N$_2$(l.) schockgefroren. Die Lagerung erfolgte bei -80 °C.

5.10.4. Elektroporation von *E. coli*

Für die Elektroporation wurde 1 μl DNS-Lösung mit 40 μl elektrisch kompetenten Bakterien auf Eis vermischt, in eine vorgekühlte Elektroporationsküvette (2 mm, Eurogentec; Seraing, Belgien) gegeben und 15 min auf Eis inkubiert. Die Transformation wurde mit dem Elektroporator Easyject Optima (EQUIBIO GmbH; Willstätt) durchgeführt. Die Transformationsparameter betrugen 2500 V, 15 μF und 335 Ω. Nach Entladung der Elektroden wurde sofort 1 ml LB-Medium zugegeben und gut durchmischt. Nach Überführung in ein Kulturröhrchen wurden die Zellen für 1 h bei 37 °C und 180 rpm inkubiert. Die Selektion erfolgte wie in Kap. 5.10.2 beschrieben, nur dass – aufgrund der höheren Effizienz der elektrischen Transformation – vor der Zentrifugation der regenerierten Zellen 100 µl des Ansatzes direkt auf entsprechendes Selektionsmedium ausplattiert wurden.

5.11. Transformation von *S. peruvianum*-Zellen

Die Transformation von *S. peruvianum*-Suspensionszellen erfolgte mit dem biolistischen Transformationssystem ODS-100He Biolistic Particle Delivery System® (Bio-Rad Laboratories Inc.; Hercules, USA). Dabei wurden mit Hilfe von Unterdruck DNS-beladene Goldpartikel in die zu transformierenden Zellen eingebracht.

Zur Beladung der Goldpartikel wurden 25 µl Goldsuspension zweimal mit einem Überschuss an sterilem ddH$_2$O gewaschen. Nach kurzer Zentrifugation und dem Abnehmen des Überstandes wurden die Goldpartikel mit 5 µl Plasmid-DNS (1 µg/µl) versetzt. Zu dem eisgekühlten Ansatz wurden 10 µl 0,1 M Spermidin und 25 µl 2,5 M CaCl$_2$ in getrennten Tropfen an den Gefäßrand gegeben und 3 min kräftig durchmischt. Die beladenen Goldpartikel wurden zweimal mit 250 µl 70 % v/v EtOH gewaschen und in 144 µl EtOH aufgenommen.

Zu transformierende Zellen wurden einer Suspensionskultur in der log-Phase (4-5 Tage alt) steril entnommen und in einer dünnen Schicht auf autoklaviertes Filterpapier aufgebracht, das auf Nover 3 % Saccharose-Medium (siehe 5.4.3) lag. Die Filterpapiere wurden steril auf Nover 10 % Saccharose-Medium überführt und 3 h bei 25 °C im Dunkeln inkubiert.

Auf die Mitte steriler Makrocarrier (Bio-Rad Laboratories Inc.) wurden jeweils 24 µl der beladenen Goldsuspension gegeben. Nach dem Verdampfen des EtOHs wurde die Apparatur entsprechend der Anleitung des Herstellers zusammengebaut, an der Beschusskammer ein Vakuum (ca. 35 mbar) angelegt und die beladenen Filterpapiere mit einem Druck von 1100 psi im Abstand von 9 cm beschossen. Die beschossenen Filterpapiere wurden ÜN bei 25 °C auf Nover 3 % Saccharose-Medium inkubiert und anschließend zur Selektion auf Nover 3 % Saccharose-Medium mit 75 µg/ml Kanamycin überführt. Die Selektion erfolgte im Dunkeln und unter wöchentlichem Transferieren des Filterpapiers auf frisches Medium. Transformierte Zellen bildeten kleine Kalli, die direkt auf dem Selektionsmedium kultiviert wurden.

Goldsuspension
60 mg/ml Goldpartikel (1 µm, Bio-Rad Laboratories Inc.) in 50 % Glycerin

Nover-Medium 10 % Saccharose
siehe Kap. 5.4.1, nur mit 100 g/l Saccharose.

5.12. Protein-Extraktion

5.12.1. Erstellung von *E. coli*-Gesamtproteinextrakten

Für die direkte und schnelle Analyse der Proteinzusammensetzung von *E. coli*-Zellen wurde die $OD_{600\,nm}$ der Suspension bestimmt und dann je OD_{600nm} 1 ml abzentrifugiert (3 min, $1,6 \cdot 10^4 \times g$, 4 °C). Die Zellen wurden in je 100 μl 1×SDS-Probenpuffer (siehe Kap. 5.15.3) aufgenommen, 5 min gekocht und Aliquote davon mittels SDS-Polyacrylamidgelelektrophorese (PAGE) analysiert (Kap. 5.15.3).

5.12.2. Erstellung von *E. coli*-Proteinextrakten

E. coli-Suspensionen wurden durch Zentrifugation bei $5 \cdot 10^3 \times g$ für 30 min bzw. bei $1,6 \cdot 10^4 \times g$ für 3 min sedimentiert. Je erhaltenem g Nassgewicht Zellen wurden 5 ml Lysepuffer zugegeben und bei RT 20 min im Überkopfschüttler inkubiert. Die erhaltenen Extrakte wurden durch zweimalige Zentrifugation (je 10 min bei $1,6 \cdot 10^4 \times g$ und 4 °C) in eine unlösliche und eine lösliche Proteinfraktion unterteilt.

Für SDS-PAGE-Analysen wurden Aliquote der unlöslichen Proteinfraktion direkt in einem entsprechendem Volumen an 1×SDS-Probenpuffer resuspendiert (Kap. 5.12.1). Die Proteinkonzentration der löslichen Proteinfraktion wurde wie beschrieben bestimmt (Kap. 5.15.1). Ein Aliquot wurde mit einem entsprechenden Volumen ddH_2O und 4×SDS-Probenpuffer auf eine definierte Proteinkonzentrationen verdünnt (in der Regel 1-3 g/l). Der verbleibende Proteinextrakt wurde sterilfiltriert und direkt für die Nickelaffinitätschromatographie eingesetzt (Kap. 5.16.1) oder in einen für weitere Untersuchungen geeigneten Puffer überführt (Kap. 5.14.2 bzw. 5.14.3).

Lysepuffer
20 ml BugBuster™Protein Extraction Reagent (Novagen, Merck KgAG; Darmstadt)
1 Spatelspitze DNase I
1 mM Phenylmethylsulfonylflourid (Stammlösung: 100 mM)

5.12.3. Isolation prokaryotischer Proteineinschlusskörper

Protein, das bei der Expression in *E. coli* in unlöslicher Form akkumulierte, wurde durch die in Kap. 5.12.2 beschriebene Prozedur von den löslichen Proteinen abgetrennt. Das durch die Zentrifugation erhaltene Zellsediment wurde erneut in 5 ml pro g Nassgewicht Lysepuffer resuspendiert und nach gründlichem Durchmischen 5 min bei RT inkubiert. Der Zugabe des sechsfachem Volumens an 1:10 verdünntem BugBuster™-Reagenz und vorsichtigem Resuspendieren des Präzipitats folgte eine Zentrifugation (für 15 min bei $1,6 \cdot 10^4 \times g$ und 4 °C) mit der die Einschlusskörper präzipitiert wurden. Die sedimentierende Fraktion wurde dreimal in der Hälfte des ursprünglichen Kulturvolumens an 1:10 verdünntem BugBuster™-Reagenz gewaschen. Nach der letzten Zentrifugation wurden die so gereinigten Proteineinschlusskörper in Denaturierungspuffer aufgenommen.

Denaturierungspuffer
50 mM Kaliumphosphatpuffer (KPP, pH 8,0)
300 mM NaCl
7 M Harnstoff

5.12.4. Erstellung pflanzlicher Proteinextrakte

Pflanzliches Material wurde in N_2(l.) schockgefroren und im Mörser zermahlen, wobei 1 ml Proteinextraktionspuffer pro g Pflanzenmaterial zugesetzt wurde. Der Extrakt wurde durch zweimalige Zentrifugation für 10 min bei 4 °C und $1,6 \cdot 10^4 \times g$ von Schwebstoffen und partikulärem Material befreit. Für SDS-PAGE-Analysen wurde mit den Extrakten wie in Kap. 5.12.2 für die lösliche *E. coli*-Proteinfraktion beschrieben verfahren.

Proteinextraktionspuffer (5×)
250 mM Tris/HCl (pH 7,5)
500 mM NaCl
2,5 % v/v Triton X-100
50 mM β-Mercaptoethanol
Der Puffer wurde in Aliquoten bei -20 °C aufbewahrt und bei Bedarf auf Eis aufgetaut, verdünnt und mit 10 μl/ml Proteinase Inhibitor Mix P (Serva; Heidelberg) versetzt.

5.12.5. Extraktion von Zellwandproteinen aus Suspensionszellen

Für die Extraktion der Zellwandproteine wurden Suspensionszellen über eine Nutsche mit Papierfilter MN616 (Macherey-Nagel GmbH & Co. KG; Düren) vollständig vom Medium getrennt. Die Zellen wurden im halben Kulturvolumen Extraktionspuffer A für 10 min bei 4 °C und 150 rpm geschüttelt. Anschließend wurde der Extrakt erneut über einen Papierfilter vakuumfiltriert und die Zellen – zur quantitativen Extraktion – unter denselben Bedingungen wie zuvor mit Extraktionspuffer B extrahiert. Die Zellen von 2 l Kultur wurden je Extraktionsschritt mit einem halben Liter Extraktionspuffer aufgearbeitet. Die Extrakte wurden vor der weiteren Verwendung auf 4 °C abgekühlt.

Extraktionspuffer A
0,1 M KPP (pH 6,0)
75 mM KCl

Extraktionspuffer B
0,1 M KPP (pH 6,0)
150 mM KCl

0,5 M KPP (pH 6,0, 100 ml)
87,7 ml 0,5 M KH_2PO_4
12,3 ml 0,5 M K_2HPO_4

5.13. Proteinfällung

5.13.1. Trichloressigsäurefällung

Die Trichloressigsäure (TCA)-Fällung diente zur Aufkonzentrierung von Proteinen aus stark verdünnten Lösungen für die SDS-PAGE-Analyse (Kap. 5.15.3. Dabei wurde zu 4 Teilen Proteinlösung ein Teil TCA-Lösung gegeben und der Ansatz 10 min auf Eis inkubiert. Das nach zehnminütiger Zentrifugation ($1,6 \cdot 10^4 \times g$, 4 °C) erhaltene Präzipitat wurde zweimal in 500 μl eiskaltem 80 % Aceton gewaschen und durch 5 min zentrifugieren ($1,6 \cdot 10^4 \times g$, 4 °C) wiedergewonnen. Die präzipitierten Proteine wurden bei 90 °C getrocknet und in 20-50 μl 1×SDS-Probenpuffer aufgenommen. Bei einer Farbänderung des Probenpuffers ins Gelbe beim Aufnehmen der gefällten Proteine, wurde solange in 0,5 μl Schritten 1 M NaOH zugegeben, bis der Probenpuffer eine deutliche Blaufärbung zeigte.

TCA-Lösung
500 g TCA wurden in 350 ml ddH_2O gelöst.

5.13.2. Methanol/$CHCl_3$-Fällung

Mit der Methanol(MeOH)/$CHCl_3$-Fällung wurden Proteine aus verdünnten Lösungen kleinerer Volumina (bis ca. 250 μl) aufkonzentriert. Pro 10 μl Proteinlösung wurden 24 μl MeOH und 8 μl $CHCl_3$ zugegeben und der Ansatz 10 s kräftig geschüttelt. Nach Zugabe von 32 μl ddH_2O und erneutem Schütteln wurde die Phasentrennung durch eine einminütige Zentrifugation ($1,6 \cdot 10^4 \times g$, RT) beschleunigt und die wässrige Phase entfernt, wobei die Interphase intakt gelassen wurde. Die Proteine wurden nach dem Versetzen mit 24 μl MeOH durch Ausschütteln gefällt und durch fünfminütiges Zentrifugieren ($1,6 \cdot 10^4 \times g$, RT) präzipitiert. Der Überstand wurde vollständig entfernt, die Proteine bei RT ca. 10 min getrocknet und in 20 μl 1×SDS-Probenpuffer aufgenommen.

5.14. Umpuffern von Proteinlösungen

5.14.1. Vivaspin

Kleinere Volumina an Proteinlösung (0,5-30 ml) konnten durch (ev. mehrmaliges) Beladen und Zentrifugieren (max. $1,5 \cdot 10^4 \times g$ bei 4 °C) von Vivaspin 500 bzw. 20 (Vivascience, Hannover) auf bis zu 20 μl bzw. 0,2 ml aufkonzentriert werden.

Durch anschließendes mehrmaliges Beladen mit einem anderen Puffer konnte die Proteinfraktion auf eine definierte Proteinkonzentration in den gewünschten Puffer überführt werden. Vor der Verwendung von Vivaspin-Röhrchen wurde die aufzukonzentrierende Proteinlösung zweimal zentrifugiert (10 min bei $1{,}6 \cdot 10^4 \times g$ und 4 °C) und anschließend durch Celluloseacetat (Porengröße: 0,45 μm, Whatman®; Dassel) filtriert, um das Risiko eines vorzeitigen Zusetzens der filtrierenden Membran zu verringern.

5.14.2. Dialyse

Zum Austausch von Puffern und zur Entfernung niedermolekularer Verbindungen wurde die Dialysemembran ZelluTrans (molekulare Ausschlussgröße: 4-6 kDa Carl Roth GmbH & Co. KG, Karlsruhe) verwendet. Die Dialysemembran wurde zunächst 15 min in ddH$_2$O gequollen und dann unter Rühren in 10 mM NaHCO$_3$ 30 min auf 80 °C erhitzt. Es folgte eine 30-minütige Inkubation in 10 mM Na$_2$EDTA bei RT. Überschüssiges EDTA wurde durch 30 min langes Rühren bei 80 °C in ddH$_2$O entfernt. Bis zur Verwendung wurde die so vorbereitete Membran bei 4 °C in 0,05 % NaN$_3$ aufbewahrt.

Vor der Verwendung wurde ein Abschnitt Dialysemembran entsprechender Länge zunächst in ddH$_2$O und anschließend im Dialysepuffer gespült. Die zu dialysierende Flüssigkeit wurde in die, an einem Ende mit einer Klammer verschlossene, Membran gegeben und luftblasenfrei mit einer weiteren Klammer eingeschlossen. Die gefüllte Membran wurde ÜN bei 4 °C in mind. 100-fachem Volumen an Dialysepuffer gerührt. Die Dialyse wurde mit frischem Dialysepuffer für mind. 3 h wiederholt.

5.14.3. HiTrap

Ein Pufferaustausch sehr kleiner Volumina an Proteinlösung (0,2-1,5 ml) konnte durch Filtration an einer HiTrap™Desalting -Säule aus Sephadex™ G-25 Superfine (5 ml, GE Healthcare Europe GmbH; Freiburg) erreicht werden. Hierzu wurde die Säule vor der Verwendung mit dem zukünftigen Puffer äquilibriert. Das aufgetragene Volumen betrug max. 1,5 ml. Die Auftrennung erfolgte bei einer Flussrate von 1 ml/min mit dem ÄKTA System (Kap. 5.16.4), wobei die ersten 5 ml des Durchfluss fraktioniert bei 4 °C aufgefangen wurden. Durch die Messung des Verlaufs der Absorption bei 280 nm und der Leitfähigkeit wurden proteinhaltige Fraktionen identifiziert und anschließend vereinigt.

5.15. Proteinanalytik

5.15.1. Bestimmung der Proteinkonzentration nach Bradford

Für die Bestimmung der Proteinkonzentration von Lösungen nach Bradford [16] wurde ein Aliquot der Lösung mit ddH$_2$O auf 800 μl verdünnt, 200 μl Bradford-Reagenz Roti®Quant (Carl Roth GmbH) zugegeben und gut durchmischt. Nach ca. 5 min wurde die Absorption bei 595 nm ($A_{595\,nm}$) gegen einen Nullwert mit dem Photometer DU® 530 (Beckman Instruments Inc.; Fullerton, USA) gemessen, wobei nur Werte berücksichtigt wurden, deren Absorption $A_{595\,nm}$ zwischen 0,1 und 1 lag.

Die Konzentration wurde durch den Vergleich mit einer BSA-Eichkurve (BSA 1 mg/ml, Carl Roth GmbH) bestimmt.
Für jede Probe wurde die Proteinkonzentration dreimal bestimmt und der Median als die wahrscheinlichste Konzentration erachtet, da häufig nur eine ermittelte Konzentration stark von den anderen Messwerten abwich.

5.15.2. Proteinkonzentrationsbestimmung bei 280 nm

Zur Bestimmung der Proteinkonzentration einer Probe wurde die Absorption bei 280 nm ($A_{280\,nm} \cdot cm$) in einem Volumen von 2 μl der Proteinlösung mit Hilfe des NanoDrop®ND-1000 Spektrophotometers (NanoDrop Technologies Inc.; Wilmington, USA) ermittelt. Die Berechnung der Konzentration erfolgte durch Multiplikation der gemessenen Absorption mit dem bioinformatisch vorhergesagten Extinktionswert ($1/cm$, Tab. 5.6), wobei der Koeffizient einer Absorption einer Proteinlösung mit der Konzentration von 1 mg/ml entspricht. Die Bestimmung der Konzentration wurde dreimal durchgeführt und der Median der Messungen verwendet.

Tab. 5.6.: Berechnung der Extinkionskoeffizienten bei 280 nm von *At*AOC2, *At*DIR6 und *Rn*OBP1. Die Koeffizienten wurden aufgrund der Aminosaure-Sequenz ermittelt (http://www.justbio.com). Die Benennungen (Acc.) entsprechen derjenigen von Pubmed (http://www.pubmed.com). *n* gibt die Zahl der freien Aminosäurereste im Protein an.

Protein	MW [kDa]	n	A_{280} (1/cm)	Acc.
*At*DIR6	18,1	158	0,966	NP194100.1
*At*AOC2	20,9	188	0,740	NP566776.1
*Rn*OBP1	20,8	181	0,677	NP620258.1

5.15.3. SDS-Polyacrylamidgelelektrophorese

Die diskontinuierliche SDS-Polyacrylamidgelelektrophorese (PAGE) nach Laemmli [110] wurde in vertikal ausgerichteten Mini-PROTEAN® 3 Elektrophoresesystemen (Bio-Rad) durchgeführt. Zunächst wurde das Trenngel (Tab. 5.7) in die zusammengebaute Apparatur gegossen und mit 1 ml ddH_2O überschichtet. Nach einer halben Stunde wurde das Wasser vollständig entfernt, das Sammelgel über das Trenngel gegossen und mit eingesetztem Kamm 30 min auspolymerisieren lassen. Nach der Polymerisation wurde der Kamm entfernt und das Gel inklusive der Taschen mit dH_2O gespült. Das fertige Gel wurde in die Laufapparatur eingespannt und die Elektrophoresekammer mit SDS-Laufpuffer gefüllt.
Die mit einer entsprechenden Menge an 4×SDS-Probenpuffer versehenen Proben wurden 5 min im Wasserbad gekocht, nach dem Abkühlen auf Eis kurz abzentrifugiert und in die Kammern pipettiert. Als molekularer Größenmarker wurden 3 μl der Page Ruler ™Prestained Protein Ladder (#SM0671 , Fermentas) bzw. des Color Plus Prestained Protein Broad Range-Markers (New England Biolabs)

aufgetragen. Die Elektrophorese erfolgte für ca. 1,5 h bei 120 V bis die Lauffront des Coomassie-Farbstoffs den unteren Gelrand erreicht hatte. Nach dem Ausbau des Gels aus der Glaskammer wurde das Sammelgel mit einem Spatel entfernt. Die Detektion der aufgetrennten Proteinbanden erfolgte durch Färbung (Kap. 5.15.4-5.15.5) bzw. Western Blot (Kap.5.15.7) und anschließender Immundetektion (Kap.5.15.8).

Tab. 5.7.: Angegeben sind die für die Herstellung zweier 14 %iger SDS-PAGE-Gele benötigten Mengen an Lösungen

Gel	Trenngel (14 %ig)	Sammelgel (4,5 %ig)
Rotiphorese® Gel 40 [ml]	6,6	1,1
4×Gel-Puffer [ml]	4,6	2,5
ddH$_2$O [ml]	7,2	6,3
APS [μl]	200	100
TEMED [μl]	20	10

SDS-Probenpuffer (4×)
200 mM Tris/HCl (pH 6,8)
400 mM DTT
8 % w/v SDS
0,4 % w/v Bromphenolblau
40 % v/v Glycerin

Sammelgelpuffer (4×)
0,5 M Tris/HCl (pH 6,8)
0,4 % w/v SDS

Trenngelpuffer (4×)
1,5 M Tris/HCl (pH 8,8)
0,4 % w/v SDS

SDS-Laufpuffer (10×)
0,25 M Tris/HCl (pH)
1,9 M Glycin
1 % w/v SDS

5.15.4. Coomassie Brilliant Blau-Färbung

Mittels SDS-PAGE aufgetrennte Proteine wurden durch eine mind. zweistündige Inkubation des Gels in Coomassielösung angefärbt. Unter mehrmaligem Wechsel der Entfärbelösung wurde das Protein-Bandenmuster im Gel sichtbar gemacht. Sowohl Färbung wie Entfärbung erfolgten auf dem Wipptisch bei RT. Nach vollendetem Entfärbeprozess wurde das Gel mit ddH$_2$O gespült und bei 4 °C aufbewahrt. Zur Dokumentation wurde das Gel eingescannt.

Coomassielösung (1 l)
2,5 g Coomassie Brilliant Blue R 250
450 ml MeOH
100 ml HAc
1 l ad. ddH$_2$O

Entfärbelösung (1 l)
300 ml MeOH
100 ml HAc
1 l ad. ddH$_2$O

5.15.5. Roti®-White-Färbung

Die Roti®-White-Färbung stellt eine inverse Färbemethode dar, bei der Proteinbanden als klare Markierungen im trüb gefärbten Gel erscheinen. Die Färbung wurde entsprechend den Herstellerangaben (Carl Roth GmbH) durchgeführt. Nach einem kurzen Waschschritt in ddH$_2$O wurde das Gel 15 min in der Roti®-White Lösung I inkubiert. Das mit dH$_2$O abgespülte Gel wurde solange in Roti®-White Lösung II inkubiert, bis der Hintergrund vollständig weiß gefärbt war. Nach erneutem Abspülen mit ddH$_2$O wurde das Gel vor einem farbigen Hintergrund betrachtet.

5.15.6. Ponceaufärbung

Mit der Ponceaufärbung konnten auf Nitrozellulosemembranen immobilisierte Proteine (Kap. 5.15.7), reversibel sichtbar gemacht werden. Die Membran wurde 5 min in der Färbelösung inkubiert und anschließend solange mit ddH$_2$O gewaschen, bis der Hintergrund wieder entfärbt und Proteinbanden erkennbar waren.

Ponceaufärbelösung (10×)
2 % w/v Ponceau S
30 % w/v 5-Sulfosalicylsäure
30 % w/v TCA

5.15.7. Western Blot

Das Blotten von Proteinen erfolgte mit dem Semi Dry-Verfahren [109]. Die Graphitelektroden der Western Blot-Apparatur (LKP-Bromma, GE Healthcare, München) wurden mind. 1 h in ddH$_2$O gewässert und vor der Verwendung trocken gewischt. Auf Gelgröße (8,5 cm × 5,5 cm) zurechtgeschnittene Blottingpapiere (3MM, Whatman® GmbH; Dassel) wurden ebenfalls mind. 10 min in den entsprechenden Lösungen gewässert. Die Nitrozellulosetransfermembran PROTRAN® (Whatman® GmbH) wurde kurz in ddH$_2$O und anschließend in Anodenlösung I inkubiert. Die gut abgetropften Blottingpapiere, die Membran und das Gel wurde luftblasenfrei übereinander gelegt. Die Abfolge des Aufbaus von der Anode zur Kathode war: 6 Lagen Blottingpapier in Anodenlösung II, 3 Lagen Blottingpapier in Anodenlösung I, Nitrozellulose-Membran, Gel sowie 6 Lagen Blottingpapier in Kathodenlösung. Der Proteintransfer wurde für 1,5 h bei 100 mA je Gel durchgeführt.

Kathodenlösung
40 mM 6-Aminohexansäure
20 % v/v MeOH

Anodenlösung I
0,3 M Tris/HCl (pH 10,4)
20 % v/v MeOH

Anodenlösung II
25 mM Tris/HCl (pH 10,4)
20 % v/v MeOH

5.15.8. Immundetektion

Der Western Blot wurde 2 h bis ÜN in ca. 30 ml Blockierungslösung auf dem Wipptisch und unter < 20 °C inkubiert. Nach dem Abgießen der Lösung wurde der Blot in 10 ml Blockierungslösung mit einer entsprechenden Verdünnung (Tab. 5.8) an primärem Antikörper 2 h bis ÜN unter < 20 °C sanft geschüttelt. Die primäre Antikörperlösung wurde verworfen und Reste durch dreimaliges Waschen mit je 50 ml Waschlösung für je 10 min entfernt. Mit dem sekundären Antikörper (Tab. 5.8) wurde wie für den primären Antikörper beschrieben verfahren. Nach 1 h Inkubation wurde die Lösung wie zuvor vollständig von der Membran entfernt. Die kurz in 50 ml 1×TBS gespülte Membran wurde anschließend für 2 min in ECL-Lösung inkubiert und die Orte der Lichtreaktion in der Dunkelkammer auf CL-XPosure™ Filmen (Thermo Scientific GmbH; Bremen) festgehalten. Belichtete Röntgenfilme wurden mit dem RP X-Omat LO-System (Kodak S.A.; Paris, Frankreich) entwickelt und fixiert. Zur Dokumentation wurde der fertige Röntgenfilm eingescannt.

TBS-Puffer (20×)
0,4 M Tris/HCl (pH 7,4)

Tab. 5.8.: Verwendete Antikörper. Sekundäre Antikörper waren mit Peroxidase konjugiert.

Name	Organismus	Typ	Verdünnung	Hersteller
α-AtDIR6	Kaninchen	pr	$1{:}10^4$	Eurogentec
α-His$_6$	Maus	pr	$1{:}5{\cdot}10^3$	Roche Diagnostics (Grenzach-Whylen)
α-Maus IgG	Ziege	sek	$1{:}5{\cdot}10^3$	Calbiochem®(Merck)
α-Kaninchen IgG	Ziege	sek	$1{:}10^4$	Calbiochem®(Merck)

2,7 M NaCl

Blockierungslösung
60 g/l Milchpulver
0,1 % Tween 20
1×TBS-Puffer

Waschlösung
0,1 % Tween 20
1×TBS-Puffer

ECL A
0,1 M Tris-HCl (pH 8,4)
200 µM p-Cumarsäure (Stammlösung: 90 mM)
1,3 mM 3-Aminophthalhydrazid (250 mM in Dimethylsulfoxid)

ECL B
3 % H_2O_2

ECL-Lösung
12,5 ml ECL A wurden kurz vor dem Gebrauch mit 40 µl ECL B vermischt.

5.16. Proteinaufreinigung

5.16.1. Nickelaffinitätschromatographie

Ni^{2+}-NTA-Agarose (Qiagen GmbH; Hilden) wurde vorsichtig resuspendiert und 1-2 ml der Suspension auf eine Säule mit Fritte gegeben. Nach Ablaufen der Aufbewahrungsflüssigkeit wurde das Säulenmaterial dreimal mit je 6 ml Bindepuffer äquilibriert. Das Binden von Proteinen mit His$_6$-Tag erfolgte

im Überkopfschüttler bei 4 °C für mind. 1 h. Im Anschluss daran wurde der Proteinextrakt ablaufen gelassen und die vollständige Entfernung der ungebundenen Proteine durch dreimaliges Waschen des Säulenmaterials mit je 4 ml Waschpuffer gewährleistet. Die Elution der gebundenen Proteinfraktion erfolgte durch fünfmalige Elution mit je 1 ml Elutionspuffer.
Die aufgefangenen Fraktionen (Durchfluss, Waschschritte und Eluate) wurden bis zur weiteren Verwendung bei 4 °C aufbewahrt. Zur Kontrolle der Aufreinigung wurden Volumenaliquote der verschiedenen Chromatograhpie-Schritte mit einem entsprechenden Volumen an 4×SDS-Probenpuffer versetzt und mittels SDS-PAGE untersucht.

0,5 M KPP (pH 8,0)
5,3 ml 0,5 M KH_2PO_4
94,7 ml 0,5 M K_2HPO_4

Bindepuffer
50 mM KPP (pH 8,0)
300 mM NaCl
10 mM Imidazol
4 mM Benzamidin-Hydrochlorid

Waschpuffer
50 mM KPP (pH 8,0)
300 mM NaCl
20 mM Imidazol
4 mM Benzamidin-Hydrochlorid

Elutionspuffer
50 mM KPP (pH 8,0)
300 mM NaCl
200 mM Imidazol
4 mM Benzamidin-Hydrochlorid

5.16.2. Ammoniumsulfatfällung

Ammoniumsulfat vermag Proteine konzentrationsabhängig in nativem Zustand auszufällen. Dadurch können Proteine aus Lösungen aufkonzentriert und beim Fällen in verschiedenen Sättigungsstufen partiell aufgereinigt werden. Die Fällung wurde bei 4 °C durchgeführt. Die für eine spezielle Sättigungsstufe benötigte Menge an Ammoniumsulfat wurde aufgrund des zu fällenden Volumens bestimmt (Tab. 5.9). Fein gemahlenes Ammoniumsulfat wurde der Proteinlösung über einen Zeitraum von 20 min unter Rühren zugegeben und der Ansatz für mindestens weitere 30 min gerührt. Die gefällten Proteine wurden durch 30 min Zentrifugation bei $1,8 \cdot 10^4 \times g$ präzipitiert. Bei mehrstufigen

Tab. 5.9.: Eingesetzte Mengen an Ammoniumsulfat zum Erreichen der angegebenen Sättigungsstufe.

Sättigungsstufe [%]	eingesetztes $(NH_4)_2SO_4$ [g/l]
0-40	242
0-60	390
40-60	130
60-90	219

Fällungen wurde das Volumen des Überstandes bestimmt und mit der entsprechenden Menge an Ammoniumsulfat weitere Fällungsschritte durchgeführt. Die Proteinpräzipitate wurden bis zur weiteren Verwendung bei 4 °C gelagert.

5.16.3. Kationenaustauschbatchchromatographie

Eine entsprechende Menge an SP Sepharose Fast Flow-Beads (GE Healthcare) wurde durch viermaliges Waschen mit je 10 ml ddH$_2$O für je 5 min auf dem Wipptisch von der Aufbewahrungslösung befreit. Das Säulenmaterial wurde durch 2 min Zentrifugieren bei $700 \times g$ sedimentiert und der Überstand entfernt. Durch dreimaliges Waschen unter den zuvor erläuterten Bedingungen wurde das Material in Puffer A äquilibriert. Um das Säulenmaterial zu aktivieren, wurde es zweimal je 15 min in Puffer B auf dem Wipptisch inkubiert. Zum Schluss wurde Puffer B wieder durch Puffer A ersetzt. Dies erfolgte durch viermaliges fünfminütiges Waschen mit Puffer A. Die so vorbereitete Austauschmatrix wurde in ca. 3 ml des jeweiligen Extraktes resuspendiert und zum restlichen Extrakt pipettiert. Der Ansatz wurde unter Rühren bei 4 °C ÜN inkubiert.
Nach Sedimentation des proteinbeladenen Austauschmaterials wurde ein Großteil des Extraktes durch vorsichtiges Dekantieren entfernt. Der Rest des Extraktes inklusive des Materials wurde in 50 ml Falconröhrchen in zweiminütigen Zentrifugationsschritten ($700 \times g$, 4 °C) vereint und der Extrakt abgenommen. Die Austauschmatrix wurde durch Resuspendieren in 50 ml Puffer A, Zentrifugation und Entfernung des Überstandes gewaschen. Die Elution der gebundenen Proteine erfolgte für 10 min in ca. 10 ml Puffer B unter Wippen bei 4 °C. Der Elutionsschritt wurde zweimal wiederholt und die Eluate der Elutionsschritte vereint.

Puffer A
75 bzw. 150 mM KCl
0,1 M KPP (pH 6,0)

Puffer B
75 bzw. 150 mM KCl
0,1 M KPP (pH 6,0)
1 M NaCl

5.16.4. Kationenaustauschchromatographie

Die graduelle Kationenaustauschchromatographie wurde mit einem Äkta Purifier FPLC-System, das aus den Komponenten Box-900, pH/C-900, UV-900 und P-900 (GE Healthcare) bestand, unter Kontrolle des Steuerungs- und Auswertungsprogramms Unicorn 4.11 (GE Healthcare) durchgeführt. Als stationäre Phase diente eine Resource®S-Säule (Volumen 6 ml, GE Healthcare), welche vor der Verwendung mit 12 ml Puffer B (Kap. 5.16.3) aktiviert und anschließend mit 5 Säulenvolumen Puffer A (Kap. 5.16.3) äquilibriert wurde.

Die Säule wurde bei einer Flußrate von 1 ml/min mit 5 ml Proteinlösung (1-10 mg) beladen und Probenschleife sowie Säule anschließend mit 12 ml Puffer A gewaschen. Die Elution gebundener Proteine erfolgte nach Tab. 5.10 in 1 ml Fraktionen. Leitfähigkeit und Absorption bei 280 nm (A_{280}) wurden dokumentiert.

Alle eingesetzten Puffer wurden vor der Verwendung an Zellulosenitrat (Porengröße: 0,45 μm, Whatman) vakuumfiltriert. Proteinlösungen wurden an Zelluloseacetat (Porengröße: 0,45 μm, Whatman) von Hand filtriert, um das Risiko einer Verschmutzung der Anlage möglichst gering zu halten.

Tab. 5.10.: Gradient der Kationenaustauschchromatographie. Die Volumina sind in Vielfachen des Säulenvolumens (SV) angegeben. Die Anfangs- bzw. Endkonzentration an Puffer B in Puffer A ist in % (v/v) angegeben.

SV	0→3	3→4	4→7	7→8
B [%]	0	0→15	15→25	25→100

5.16.5. Gelfiltration

Die Aufreinigung von Proteinen durch Größenausschlusschromatographie erfolgte mit der unter Kap. 5.16.4 beschriebenen Anlage an einer Superdex™200 HR 10/30-Säule (24 ml, GE Healthcare) mit einer Flußrate von 1 ml/min. Als Laufmittel diente soweit nicht anders vermerkt Puffer A (75 mM, Kap. 5.16.3). Vor der Auftrennung wurde die Säule mit mind. zwei Säulenvolumen (ca. 50 ml) Laufmittel äquilibriert.

Das maximale Probenvolumen betrug 0,2 ml. Die Probe wurde deswegen vor der chromatographischen Aufreinigung mit Vivaspin-Röhrchen auf ein Volumen von etwa 0,25 ml eingeengt (Kap. 5.14.1). Die Auftrennung wurde über ein Laufmittelvolumen des 1,5-fachen des Säulenvolumens bezüglich der Absorption bei 280 nm (A_{280}) und der Leitfähigkeit beobachtet. Der Durchfluss wurde bei 4 °C in 0,5 ml Aliquote unterteilt. Mit den zur Gelfiltration eingesetzten Puffern und der Probe wurde wie in Kap. 5.16.4 beschrieben verfahren.

5.17. Proteinbiochemie

5.17.1. Kalibrierte Gelfiltration

Die Bestimmung des nativen Molekulargewichts erfolgte durch kalibrierte Größenausschlusschromatographie. Die Superdex™200 HR 10/30-Säule (24 ml, GE Healthcare) wurde mit den vier Standardproteinen Serumalbumin (BSA, 67 kDa), Ovalbumin (OA, 43 kDa), Chymotrypsinogen A (CA, 25 kDa) und Ribonuklease A (RA, 13,7 kDa, Gel Filtration Calibration Kit for Low Molecular Weight Proteins, Pharmacia Fine Chemicals; Uppsala, Schweden) kalibriert. Hierzu wurden je 1 mg BSA, OA und RA bzw. 0,3 mg CA in 200 μl 0,1 M KPP (pH 5,9) mit einer Flussrate von 1 ml/min jeweils dreimal aufgetrennt. Die Bestimmung des Ausschlussvolumens erfolgte mit Blue Dextran 2000 (1 mg, MW > 10000 kDa). Aus den erhaltenen Retentionsvolumina wurden die entsprechenden K_{av}-Werte nach Gleichung (5.2) errechnet und arithmetrisch gemittelt. Die gemittelten K_{av}-Werte wurden gegen die logarithmierten Molekulargewichte MW_{log10} aufgetragen und eine Eichgerade der Form $MW_{log10} = a \cdot K_{av} + b$ durch lineare Regression bestimmt (Abb. 5.1).

$$K_{av} = \frac{V_e - V_0}{V_t - V_0} \quad (5.2)$$

mit V_e := Retentionsvolumen [ml]
V_0 := Retentionsvolumen von Blue Dextran 2000 [ml]
V_t := Säulenvolumen [24 ml]

Die ermittelte Eichgerade besaß die in Gleichung (5.3) beschriebene Form. Die Linearität wurde durch einen R^2-Wert von 0,96 mit einem gutem Signifikanzniveau von $\alpha < 0,05$ bestätigt.

$$log_{10}MW = -3,201 \cdot K_{av} + 3,077 \quad (5.3)$$

Für die Ermittlung des nativen Molekulargewichts von AtDIR6 wurde das Retentionsvolumen von 100 μg des aufgereinigten Proteins aus Tomatenzellen unter identischen Bedingungen (siehe oben) eluiert, der resultiernde K_{av}-Wert ermittelt und anhand der Eichgeraden das Molekulargewicht bestimmt.

5.17.2. Chemische Quervernetzung

Die kovalente Verknüpfung oligomerer Proteine erfolgte mit 1-Ethyl-3-(3-dimethylaminopropyl)-carboidimid (EDC)-Hydrochlorid (Sigma-Aldrich, Steinheim) wie bei Halls & Lewis beschrieben [74]. 1 μg der aufgereinigten Proteine (AtDIR6, AtAOC2 und RnOBP1) wurde in 1 ml 0,1 M KPP (pH 5,9) in Gegenwart von 8 mM EDC bei 20 °C und 300 rpm inkubiert. Nach 0, 5, 10, 20 und 30 min wurden jeweils 200 μl Aliquote entnommen und die Reaktion mit 50 mM β-Mercaptoethanol (Endkonzentration) gestoppt. Die Proteine der Aliquote wurden mit TCA gefällt, in 1×SDS-Probenpuffer aufgenommen und mit SDS-PAGE, Western Blot und anschließender Immundetektion analysiert.

5. Material & Methoden

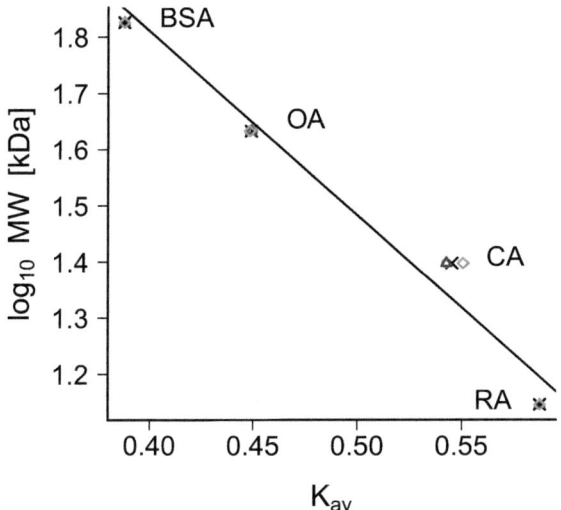

Abb. 5.1.: Kalibration der Gelfiltrationssäule Superdex™200 HR 10/30 mittels der vier Standardproteine BSA, Ovalbumin (OA), Chymotrypsinogen A (CA) und Ribonuklease A (RA). Gezeigt sind die dreimalig ermittelten K_{av}-Werte, die arithmetrischen Mittel ($\times$) und die berechnete Regressionsgerade.

5.17.3. Glykosylierungstest mit Schiff's Reagenz

Der Nachweis einer Glykosylierung von SDS-PAGE getrennten Proteinen erfolgte durch Oxidation der Zucker und anschließender Bildung Schiff'scher Basen nach Zacharius et al. 1969 [221]. Hierzu wurde das Gel mit den zu analysierenden Proteinen zunächst fünfmal 30 min und anschließend ÜN in je 50 ml Fixierungslösung inkubiert. Nach der Entfernung der Fixierungslösung wurden die Zuckerreste der Proteine 1 h lang in Perjodatlösung zu Aldehyden oxidiert. Die Perjodatlösung wurde durch zehnmaliges zehnminütiges Waschen mit ddH_2O vollständig entfernt. Der Nachweis der Aldehydgruppen erfolgte in der anschließenden einstündigen Färbung mit Schiff's Reagenz, die im Dunkeln durchgeführt wurde. Die Entwicklung der Färbung erfolgte durch dreimaliges zehnminütiges Inkubieren in frisch hergestellter Natriumdisulfitlösung und dem anschließenden Auswaschen des Hintergrundes durch mehrmaliges Waschen mit ddH_2O. Glykosylierte Proteine erschienen als orange-rosafarbene Banden.

Fixierungslösung
400 ml EtOH
70 ml HAc
ad. 1 l ddH_2O

Perjodatlösung
2 g Natrium(meta)perjodat
6 ml HAc
ad. 200 ml ddH$_2$O

Schiff's Reagenz
0,1 g Fuchsin
1 g Natriumsulfit
1 ml konz. HCl
ad. 100 ml ddH$_2$O

Natriumdisulfitlösung
5,8 g Natriummetadisulfit
30 ml HAc
ad. 1 l ddH$_2$O

5.17.4. Deglykosylierung von Proteinen mit TFMS

Die chemische Deglykosylierung von Proteinen erfolgte mit Trifluormethansulfonsäure (TFMS) nach Edge *et al.* [49]. Etwa 100 µg lyophilisiertes Glykoprotein wurden mit 0,5 ml Anisol/TFMS (1:2 v/v) 30 min bei 4 °C unter Rühren inkubiert. Das deglykosylierte Protein wurde durch Zugabe von Diethylether/*n*-Hexan (9:1 v/v) 1 h bei -30 °C gefällt und durch 10 min zentrifugieren bei 4 °C und 800 × g präzipitiert. Die gefällten Proteine wurden anschließend in 250 µl 50 % Pyridin aufgenommen. Zur weiteren Verwendung wurde das Pyridin gegen 0,1 M KPP (pH 6,0) ausgetauscht.

5.17.5. Massenspektrometrische Proteinanalytik

5.17.5.1. Molekulargewichtsbestimmung

Zur Bestimmmung der molekularen Massen von unbehandeltem bzw. deglykosyliertem *At*DIR6 mittels Massenspektrometrie (MS) wurde das Protein mit C4 ZipTips (Millipore; Schwalbach) gemäß den Herstellerangaben entsalzt und konzentriert. Die Proteine wurden mit 1 µl 30 mg/ml 2,5-Dihydroxybenzoesäure in 50 % Acetonitril (AcCN)/50 % 0,1 % Trifluoressigsäure (TFA) v/v direkt auf einen Edelstahlträger MTP384 (Bruker Daltonics; Bremen) eluiert. Nach dem Verdampfen des Lösungsmittels wurden die Proben mit einem AutoflexIII MALDI-TOF-TOF Massenspektrometer (matrix associated laser desorption ionization - time of flight, Bruker Daltonics) im positiven Ionenmodus mit einer Beschleunigungsspannung von 20 kV und 1000 Laserschüssen pro Probe analysiert. Die externe Kalibration erfolgte mit Protein- bzw. Peptidmassen Calibration Standards (Bruker Daltonics). Für die Datenverarbeitung wurden die Programme Flex Analysis 3.0 und Bio-Tools 3.0 (beide Bruker Daltonics) verwendet.

5. Material & Methoden

5.17.5.2. Tryptischer Verdau von Proteinen

Durch MS zu charakterisierende Proteine wurden mitttels SDS-PAGE aufgetrennt und durch Behandlung von kolloidalem Coomassie Brilliant Blau über Nacht angefärbt. Überschüssiger Farbstoff wurde durch Waschen mit ddH_2O entfernt. Interessierende Einzelbanden wurden aus dem Gel ausgeschnitten und für den im Gel stattfindenden enzymatischen Verdau in kleine Stücke zerschnitten. Die Gelstücke wurden für 5 min in 200 μl ddH_2O bei 1000 rpm geschüttelt und – nach dem Abnehmen des Wassers – mit 150 μl AcCN 10 min dehydriert. Die Reduktion der Proteine erfolgte mit 10 mM DTT in 100 μl 100 mM NH_4HCO_3 für 30 min bei 56 °C. Nach Entfernung der Lösung wurde erneut mit AcCN dehydriert. Die Probe wurde anschließend für 20 min mit 55 mM Jodacetamid in 85 μl 100 mM NH_4HCO_3 im Dunkeln acetyliert. Nach dem Verwerfen des Überstandes wurde die Probe zunächst 10 min in 150 μl 100 mM NH_4HCO_3 und anschließend in 150 μl AcCN gewaschen. Für den folgenden Verdau wurden die Proben auf Eis mit 24 μl Trypsin (Endkonzentration: 10 ng/μl) in 40 mM NH_4HCO_3 versetzt und 30 min inkubiert. Vor der Inkubation des ÜN-Verdauansatzes bei 37 °C wurde der Flüssigkeitsstand kontrolliert und gegebenenfalls 40 mM NH_4HCO_3 zugegeben bis die Gelstücke vollständig bedeckt waren.

Die Elution der erzeugten Peptide erfolgte durch das Ansäuern des Verdauansatzes auf pH 1,0 mit 1 μl 10 % TFA. Der nach Durchmischung und Zentrifugation erhaltene Überstand wurde abgenommen und die Gelstücke zuerst mit 40 μl HAc/AcCN, dann AcCN erneut für 10 min unter Schütteln extrahiert. Alle Eluate wurden vereint und im Vakuum zur Trockene eingedampft.

Die Proben wurden für die MALDI-TOF-Analyse in 20 μl 0,1 % TFA aufgenommen, die Peptide mit ZipTips aufkonzentriert und wie in Kap. 5.17.5.1 beschrieben im Massenspektrometer analysiert.

HAc/AcCN
67 % v/v AcCN
33 % v/v 5 % HAc

5.17.5.3. Proteinidentifikation

Die Identifikation von Proteinen erfolgte durch MS-Fingerprint aufgrund des Vergleichs durch Trypsin erzeugter Peptidfragmente mit MASCOT™2.2 (Matrix Science Ltd.; London, Großbritannien) gegen die in der NCBI Proteinsequenzdatenbank verfügbaren Proteinsequenzen der Viridiplantae (ftp://ftp.ncbi.nih.gov/blast/db/FASTA/nr.gz). Die Parameter der Suche wurden so eingestellt, dass ein unvollständiger Verdau an maximal zwei möglichen Spaltstellen erlaubt wurde. Die tolerierte Peptidmassenungenauigkeit betrug 100-200 ppm. Als Aminosäure-Modifikationen wurde die Bildung von Carbamidomethyl-Resten an Cysteinen und die Oxidation von Methioninen zugelassen.

Zur Absicherung wurde die Identität durch die Fragmentierung eines einzelnen Peptidfragments (LIFT-Spektrum) bestätigt. Für die Erzeugung eines LIFT-Spektrums wurden die MS-Parameter aus Kap. 5.17.5.1 verwendet und die Anzahl an Laserschüssen auf ca. 2000 Schüsse je Probe erhöht, um die Fragmentierung des Ausgangspeptids zu gewährleisten. Die erhaltenen Spektren wurden mit dem

5. Material & Methoden

Programm Mascot MS/MS Ions Search (Matrix Science Ltd.) interpretiert, wobei eine Peptidmassen-Toleranz von 50-150 ppm und eine Fragmentmassen-Toleranz von 0,5-0,8 Da vorgegeben wurde.

5.17.5.4. Top-Down-MALDI-TOF-TOF MS

Zur Identifikation der N-terminalen Sequenz wurden In-Source-Decay (ISD)- und MS/MS-Spektren von deglykosyliertem *At*DIR6 im Reflektormodus aufgenommen. Pro Probe wurden ca. 3000 Laserschüsse appliziert, die sonstigen Parameter wurden wie in Kap. 5.17.5.1 eingestellt. Die Spektren wurden unter Berücksichtigung der bekannten Aminosäuresequenz von *At*DIR6 mit Flex Analysis 3.0 und Bio-Tools 3.0 (Bruker Daltonics; Bremen) ausgewertet.

5.17.5.5. Identifikation von N-Glykopeptiden

Die Identifikation glykosylierter Peptide von *At*DIR6 und Bestimmung der Glykanstruktur erfolgte mit Hilfe der MS [24]. Zunächst wurden Glykopeptide aus einem – durch tryptischen Verdau erzeugten – Peptidgemisch über hydrophile Interaktionschromatographie (HILIC) angereichert [72]. Hierzu wurden die Peptide eines tryptischen Verdaus in 80 % AcCN und 0,5 % Ameisensäure aufgenommen und an 2 mm ZIC-HILIC Mikrosäulchen (50 μm, Sequant; Umea, Schweden) gebunden. Nach dreimaligem Waschen in identischem Puffer, erfolgte die Elution mit 1 % Ameisensäure. Das Eluat wurde mit μC18 ZipTips (Millipore) entsalzt und dabei direkt auf einen Edelstahlträger aufgebracht (Kap. 5.17.5.1).

Die im MALDI-TOF detektierten Peptide wurden unter Angabe der Proteinsequenz mit dem Glyco-Mod Programm [30] untersucht, um Glykopeptide zu identifizieren. MS^2-Spektren, die durch Fragmentierung der vom Programm vorgeschlagenen Peptide erzeugt wurden, wurden manuell ausgewertet.

5.17.6. CD-Spektroskopie

CD-spektrometrische Analysen wurden mit Proteinlösungen einer Konzentration von ca. 0,2 mg/ml in 0,1 M KPP (pH 6,0) in Quartzküvetten (Hellma AG) von 0,1 bzw. 0,05 cm Schichtdicke durchgeführt. Die Spektren wurden mit einem JASCO J-715 Spektropolarimeter (JASCO Corporation; Tokyo, Japan) in einem Bereich von 190-260 nm mit einer Schrittweite von 1 nm und einer Geschwindigkeit von 20 nm/min gemessen. Eine Verbesserung des Signal- zu Hintergrundverhältnisses wurde durch eine Anregungswellenlängenbreite von 2 nm und einer Antwortzeit von 4 s erreicht. Die gemessenen Spektren wurden durch Subtraktion des Pufferspektrums korrigiert. Die Dynodenspannung betrug während der kompletten Messung < 650 V. Alle erzeugten Spektren sind das Ergebnis mindestens dreier Messungen und anschließender Glättung nach Savitzky-Golay [166]. Die Temperatur wurde durch ein regelbares Peltierelement (JASCO) kontrolliert und betrug soweit nicht anders angegeben 25 °C.

5. Material & Methoden

5.17.6.1. Kalibrierung des CD-Spektrometers

Zu Beginn der Messungen wurde das CD-Spektropolarimeter mit 0,06 % w/v Ammonium-D-(+)-Kampfersulfonat (AKS, Katayama Chemical Industries Ltd.; Osaka, Japan) in ddH$_2$O kalibriert. Hierzu wurde das CD-Spektrum von 185 bis 330 nm mit einer Schrittweite von 0,5 nm und einer Messgeschwindigkeit von 50 nm/s in einer Quartzküvette von 1 mm Absorptionslänge aufgenommen. Die Anregungswellenlängenbreite betrug 1 nm und die Antwortzeit 1 s.

Die kennzeichnenden CD-Signale bei 290,5 bzw. 192,5 nm besaßen Werte von $\theta_{290,5nm} = 18,87$ mdeg bzw. $\theta_{192,5nm} = -40,57$ mdeg. Die Umrechnung in mittlere molare Elliptizitäten nach Gl. (5.4) mit einem Molekulargewicht $M_{AKS} = 249,33 \frac{g}{mol}$ und $n = 1$ (Abb. 5.2) führten zu Werten, wie in der Literatur angegeben [145]. Das Verhältnis $\left| \frac{\theta_{192,5nm}}{\theta_{290,5nm}} \right| = 2,15 > 2$ kann als Maß für die Güte der elektrischen Verstärkung des Spektrometers angesehen werden.

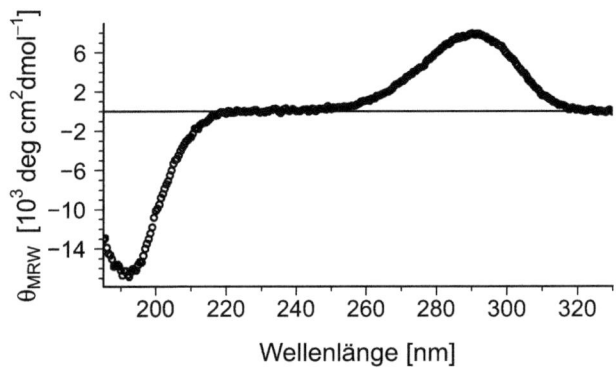

Abb. 5.2.: CD-Spektrum von 0,06 % w/v Ammonium-D-(+)-Kampfersulfonat.

5.17.6.2. Auswertung der CD-Spektren

Zur Auswertung der CD-Spektren wurden die gemessenen Werte (θ_{mdeg}) in mittlere molare Elliptizitäten pro Aminosäurerest (θ_{MRW}) mit der Formel (5.4) umgerechnet. Die Proteinkonzentrationen der Lösungen wurden mit Hilfe der Absorption bei 280 nm bestimmmt (Kap. 5.15.2). Weitere benötigte Werte wurden Tab. 5.6 entnommen.

$$\theta(\lambda)_{\text{MRW}} = \theta(\lambda)_{\text{mdeg}} \frac{M}{n \cdot c \cdot x \cdot 10} \quad (5.4)$$

mit θ_{MRW} := mittlere molare Elliptizität [$\frac{deg \cdot cm^2}{dmol}$]
  θ_{mdeg} := Elliptizität [$mdeg$]
  M := Molekulargewicht [Da]
  n := Anzahl freier Aminosäure-Reste
  c := Konzentration [$\frac{g}{l}$]
  x := Küvettenlänge [cm]

Die Vorhersage der Anteile verschiedener Sekundärstrukturelemente erfolgte mit den errechneten θ_{MRW}. Die ermittelten Spektren wurden unter Zuhilfenahme verschiedener auf dem Dichroweb-Server (http://www.cryst.bbk.ac.uk/cdweb) [208, 209] zur Verfügung gestellter Algorithmen angepasst und so die Anteile der verschiedenen Sekundärstrukturelemente abgeschätzt. Eine Einschätzung der Güte der Anpassung wurde mit Hilfe der normalisierten Standardabweichung (NRMSD) getroffen [123].

5.17.6.3. Bestimmung der Schmelzkurven

Für die temperaturabhängige Denaturierung von AtDIR6 wurde die Probe (Proteinkonzentration: ca. 0,2 mg/ml) von 15 auf 98 °C erhitzt (1 °C/min) und das CD-Signal $\theta_{mdeg}(T)$ bei 220 nm gemessen. Die erhaltene Schmelzkurve wurde unter Zuhilfenahme von Gl. (5.5) normalisiert und die Temperaturen T_C in °C mit Gleichung (5.6) in T_K in K umgerechnet. An die so erhaltenen Werte wurde die van't Hoff-Gleichung (5.7) angepasst. Die Anpassung erfolgte mit dem „nonlinear least-square Verfahren" und dem Gauss-Newton-Algorithmus unter Verwendung der Statistiksoftware R2.10.0. Mit Gleichung (5.8) ließ sich aus den ermittelten Werten T_m und ΔS die Enthalpie ΔH berechnen.

Die Aufnahme von Einzelspektren bei spezifischen Temperaturen erfolgte mit den in Kap. 5.17.6 angegebenen Parametern an einer separaten Probe nach sukzessiver Erwärmung und jeweils anschließender dreiminütiger Inkubation bei der Zieltemperatur. Die erhaltenen θ_{mdeg} wurden für die Vorhersage der Sekundärstrukturanteile in mittlere molare Elliptizitäten θ_{MRW} umgerechnet (siehe Kap. 5.17.6.2). Vor der Messung eines Spektrums nach Temperaturminderung wurde die Probe ebenfalls 3 min bei der Zieltemperatur inkubiert.

$$f(T) = \frac{\theta(T) - \theta_{max}}{\theta_{min} - \theta_{max}} \quad (5.5)$$

mit $\theta_{220\,nm}(T)$:= CD-Signal θ_{220nm} bei Temperatur $T\,[mdeg]$
  θ_{max} := maximales CD-Signal $\theta_{220nm}(T)$
  θ_{min} := minimales CD-Signal $\theta_{220nm}(T)$

$$T_K = T_C + 273,15 \quad (5.6)$$

mit T_K := Temperatur in Kelvin [K]
  T_C := Temperatur in Grad Celsisus [°C]

$$f(T) = \frac{1}{1 + e^{\frac{\Delta S}{R}(\frac{T_m}{T} - 1)}} \quad (5.7)$$

mit R := molare Gaskonstante $[8,314\,\frac{J}{mol \cdot K}]$
  T := Temperatur [K]
  ΔS := Entropie $[\frac{J}{mol \cdot K}]$
  T_m := Schmelztemperatur mit $f(T_m) = 0,5$ [K]

$$T_m = \frac{\Delta H}{\Delta S} \tag{5.8}$$

mit ΔH := Enthalpie $[\frac{J}{mol}]$

5.18. Umsetzung von Koniferylalkohol

Die Umsetzung von Koniferylalkohol durch *Trametes versicolor*-Laccase (E.C. 1.10.3.2) mit oder ohne die DPs *At*DIR6 bzw. *Fi*DIR1 wurde in einem Volumen von 250 μl 0,1 M KPP (pH 6,0) bei 30 °C und 10^3 rpm im Dunkeln durchgeführt. Die Ansätze enthielten 0,14 μM Laccase (2 μg) und variable Konzentrationen an Koniferylalkohol (1,24-4,74 mM) sowie an DP (0-12 μM). Als Oxidationsmittel diente molekularer Sauerstoff. Alle Umsetzungen wurden als Triplikate durchgeführt und durch Zugabe der Laccase gestartet. Die Reaktionsprodukte wurden durch dreimaliges Ausschütteln mit dem gleichen Volumen Ethylacetat (EtOAc) extrahiert und im Vakuum eingedampft. Die Aufbewahrung der Extrakte bis zur weiteren Analyse erfolgte im Dunkeln bei -20 °C.

Koniferylalkoholstammlösung
8 mM Koniferylalkohol in 0,1 M KPP (pH 6,0)

Laccasestammlösung
0,1 g/l *T. versicolor*-Laccase in 0,1 M KPP (pH 6,0)

5.19. Lignan-Analyse

5.19.1. Hochdruckflüssigkeitschromatographie

Die zur Trockene eingedampften Extrakte der Umsetzungen wurden für Laufmittelsystem (LMS) I in 50 μl 50 % AcCN und 0,01 % TFA bzw. für LMS II in 50 μl 50 % MeOH und 0,01 % TFA aufgenommen. Hiervon wurden 20 μl Aliquote für die chromatographische Analyse eingesetzt. Die chromatographischen Auftrennungen wurden an zwei verschiedenen Hochdruckflüssigkeitschromatographie (HPLC)-Systemen durchgeführt.
Die Anlage des ersten HPLC-Systems bestand aus einem Dionex-System (Pumpe P580, Degaser DG1210, Detektor UVD3405, Dionex GmbH; Idstein). Als stationäre Phase diente eine Gemini C18-Säule (250×4,6 mm, 5 μ) mit passender Vorsäule Security Guard ™(4×3 mm, beide Phenomenex; Aschaffenburg) bei einer Flussrate von 1 ml/min. Die Proben wurden manuell injiziert. Das Absorptionsverhalten zwischen 200 und 400 nm der eluierenden Verbindungen wurde detektiert. Die Steuerung der Anlage und Analyse der Auftrennungen erfolgte mit der Chromeleon 6.01-Software (Dionex). Das LMS I bestand aus 0,01 % TFA in H_2O (Laufmittel (LM) A) und 100 % AcCN (LM B). Der Gradient der Analyse setzte sich wie in Tab. 5.11 gezeigt zusammen.

Tab. 5.11.: Verlauf des Gradienten von LMS I

Zeit [min]	0 → 35	35 → 50	50 → 55	55 → 56	56 → 60
B [%]	10 → 40	40 → 100	100	100 → 10	10

Das zweite HPLC-System bestand aus einer LaChrom-Anlage (Interface L-7000, Pumpe L-7100, Autosampler L-7250, Detektor L-7455, Merck-Hitachi; Mannheim). Die Trennung erfolgte an einer Gemini-NX C18-Säule (250×4,6 mm, 5 μ, Phenomenex) mit entsprechendem Vorsäulensystem (siehe HPLC-System I). Die Probenapplikation erfolgte automatisiert und der Fluss betrug 1 ml/min. Die Detektion erfolgte entweder bei 280 nm oder von 200 bis 400 nm. Als LM B diente hier 100 % MeOH. LM A war mit dem des LMS I identisch. Der angewendete Gradient kann Tab. 5.12 entnommen werden.

Tab. 5.12.: Verlauf des Gradienten von LMS II

Zeit [min]	0 → 1	1 → 45	45 → 46	46 → 50	50 → 51	51 → 56
B [%]	25	25 → 50	50 → 100	100	100 → 25	25

5.19.2. Chirale HPLC

Die Überprüfung der enantiomeren Zusammensetzung von Pinoresinol erfolgte mittels Chromatographie an chiraler stationärer Phase.
Hierzu wurde der Pinoresinolpeak der RP18-HPLC-Analyse aufgefangen und gefriergetrocknet (Alpha 1-4 LSC, Christ GmbH; Osterode am Harz). Die Auftrennung der Pinoresinol-Enantiomere erfolgte mit einem isokratischen Laufmittelsystem aus wasserfreiem EtOH (90 % EtOH, 5 % Isopropanol, 5 % MeOH; Alfa Aesar GmbH & Co KG, Karlsruhe)/n-Hexan im Verhältnis 1:1 und einer Flussrate von 1 ml/min. Die Trennung erfolgte mit einer Chiralpak®IB-Säule (250 × 4,6 mm, Daicel Chemical Industries LTD.; Illkirch Cedex, Frankreich) unter Verwendung einer entsprechenden Vorsäule (0,4 × 1 cm). Die Chromatographieanlage bestand aus der Pumpe K501, einer Interface Box (beide Knauer; Berlin). Die Detektion erfolgte bei 280 nm mit dem UV-Detektor Lambda 1000 (Bischoff, Analysentechnik und -geräte GmbH; Leonberg). Die Dokumentation und Auswertung der Analysen erfolgte mit dem ECW2000 Integration Package (Knauer).
Das Verhältnis der Enantiomere wurde als Enantiomerenüberschuss (*ee*) von (−)- über (+)-Pinoresinol angegeben, der nach der Gleichung (5.9) berechnet wurde.

$$ee = \frac{a-b}{a+b} \cdot 100\% \qquad (5.9)$$

mit a := Fläche des (−)-Pinoresinolpeaks [mAU·min]
und b := Fläche des (+)-Pinoresinolpeaks [mAU·min].

5.19.3. LC-MS

Die massenspektrometrische Analyse von HPLC-getrennten Verbindungen erfolgte mit LMS I an einem Agilent 1100 Series LC-MS System (Degaser G1322A, Pumpe G1311A, ALS G1313A, COL-COM G1316A, DAD G1315B, Agilent Technologies GmbH & Co. KG; Waldbronn) unter Kontrolle der LC/MSD Chem Station Agilent-Software (Agilent Technologies).

Für alle Verbindungen, die innerhalb von 10-45 min eluierten, wurden die Massenspektren von 100 bis 500 m/z detektiert. Hierzu wurde der Durchfluss aufgeteilt und 0,5 ml/min ins Massenspektrometer, der Rest in den UV/VIS-Detektor geleitet. Die Ionisierung erfolgte durch API-ES(−) bei 120 V unter N_2(10 l/min). Das Trockengas hatte eine Temperatur von 300 °C und 40 psi. Die Kapillarenspannung betrug 4000 V.

5.19.4. Standardverbindungen

5.19.4.1. Quantifizierung von Koniferylalkohol und Pinoresinol

Koniferylalkohol und Pinoresinol, die als Reinstoffe vorlagen, wurden in definierten Mengen (0,1, 1, 10 und 20 µg) im LMS I aufgetrennt und die resultierenden Peakflächen bei 280 nm bestimmt. Das arithmetische Mittel dreier Messungen wurde gegen die eingesetzte Masse aufgetragen und eine Eichgerade der Form $y = ax$ (mit $y :=$ Flächeninhalt und $x :=$ Masse der Substanz) durch lineare Regression an die Messpunkte angepasst (Abb. 5.3).

Die ermittelten Steigungen der Eichgeraden betrugen für Koniferylalkohol $a_{CA} = 31{,}550$ und für Pinoresinol $a_P := 15{,}256$. Der R^2-Wert der Eichgerade von Koniferylalkohol betrug 1 und der für die Pinoresinol-Eichgerade 0,9998. Die Nachweisgrenze, die durch Einspritzen immer geringerer Menge der Verbindungen erfolgte, betrug für Koniferylalkohol etwa 50 für Pinoresinol ca. 100 ng.

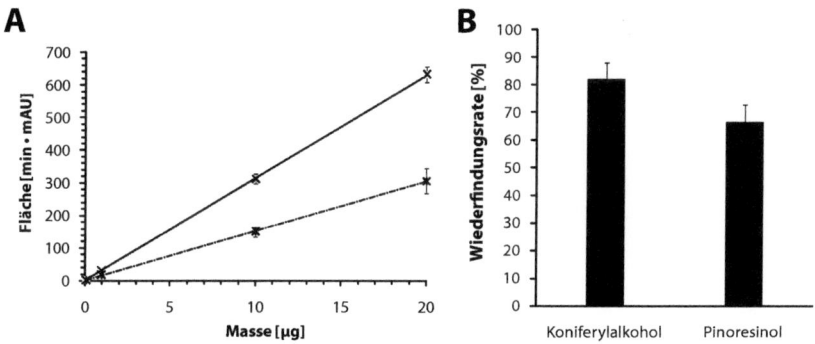

Abb. 5.3.: Quantifizierung von Koniferylalkohol (—) und Pinoresinol (–··–) im LMS I bei 280 nm (A) und deren prozentuale Wiederfindungsrate nach Extraktion aus 250 µl 0,1 M KPP (pH 6,0).

5.19.4.2. Wiederfindungsrate von Koniferylalkohol und Pinoresinol

Um die Rückgewinnung von Koniferylalkohol und Pinoresinol nach Extraktion aus dem Test-Ansatz realistisch einschätzen zu können, wurden je 50 bzw. 100 μg Koniferylalkohol bzw. Pinoresinol in 250 μl 0,1 M KPP (pH 6,0) dreimal mit 250 μl EtOAc isoliert, zur Trockene eingedampft und in 50 μl 50 % AcCN und 0,01 % TFA aufgenommen. Die erhaltenen Mengen wurden mit Hilfe der Eichgeraden errechnet (Kap. 5.19.4.1) und die prozentuale Ausbeute der arithmetrischen Mittel im Vergleich zur eingesetzten Menge berechnet. Hieraus ergab sich für Koniferylalkohol eine Wiederfindungsrate von $81,8 \pm 6,5$ % sowie für Pinoresinol von $66,1 \pm 6,9$ %.

5.19.4.3. Charakterisierung von Koniferylalkohol und Pinoresinol

Die Standardverbindungen Koniferylalkohol und Pinoresinol wurden, um deren Authentizität festzustellen, mit chromatographischen, UV/VIS-spektroskopischen und massenspektrometrischen Methoden untersucht.

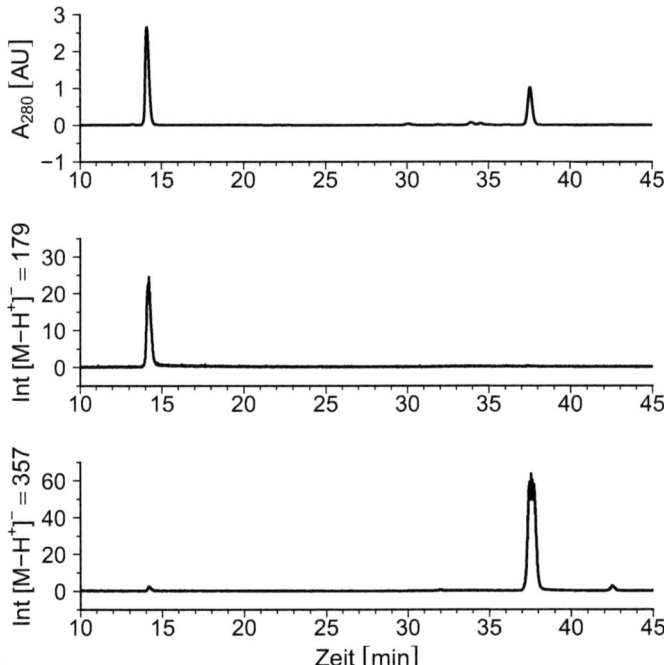

Abb. 5.4.: LC-MS-Analyse von Koniferylalkohol und Pinoresinol. Beide Verbindungen wurden im LMS I aufgetrennt und die Absorption bei 280 nm (oben) sowie die Ionenspuren bei $[M-H^+]^- = 179$ (mitte) bzw. $[M-H^+]^- = 357$ (unten) dokumentiert.

Die LC-MS-Analyse eines Koniferylalkoholpinoresinolgemisches mit dem LMS I zeigte zwei Peaks bei ca. 14 bzw. 37,5 min, die bei 280 nm detektiert werden konnten (Abb. 5.4). Beim zuerst eluieren-

5. Material & Methoden

den Peak handelte es sich, um Koniferylalkohol, der eine molare Masse von 180,2 g/mol besitzt und als Molekülion $[M-H^+]^- = 179{,}1$ massenspektrometrisch nachgewiesen werden konnte. Der stärker retendierte Peak besaß eine Molekülionmasse $[M-H^+]^- = 357{,}1$ und entspricht damit der Molekülmasse von Pinoresinol (358,4 g/mol). Die MS-Spektren von $m/z = 100$ bis 500 zeigten beim Koniferylalkohol das Auftreten zweier weiterer Massen von 382,9 und 478,9 (Abb. 5.5C). Das MS-Spektrum von Pinoresinol wies eine weitere Masse von $m/z = 248{,}9$ auf (Abb. 5.5D).

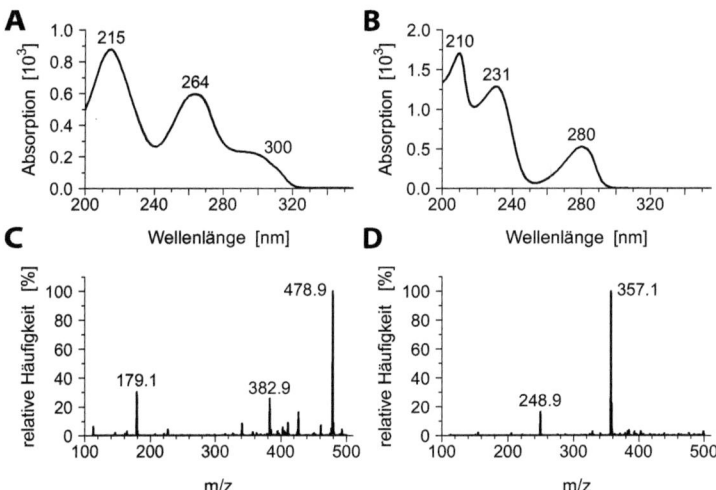

Abb. 5.5.: Spektrometrische Charakterisierung der als Standards vorliegenden Verbindungen Koniferylalkohol (A: UV/VIS, C: MS) und (+)-Pinoresinol (B: UV/VIS, D: MS).

Koniferylalkohol und (+)-Pinoresinol ließen sich ebenfalls durch das Absorptionsverhalten zwischen 200 und 400 nm unterscheiden. Koniferylalkohol zeigte Absorptionsmaxima bei 215 und 264 nm, ein Minimum bei 241 nm und eine Schulter bei ca. 300 nm (Abb. 5.5A). Pinoresinol absorbiert am stärksten bei 210, 231 und 280 nm (Abb. 5.5B). Minima wurden bei 218 und 253 nm detektiert.
Der (+)-Pinoresinolstandard wurde mit chiraler HPLC (Kap. 5.19.2) auf seine enantiomere Reinheit überprüft. Es eluierte mit vergleichbaren Retentionszeiten, wie der hintere der zwei Peaks von racemischem Pinoresinol. (–)-Pinoresinol konnte so indirekt als der Peak mit der geringeren Retentionszeit identifiziert werden.

6. Ergebnisse

6.1. Identifikation DP-homologer Proteine in *A. thaliana*

Die Akkumulation von (–)-Pinoresinol (74 % *ee*) in Wurzeln von *A. thaliana* Mutanten mit Defekten in *prr1/2* [135] deutet auf die Existenz eines dirigierenden Prinzips hin, dessen Enantiospezifität entgegengesetzt zu den funktional bereits beschriebenen DPs ist [41, 105]. Das Vorhandensein DP-homologer Proteinsequenzen in *A. thaliana* wurde bereits in der Literatur beschrieben [38, 104, 158, 159]. Daher liegt die Vermutung nahe, dass ein *A. thaliana*-DP für die beobachtete Enantiospezifität verantwortlich ist. Im folgenden Sequenzvergleich wurden die Aminosäuresequenzen der beiden DPs *Fi*DIR1 aus *F. intermedia* [41] und *Tp*DIR7 aus *T. plicata* [105] mit dem in der TAIR-Datenbank (http://www.arabidopsis.org/) verfügbaren theoretischen Proteom von *A. thaliana* verglichen. Für die als Vergleichssequenzen gewählten DPs ist die Aktivität bezüglich der Kupplung von Koniferylalkoholradikalen bekannt. Sie sind somit sicher als DPs zu betrachten und wurden als phylogenetisch entfernte, aber funktional konservierte Vertreter zur Identifikation homologer Proteinkandidaten in *A. thaliana* mit Blast P2.2 [2–4] verwendet. Die Bezeichnungen der DPs wurde von Ralph et al. [158] übernommen.

Die Suche zeigte, dass sowohl *Fi*DIR1 als auch *Tp*DIR7 zu 25 *A. thaliana*-Proteinen große Ähnlichkeiten aufweisen ($e < 1$). Bezüglich der als am ähnlichsten zu DPs eingestuften *A. thaliana*-Proteine unterschieden sich die Sequenzvergleiche mit *Fi*DIR1 bzw. *Tp*DIR7 in den ersten beiden Treffern nicht. Verglichen mit der *Fi*DIR1-Sequenz besaß *At*DIR5 (182 Aminosäuren) eine 51 %ige Identität (Tab. 6.1). *At*DIR6 (187 Aminosäuren) wies 55 % Identität auf. Die Identität der Proteine *At*DIR12-14 (184, 184 bzw. 185 Aminosäuren) mit *Fi*DIR1 und *Tp*DIR7 betrug zwischen 39 und 46 %. Damit waren diese Proteine den Aminosäuresequenzen von *Fi*DIR1 und *Tp*DIR7 weit weniger ähnlich als *At*DIR5 und *At*DIR6.

Der Vergleich mit der *Tp*DIR7-Sequenz lieferte ein sehr ähnliches Ergebnis (Tab. 6.2). *At*DIR5 besaß eine Identität von 53 %. Die Identität zwischen *Tp*DIR7 und *At*DIR6 betrug 54 %. Die drei folgenden Treffer (*At*DIR12-14) waren die gleichen wie für *Fi*DIR1 und wiesen geringere Übereinstimmungen mit der Sequenz von *Tp*DIR7 auf. Allerdings unterschieden sie sich in der ordinalen Abfolge.

*At*DIR5 und *At*DIR6 besaßen mit > 50 % die höchste Identität zu den jeweiligen Proteinvergleichssequenzen aus Angio- bzw. Gymnospermen. Trotz des schlechteren Scores wies *At*DIR6 insbesondere gegenüber *Fi*DIR1 eine größere Identität innerhalb der verglichenen Sequenzbereiche auf als *At*DIR5. Die Sequenzen beider Proteine wurden mit bioinformatischen Methoden weiter charakterisiert.

Tab. 6.1.: Ergebnis der BLAST-Suche mit *Fi*DIR1 als Suchsequenz. Dargestellt sind die fünf ähnlichsten *A. thaliana*-Proteine unter Angabe der prozentualen Identität, Ähnlichkeit und Lücken (Zahl der betreffenden Aminosäuren in Klammern) sowie die Anzahl der für den Vergleich herangezogenen Aminosäuren n.

Protein	Score	e-Wert	Identität [%]	Ähnlichkeit [%]	Lücken [%]	n
*At*DIR5	190	$4 \cdot e^{-49}$	51 (89)	68 (118)	5 (10)	172
*At*DIR6	187	$2 \cdot e^{-48}$	55 (87)	71 (113)	5 (8)	158
*At*DIR13	162	$1 \cdot e^{-40}$	43 (80)	61 (114)	5 (11)	186
*At*DIR14	159	$1 \cdot e^{-39}$	39 (71)	60 (110)	3 (6)	181
*At*DIR12	141	$3 \cdot e^{-34}$	41 (77)	60 (113)	6 (13)	186

Tab. 6.2.: Ergebnis der BLAST-Suche mit *Tp*DIR7 als Suchsequenz. Dargestellt sind die fünf ähnlichsten *A. thaliana*-Proteine unter Angabe der prozentualen Identität, Ähnlichkeit und Lücken (Zahl der betreffenden Aminosäuren in Klammern) sowie die Anzahl der für den Vergleich herangezogenen Aminosäuren n.

Protein	Score	e-Wert	Identität [%]	Ähnlichkeit [%]	Lücken [%]	n
*At*DIR5	196	$7 \cdot e^{-51}$	53 (89)	68 (114)	3 (6)	167
*At*DIR6	184	$3 \cdot e^{-47}$	54 (85)	69 (109)	3 (6)	156
*At*DIR14	168	$1 \cdot e^{-42}$	44 (82)	61 (112)	7 (13)	183
*At*DIR12	156	$6 \cdot e^{-39}$	46 (85)	62 (115)	4 (9)	183
*At*DIR13	155	$1 \cdot e^{-38}$	41 (75)	58 (107)	4 (8)	182

6.1.1. Bioinformatische Charakterisierung

Ausgehend von den Aminosäuresequenzen der Proteine *At*DIR5 und *At*DIR6 wurden molekulare Kenngrößen errechnet und mit den entsprechenden Aspekten der DPs *Fi*DIR1, *Fi*DIR2, *Tp*DIR2 und *Tp*DIR7 verglichen. Neben der Bestimmung molekularer Daten wurden bioinformatische Vorhersagen bezüglich der subzellulären Lokalisation und einer eventuellen Sekretion getroffen.
Bei allen sechs betrachteten DPs handelte es sich um ca. 21 kDa große Proteine mit einer Kettenlänge von etwa 190 Aminosäuren (Tab. 6.3). Der berechnete isoelektrische Punkt pI lag mit ca. 8,5 meist im Alkalischen. Abweichend davon wiesen *Fi*DIR2 und *Tp*DIR7 einen annähernd neutralen pI auf. Vorhersagen zur subzellulären Lokalisation mit Target P1.1 [51] ergaben für die DPs aus *T. plicata* und *A. thaliana* eine hohe Wahrscheinlichkeit der Einleitung in den zellulären Sekretionsapparat und damit einer Lokalisation im Apoplasten der pflanzlichen Zelle. Für die *Forsythien*-DPs wurden als unsicherer bewertete Prognosen erhalten. Die Vorhersage der Sekretion von *Fi*DIR2 war weniger signifikant als die, die für die *Arabidopsis*- bzw. *Thuja*-DPs erhalten wurde. Die Sekretion in den Apoplasten erfordert ein N-terminales Signalpeptid, für dessen Existenz mit SignalP 3.0 aufgrund der

Aminosäure-Sequenz Wahrscheinlichkeiten berechnet werden können [138]. Für alle betrachteten DPs wurde unter Berücksichtigung der ersten 70 Aminosäuren die Existenz N-terminaler Signalpeptide mit hoher Wahrscheinlichkeit vorhergesagt (Tab. 6.3).

*Fi*DIR1 wäre der bioinformatischen Vorhersage nach als einziges der betrachteten Proteine im Chloroplasten wiederzufinden, dies allerdings mit relativ geringer Wahrscheinlichkeit. Gegen eine Lokalisation im Chloroplasten spricht auch die eindeutige Vorhersage eines spaltbaren Signalpeptids.

Tab. 6.3.: Vergleich der DPs *Fi*DIR1/2, *Tp*DIR2/7 und *At*DIR5/6 bezüglich molekularer Daten (Aminosäurenanzahl n, Molekulargewicht MW und isoelektrischem Punkt pI) und bioinformatischen Vorhersagen bezüglich der zellulären Lokalisation mit TargetP 1.1 [51] (C für Chloroplast bzw. S für den sekretorischen Apparat mit zugehöriger Wahrscheinlichkeit) sowie der Wahrscheinlichkeit eines N-terminalen Signalspeptids mit SignalP3.0 [138].

Protein	n	MW [kDa]	pI [pH]	Lokalisation	Signalpeptid
*Fi*DIR1	186	20,95	8,4	C (0,459)	0,999
*Fi*DIR2	185	20,77	6,8	S (0,547)	0,999
*Tp*DIR2	192	21,59	8,6	S (0,976)	0,992
*Tp*DIR7	192	21,35	6,9	S (0,809)	0,975
*At*DIR5	182	20,73	8,4	S (0,947)	0,998
*At*DIR6	187	21,41	8,4	S (0.995)	0,992

Die potentiellen Spaltstellen der vorhergesagten Signalpeptide befanden sich alle innerhalb der ersten 30 Aminosäuren und die resultierenden Proteine besaßen ein Molekulargewicht zwischen 18 und 19 kDa (Tab. 6.4). Die Vorhersage der Signalpeptidspaltstelle und die Wahrscheinlichkeit einer Abspaltung des Sekretionssignals an der vorhergesagten Position war für *Fi*DIR2 und *At*DIR6 mit Abstand am höchsten.

Die höhere Identität innerhalb der verglichenen Aminosäuren von *At*DIR6 zu den Sequenzen von *Fi*DIR1 bzw. *Tp*DIR7 und die eindeutigeren Vorhersagen zur Abspaltung sowie zur Lage der Spaltstelle (Abb. 6.1) im Vergleich zu *At*DIR5, ließen *At*DIR6 als das zur heterologen Expression geeignetste DP von *A. thaliana* erscheinen.

6.2. Expression eines *At*DIR6-Konstruktes in *E. coli*-Zellen

*At*DIR6 wurde zunächst in modifizerter Form in *E. coli* exprimiert, um das Protein in möglichst kurzer Zeit in großer Menge gewinnen zu können. *E. coli*-Zellen verfügen als Prokaryoten nicht über ein den Eukaryoten analoges membranumschlossenes Sekretionssystem. Deshalb wurde die DNS-Sequenz, welche für das vorhergesagte N-terminale Signalpeptid (Aminosäure 1-29, Kap. 6.1.1) codiert, durch eine His$_6$-Markierung ersetzt, um die spätere Aufreinigung zu vereinfachen (Abb. 6.2A). Da das *At*DIR6-codierende Gen keine Introns enthält, konnte die Klonierung direkt aus genomischer *A. thaliana*-DNS erfolgen.

Tab. 6.4.: Vorhersagen zu Signalpeptiden der Proteine *Fi*DIR1, *Fi*DIR2, *Tp*DIR2, *Tp*DIR7, *At*DIR5 und *At*DIR6 mit Hilfe von SignalP 3.0 [138] und Angabe molekularer Kenngrößen nach Abspaltung des vorhergesagten Signalpeptids (n:= Aminosäurezahl, MW:= Molekulargewicht, p_A:= Abspaltungswahrscheinlichkeit)

Protein	n	MW [kDa]	Position	Sequenz	p_A
*Fi*DIR1	166	18,79	21-22	SSA-TY	0,554
*Fi*DIR2	162	18,36	23-24	VYG-HK	0,963
*Tp*DIR2	164	18,39	28-29	ADC-HR	0,707
*Tp*DIR7	167	18,55	25-26	LNG-ID	0,496
*At*DIR5	159	18,09	23-24	VIS-AR	0,602
*At*DIR6	158	18,06	29-30	VLS-FR	0,942

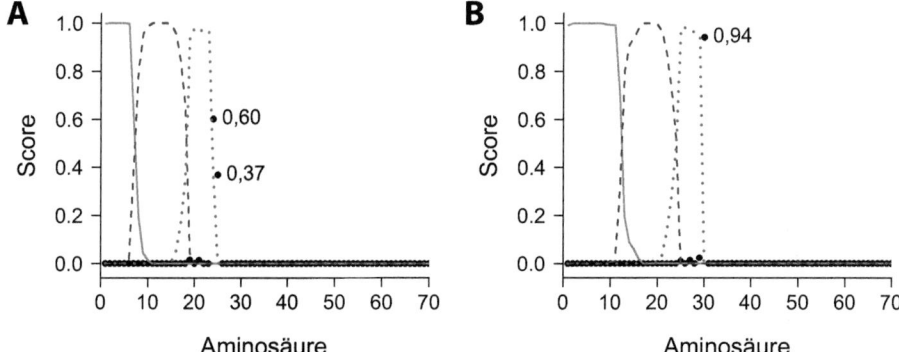

Abb. 6.1.: Vorhersage der N-terminalen Signalpeptidspaltstelle von *At*DIR5 (A) bzw. *At*DIR6 (B) mit SignalP3.0 [138] unter Angabe der n- (durchgängig), h- (gestrichelt) und c-Region-Wahrscheinlichkeit (gepunktet). Potentielle Spaltstellen (schwarze Punkte) wurden mit der ermittelten Wahrscheinlichkeit angegeben.

6.2.1. Klonierung und Expression von His$_6$-*At*DIR6

Die Amplifikation der Nukleotidsequenz, die für die Aminosäuren 30-187 von *At*DIR6 codiert, mit den Oligonukleotiden p*At*DIR6f/r führte bei allen getesteten Anlagerungstemperaturen zur Bildung des erwarteten ca. 550 bp-Produktes (Abb. 6.2B). Zur Überprüfung der Sequenz des amplifizierten DNS-Fragmentes wurde das Fragment in pCR2.1®-TOPO®kloniert und sequenziert. Der Vergleich zwischen amplifizierter und aufgrund der des Datenbankeintrags zu erwartetenden Basenabfolge zeigte keine Unterschiede (Anhang A.1). Zur Expression des Proteinkonstrukts wurde das DNS-Fragment mit Hilfe des Restriktionsenzyms *Eco*RI in Vektor pET21(a) unter die Kontrolle des T7-Promotors gebracht und in den Expressionsstamm *E. coli* BL21 transformiert.

6. Ergebnisse

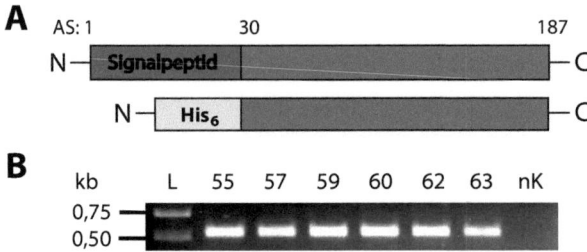

Abb. 6.2.: Schematische Darstellung des AtDIR6-Proteins mit vorhergesagtem Signalpeptid sowie des klonierten His$_6$-AtDIR6 unter Angabe der Aminosäurepositionen (AS, A). Amplifikation des AtDIR6-Gens ohne das Signalpeptid mit dem Oligonukleotiden pAtDIR6f und pAtDIR6r von genomischer A. thaliana-DNS (1 μl mit DEX isolierte Blatt-DNS je Ansatz) bei variierenden Anlagerungstemperaturen (55-63 °C) mit molekularem Größenmarker (L) und Negativkontrolle ohne DNS (nK, B).

Die Proteinexpression wurde in 200 ml LB-Flüssigmedium beim Erreichen einer OD_{595} von 1 durch Versetzen mit 1 mM IPTG induziert. Die Analyse von Proteinextrakten stündlich entnommener Suspensionsaliquote zeigte bereits nach der ersten Stunde die Bildung eines ca. 18 kDa großen Proteins, das spezifisch durch den α-His$_6$-Antikörper detektiert werden konnte (Abb. 6.3A).
An Proteinextrakten, die nach Aufschluss der Bakterien durch Zentrifugation in eine lösliche und unlösliche Fraktion getrennt wurden, konnte gezeigt werden, dass das rekombinante His$_6$-AtDIR6 in Form unlöslicher Proteineinschlusskörper in den E. coli BL21-Zellen akkumulierte (Abb. 6.3A). Die Produktion von löslichem Protein konnte auch durch eine Senkung der Temperatur auf 4 °C während der Induktion nicht erreicht werden.

6.2.2. Aufreinigung von His$_6$-AtDIR6

Für die Aufreinigung des His$_6$-markierten AtDIR6-Proteins wurden die Einschlusskörper aus induzierten E. coli-Zellen aufgereinigt und durch Denaturierung in 7 M Harnstoff gelöst. Mit Hilfe der His$_6$-Markierung ließ sich das Protein an Nickel-NTA-Agarose binden und durch 200 mM Imidazol schrittweise eluieren (Abb.6.3B). Die erhaltenen Eluate wiesen noch Verunreinigungen auf. Dennoch konnte His$_6$-AtDIR6 stark angereichert werden. Das Fehlen von Protein im ersten Elutionsschritt wurde durch das Eigenvolumen der Nickel-NTA-Agarosesäule bedingt.
Die Isolation der unlöslichen Proteine einer E. coli-Kultur nach vierstündiger Proteininduktion und die anschließende Aufreinigung durch Nickel-Affinitätschromatographie lieferten 6 mg His$_6$-AtDIR6 je l Bakterienkultur.

6.2.3. Expression von His$_6$-AtDIR6 in E. coli Rosetta-gami B

Die Akkumulation heterolog in E. coli exprimierter Proteine in Form unlöslicher Proteineinschlusskörper ist ein bekanntes Phänomen [98, 175]. Gründe für die Unlöslichkeit der Proteine können eine

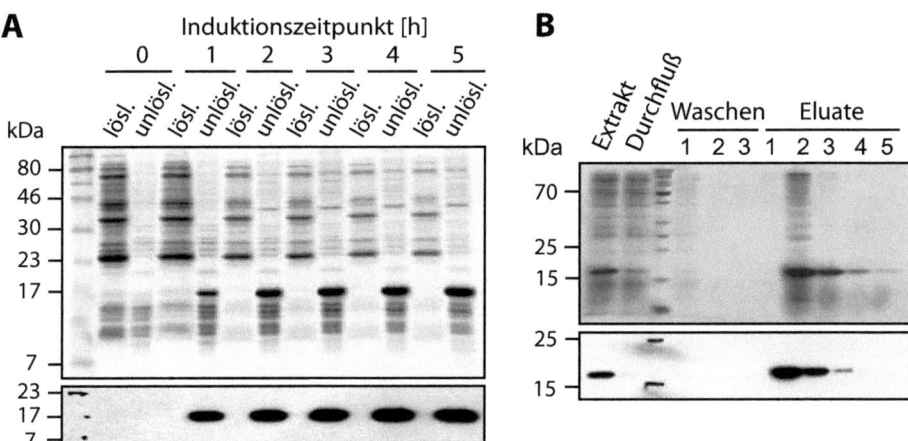

Abb. 6.3.: Analyse löslicher und unlöslicher Proteinfraktionen eines His_6-AtDIR6 produzierenden *E. coli* BL21-Klons (A) sowie Aufreinigung von His_6-AtDIR6 durch Nickel-Affinitätschromatographie unter denaturierenden Bedingungen (B). Die Proteine von 200 µl Kultur-Aliquoten ($OD_{595\,nm}$ = 1) der Induktionszeitreihe bzw. Volumenanteile (1:667 (Extrakt, Durchfluss), 1:333 (Waschschritte) und 1:83 (Elutionen)) der Aufreinigungsschritte unlöslicher Proteine aus 200 ml Kultur wurden mittels SDS-PAGE aufgetrennt und mit Coomassie Brilliant Blau (oben) sowie Western Blot und Immundetektion mit α-His_6 (unten) visualisiert.

6. Ergebnisse

fehlerhafte oder unvollständige Faltung aufgrund fehlender Disulfidbrücken bzw. posttranslationaler Modifikationen, oder die Abwesenheit von für den Faltungsprozess notwendigen Chaperonen sein [177]. Ein weiteres Problem kann auch die massive Akkumulation des induzierten Proteins sein, wodurch die Kapazität des Proteinsyntheseapparates überschritten und der Faltungsprozess gestört wird.

Eine Regelung der Induktionsstärke sowie die verstärkte Bildung von Disulfidbrücken kann hier Abhilfe schaffen und wird durch Verwendung eines hierfür geeigneten Expressionsstammes möglich [177]. Um lösliches Protein zu erhalten wurde das pAtDIR6-Konstrukt daher in *E. coli* Rosetta-gami B transformiert und das Protein bei 30 bzw. 4 °C mit verschiedenen IPTG-Konzentrationen induziert. Dennoch wurde unter allen durchgeführten Bedingungen lediglich die Bildung unlöslichen Proteins erreicht (Abb. 6.4A). Die Akkumulation von His$_6$-AtDIR6 in Einschlusskörpern war somit vermutlich nicht auf Bildung falscher oder fehlender Disulfidbrücken oder einer zu schnellen Bildung des Proteins zurückzuführen.

Eine andere Möglichkeit das Protein der Einschlusskörper in eine lösliche Form zu überführen, besteht in der Denaturierung des Proteins und dem anschließenden langsamen Entfernen des denaturierenden Reagenz. Das Protein hat damit die Möglichkeit, sich erneut und potentiell in der nativen Konformation zu falten. Hierfür wurden Aliquote des in 7 M Harnstoff denaturierten und aufgereinigten His$_6$-AtDIR6 über Nacht gegen das 100-fache Volumen an 100 mM Tris/HCl (pH 8,0) mit 5 mM EDTA und 2 mM β-Mercaptoethanol bzw. 40 mM MES (pH 5,0) dialysiert. Die so erhaltenen Proben wurden durch Zentrifugation in eine lösliche und eine unlösliche Fraktion unterteilt und mittels SDS-PAGE untersucht. In beiden Fällen gelang es nicht das Protein in einer löslichen Form zu erhalten (Abb. 6.4B).

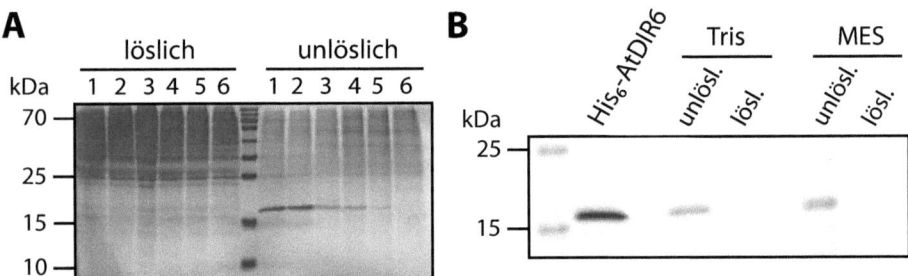

Abb. 6.4.: SDS-PAGE-Analyse der Expression von His$_6$-AtDIR6 in Rosetta-gami B bei verschiedenen Bedingungen (30 °C: 1, 2, 3 und 4 °C: 4, 5, 6; IPTG-Konzentration 1 mM: 1, 4; 0,3 mM: 2, 5; 0,1 mM: 3, 6; aufgetragen wurden 20 μg der löslichen und ca. 5 μg der unlöslichen Proteinfraktion; A) bzw. der Rückfaltung von denaturiertem His$_6$-AtDIR6 durch Dialyse gegen 100 mM Tris/HCl (pH 8,0), 5mM EDTA und 2mM β-Mercaptoethanol bzw. 40 mM MES (pH 5,0, B). Hierzu wurden ca. 8 μg His$_6$-AtDIR6 als Kontrolle sowie korrespondierende Mengen der erhaltenen löslichen bzw. unlöslichen Dialysefraktionen analysiert. Die Detektion der Proteine erfolgte mit Roti-White- (A) bzw. Coomassie Brilliant Blau-Färbung (B)

6.2.4. Herstellung eines polyklonalen Antiserums gegen His$_6$-AtDIR6

Um AtDIR6 in weiteren Untersuchungen spezifisch und empfindlich nachweisen zu können, wurde ein polyklonales Antiserum in Kaninchen erzeugt. Um die Immunisierung des Kaninchens gegenüber anderen E. coli-Proteinen möglichst gering zu halten und da Polyacrylamid als Adjuvans fungiert [206], wurde das durch Nickelaffinitätschromatographie gewonnene His$_6$-AtDIR6 durch präparative SDS-PAGE weiter aufgereinigt. Hierbei wurde die 18 kDa Bande von 1,2 mg His$_6$-AtDIR6 aus einem durch Roti®-White invers gefärbten SDS-PAGE-Gel ausgeschnitten und in sechs gleich große Stücke unterteilt. Jedes Gelstück enthielt damit ca. 200 µg. Eines der Stücke wurde zur Kontrolle an Nitrozelluose immobilisiert und das Vorhandensein von His$_6$-AtDIR6 durch Detektion mit dem α-His$_6$-Antikörper überprüft (Abb. 6.5A).

Die Erzeugung des Antiserums erfolgte durch intramuskuläre Injektion von vier homogenisierten Gelstücken in Kaninchen über einen Zeitraum von acht Wochen (EUROGENTEC; Seraing, Belgien). Das erhaltene Serum detektierte in einer 1:10^4 Verdünnung das His$_6$-AtDIR6-Protein empfindlich und spezifisch bis zu einer Nachweisgrenze von 10 ng (Abb. 6.5B).

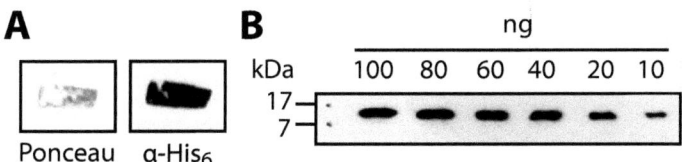

Abb. 6.5.: Western Blot eines mit dem α-His$_6$-Antikörper detektierten His$_6$-AtDIR6-haltigen Gelstückes, welches für die Immunisierung verwendet wurde sowie Proteinnachweis auf der Nitrozellulosemembran mit Ponceau-Rot (A). Immundetektion nach Western Blot definierter Mengen an His$_6$-AtDIR6 mit einer 1:10^4 Verdünnung des generierten α-AtDIR6-Antiserums (B).

6.3. Expression von AtDIR6 in S. peruvianum-Zellen

Die biochemische Charakterisierung von AtDIR6 erforderte die Bildung des Proteins in löslicher Form. Die Expression von His$_6$-AtDIR6 in E. coli führte lediglich zur Expression eines unlöslichen Produkts (Kap. 6.2.1). Die Ursachen hierfür konnten (a) in der Modifizierung des Proteins durch Ersatz des Signalpeptid mit einer N-terminalen His$_6$-Markierung liegen, oder (b) in der mangelnden Fähigkeit von E. coli-Zellen das eukaryotische AtDIR6 korrekt zu exprimieren und so lösliches Protein zu bilden.

Molekulare Untersuchungen von in Spodoptera Sf9-Zellen heterolog exprimiertem FiDIR1 zeigten, dass das Forsythien-DP in stark glykosylierter Form vorlag [63]. Dieser Befund zeigt, dass eine heterologe Expression von DPs prinzipiell möglich ist, aber auf den sekretorischen Weg eukaryotischer Zellen und den dort lokalisierten Glykosylierungsapparat angewiesen zu sein scheint.

6. Ergebnisse

Um eine möglichst authentische Modifikation des *At*DIR6-Proteins während der Expression zu gewährleisten, fiel die Wahl auf ein pflanzliches Zellsystem. Es kamen Suspensionzellen von *S. peruvianum* (wilde Tomate) zum Einsatz. Die Translation und potentielle posttranslationale Modifikationen von *At*DIR6 sollten hier nach pflanzlichem Muster erfolgen. Das Expressionssystem hat sich insbesondere für die heterologe Expression sekretierter Proteine bewährt, da diese im Kulturüberstand akkumulieren können [24]. Verglichen mit einem zellulären Proteinextrakt, enthält der Kulturüberstand eine geringere Anzahl verschiedener Proteine, wodurch die Aufreinigung erleichtert wird.

6.3.1. Klonierung und Expression von nativem *At*DIR6

Die stabile Transformation von *S. peruvianum*-Zellen, bei der das gewünschte Gen unter Kontrolle eines starken Promotors ins Genom der Zellen integriert, ist mit dem Vektorsystem pART7/27 möglich [68]. Die komplette Nukleotidsequenz von *At*DIR6 wurde analog zur prokaryotischen Klonierung amplifiziert und in den pCR®2.1 TOPO®-Vektor kloniert (Kap. 6.2.1). Mit Hilfe des pART7/27-Vektorsystems [68] wurde die *At*DIR6-Sequenz unter die Kontrolle des CaMV 35S-Promotors und des *ocs*-Terminators aus dem Blumenkohlmosaikvirus bzw. *A. tumefaciens* gebracht. Die in pART7 klonierte Sequenz wurde durch Sequenzierung überprüft (Anhang A.2). Das Genkonstrukt wurde mit *Not*I in die T-DNS von pART27 kloniert, die zusätzlich das *NPTII* Resistenzgen enthielt. Mit diesem Konstrukt durch biolistischen Beschuss transformierte *S. peruvianum* Suspensionszellen konnten auf kanamycinhaltigem Medium selektioniert und als Kallus in Kultur genommen werden.

Die erfolgreiche Transformation von *At*DIR6 ins Genom der *S. peruvianum*-Zellen wurde an unter Selektionsbedingungen gewachsenem Kallusmaterial durch PCR überprüft. Die *At*DIR6-Sequenz konnte mit den Oligonukleotiden *AtDIR6*f und *AtDIR6*r in den transgenen Zellen, wie im Genom von *A. thaliana* nicht aber in wildtypischem Kallusmaterial nachgewiesen werden (Abb. 6.6A). In einer Kontrollreaktion konnte durch Amplifikation des *Aktin*-Genes aus Tomate gezeigt werden, dass die DNS-Extraktion aus transgenen und wildtypischem Kallus gleichermaßen erfolgreich war. Für *Arabidopsis*-DNS wurde mit den Primern für Aktin aus Tomate kein Produkt erhalten.

An Gesamtproteinextrakten aus wildtypischem und transgenem Kallusmaterial konnte mittels SDS-PAGE und spezifischer Detektion durch das α-*At*DIR6-Antiserum die Bildung eines 21-22 kDa großen Proteins im transgenen Kallus gezeigt werden (Abb. 6.6B). Das so erzeugte Protein wies damit eine Größendifferenz von 3-4 kDa zum prokaryotisch exprimierten His_6-*At*DIR6 auf. Die Ursache der Diskrepanz im Molukulargewicht zwischen theoretisch erwartetem und tatsächlich gebildetem Protein war Gegenstand späterer Untersuchungen (Kap. 6.6).

Eine aus transgenen Kalluszellen etablierte Suspensionskultur konnte durch wöchentliches Überimpfen in kanamycinhaltigem Nover-Medium propagiert werden, und erzeugte im Gegensatz zur wildtypischen Suspensionskultur *At*DIR6 derselben Größe wie transgener Kallus (Abb. 6.6B).

Um zu Überprüfen, ob *At*DIR6 in den Kulturüberstand sekretiert wurde, wurde das Medium durch Vakuumfiltration von den Zellen getrennt und die Proteinzusammensetzung im Kulturüberstand bzw. den Suspensionszellen durch SDS-PAGE verglichen. Es zeigte sich, dass *At*DIR6 nur in geringer Menge im Kulturüberstand zu finden war (Abb. 6.6B). Die Hauptmenge an *At*DIR6 befand sich in der Zellfraktion und besaß eine vergleichbare Größe wie das im Medium detektierte und folglich

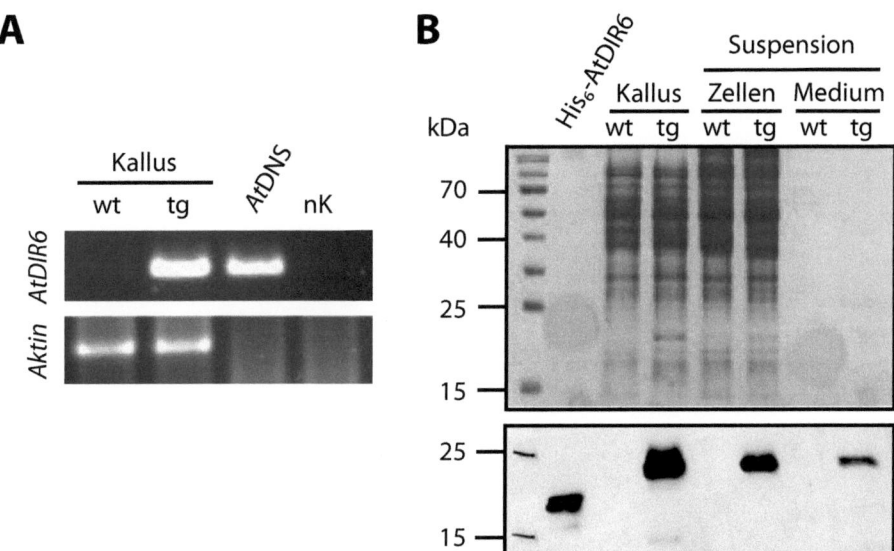

Abb. 6.6.: Genomischer Nachweis von AtDIR6 in transformierten *S. peruvianum*-Zellen (A). Die genomische DNS von wildtypischem (wt) und transgenem Kallus (tg) sowie von *A. thaliana* Blättern (*At*) wurden mit den Primerpaaren *AtDIR6*f/r und *Aktin*f/r untersucht (nK: Negativkontrolle ohne DNS). Vergleich der Proteinextrakte wildtypischer und transgener *S. peruvianum*-Zellen (B). Die Protein-Zusammensetzung der Extrakte von Kallusmaterial, Suspensionszellen (je 20 µg Protein) und Kulturüberstand (150 µl Medium) nach SDS-PAGE wurde mit Coomassie Brilliant Blau-Färbung (oben) bzw. Immundetektion mit α-AtDIR6-Antiserum auf einem Western Blot analysiert (unten).

6. Ergebnisse

sekretierte lösliche *At*DIR6. Dies deutet daraufhin, dass auch das mit der Zellfraktion assoziierte *At*DIR6 bereits in den sekretorischen Weg eingetreten ist, und folglich das Signalpeptid abgespalten wurde.

6.3.2. Isolation der Zellwandproteine

Um möglicherweise sekretiertes aber an die Zellwände gebundenes *At*DIR6 zu gewinnen, wurden die Zellen sukzessive mit steigenden Konzentrationen an KCl (50-500 mM) gewaschen und die Proteinzusammensetzung der Extrakte mittels SDS-PAGE analysiert. *At*DIR6 wurde durch diese Extraktionsprozedur vollständig von den Zellen isoliert, ohne dass die Zellen aufgeschlossen und intrazelluläre Proteine freigesetzt wurden (Abb. 6.7). Der Großteil von *At*DIR6 wurde bereits mit 50 und 150 mM KCl isoliert. In keinem der wildtypischen KCl-Extrakte wurde durch Immundetektion mit dem α-*At*DIR6-Antiserum ein Signal erhalten.

Es ist aufgrund dieser Befunde anzunehmen, dass das in der Zellfraktion akkumulierende *At*DIR6 von den *S. peruvianum*-Zellen sekretiert wurde, aber zum großen Teil mit der Zelloberfläche verhaftet blieb. Durch eine Erhöhung der Salzkonzentration wurde vermutlich die ionische Interaktion von *At*DIR6 mit der primären Zellwand der Suspensionszellen gestört und das Protein vollständig in den KCl-Extrakt überführt (Abb. 6.7).

6.3.3. Aufreinigung von *At*DIR6

Als Ausgangsmaterial der Isolation von *At*DIR6 dienten die Zellen sieben Tage alter Kulturen. Das Nassgewicht der Zellen belief sich je 1 Kultur auf $390,7 \pm 69,9$ g, die sukzessive mit 0,5 l 75 bzw. 150 mM KCl extrahiert wurden, um *At*DIR6 möglichst vollständig aus der Zellwand zu lösen. Um den geringen Proteingehalt in den Extrakten zu steigern, wurden die Extraktionspuffer zur Extraktion der Zellen eines zweiten Liters Kultur eingesetzt. Nach Durchführung der beschriebenen Extraktionsprozedur lag die Proteinkonzentration im 75 mM KCl-Extrakt bei $26,39 \pm 4,84$ mg je Liter Zellkultur, die im 150 mM KCl-Extrakt bei $28,45 \pm 2,52$ mg/l. Aus den Zellen eines Liters Zellkultur konnten damit durchschnittlich $51,84 \pm 4,77$ mg Protein isoliert werden.

6.3.3.1. Aufkonzentrierung

Das große Volumen des Extrakts verbunden mit der geringen Proteinkonzentration erschwerten die Anwendung chromatographischer Trennverfahren. Aus diesem Grund wurde als erster Schritt der Reinigungsprozedur versucht das Volumen des Extraktes zu verringern und gleichzeitig eine Vorreinigung von *At*DIR6 zu erreichen.

Im leicht sauren Extraktionspuffer (pH 6,0) konnte – unter Anahme einer korrekten Berechnung des pI von 8,4 (Tab. 6.3) – die Ladung von *At*DIR6 als positiv betrachtet werden. Mit losem Kationenaustauschmaterial wurden spezifisch alle positiv geladenen Proteine des Extraktes an die Matrix gebunden und in einem geringen Volumen wieder eluiert.

*At*DIR6 zeigte eine hohe Affinität zum Ionentauscher und band in Gegenwart von 75 bzw. 150 mM KCl im Extraktionspuffer beinahe vollständig an das Material (Abb. 6.8A). Im verbleibenden Über-

6. Ergebnisse

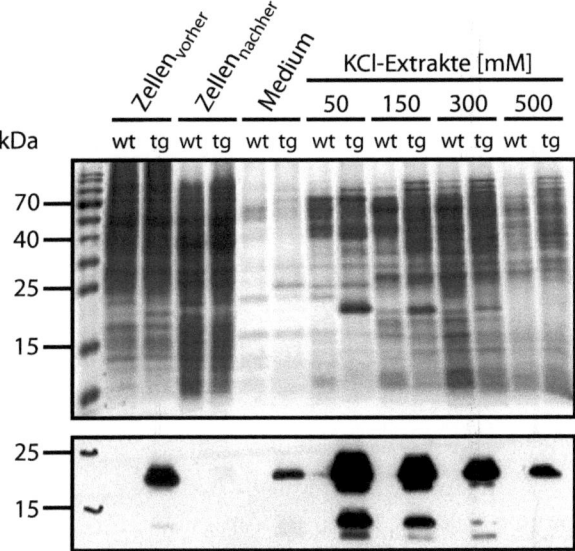

Abb. 6.7.: Analyse der Proteinzusammensetzung wildtypischer (wt) und transgener (tg) *S. peruvianum*-Suspensionszellen (Zellen$_{vorher}$) sowie des Kulturüberstandes (Medium) nach SDS-PAGE von je 10 μg Protein mit Coomassie Brilliant Blau (oben) bzw. Western Blot und Immundetektion mit dem α-*At*DIR6-Antiserum (unten). Die Proteinextrakte, die durch sukzessive Behandlung der Zellen mit KCl-Lösungen steigender Konzentration gewonnen werden konnten, wurden ebenso analysiert wie die in den Zellen nach Durchführung der Prozedur verbliebenen Proteine (Zellen$_{nachher}$).

stand konnte es immmunologisch nur noch als sehr schwache Bande nachgewiesen werden. Im folgenden Waschschritt mit dem entsprechenden Extraktionspuffer ließen sich unspezifisch gebundene Protein quantitativ von der Matrix entfernen. AtDIR6 war in der Waschfraktion kaum detektierbar. Mit 1 M NaCl konnte AtDIR6 vom Kationenaustauschmaterial eluiert werden. Neben der Aufkonzentrierung des Extrakts erfolgte bereits eine Vorreinigung, da negativ geladene bzw. neutrale Proteine nicht an das Austauschmaterial banden, bzw. durch den Waschschritt von der Matrix entfernt wurden.

Eine weitere Anreicherung von AtDIR6 erfolgte durch fraktionierte $(NH_4)_2SO_4$-Fällung. Das Löslichkeitsverhalten von AtDIR6 bei verschiedenen $(NH_4)_2SO_4$-Konzentrationen wurde durch sukzessive Fällungsschritte von 0-40, 40-60 und 60-90 % Sättigung untersucht. Es zeigte sich, dass bis zu einer Sättigung von 60 % nur geringe Mengen an AtDIR6 ausfielen (Abb. 6.8B unten). Der Hauptteil des extrahierten AtDIR6 präzipitierte zwischen 60 und 90 % Sättigung. Im Überstand verblieb nur eine geringe Menge an AtDIR6.

Da ein großer Teil der im Extrakt befindlichen Proteine bereits vor Erreichen von 60 % Sättigung $(NH_4)_2SO_4$ ausfielen und durch Zentrifugation aus der Lösung entfernt werden konnten (Abb. 6.8B oben), ergab sich durch die $(NH_4)_2SO_4$-Fällung eine deutliche Anreicherung. Verglichen mit der relativen Konzentration im Eluat nach Kationenaustausch, stellte AtDIR6 in der 60-90 % Sättigungsstufe bereits das dominierende Protein dar.

In Anbetracht dieser Anreicherung wurde der Verlust an AtDIR6 durch Präzipitation unter 60 % Sättigung in Kauf genommen und AtDIR6 im Weiteren mit der 60-90 % Fällungsstufe aus dem Eluat des Kationenaustausches isoliert.

6.3.3.2. Größenausschlusschromatographie

Die 60-90 %-Fraktionen mehrerer $(NH_4)_2SO_4$-Fällungsschritte wurden in einem geringen Volumen an 75 mM KCl 0,1 M KPP-Puffer (pH 6,0) aufgenommen und vereinigt. Die Lösung wurde durch Ultrazentrifugation aufkonzentriert, in 200 μl Aliquoten durch Gelfiltration (Superdex 200 HR 30/10) aufgetrennt und so in den vorher genannten Puffer überführt.

Der Großteil der Proteine besaß ein Retentionsvolumen zwischen 13 und 16 ml und eluierte in Form eines Peaks mit deutlicher nachgezogener Schulter (Abb. 6.9A). Daneben fanden sich ein Peak mit geringerem Retentionsvolumen bei 12 ml und ein Doppelpeak im hinteren Bereich des Chromatogramms, der nach 18-19 ml eluierte. Salze eluierten nach etwa 20 ml, wie durch Anstieg der Leitfähigkeit festgestellt werden konnte.

Die gesammelten Fraktionen a-j der Gelfiltration wurden mit SDS-PAGE auf das Vorhandensein von AtDIR6 hin untersucht. Hierbei zeigte sich, dass das DP vor allem im mittleren Bereich des Hauptpeaks zu finden war (Fraktionen e-g, Abb. 6.9B). Im vorderen Peak wurden lediglich Spuren an AtDIR6 mit dem α-AtDIR6-Antiserum nachgewiesen (Fraktion b). Unter dem spät eluierenden Doppelpeak konnten keine Proteine detektiert werden.

Für die weitere Aufreinigung wurden die Fraktionen d-f weiter verwendet. Das Verwerfen der Fraktionen g und h führte zwar zu einem Verlust an AtDIR6, es ließ sich damit aber von einem ca. 45 und einem ca. 60 kDa großen Protein abtrennen (Abb. 6.9B).

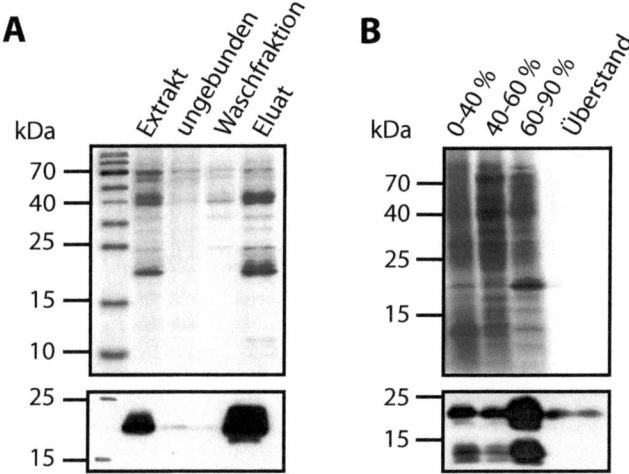

Abb. 6.8.: Konzentrierung und Vorreinigung von AtDIR6 an einem Kationenaustauscher (A) und durch $(NH_4)_2SO_4$-Fällung (B). Gezeigt sind ein Coomassie Brilliant Blau gefärbtes SDS-PAGE-Gel (oben) und ein Western Blot mit Immundetektion durch α-AtDIR6 (unten). Geladen wurden die Proteine aus 0,5 ml Volumenaliquoten der verschiedenen Fraktionen (1:1000 (75 mM KCl-Extrakt, ungebunden), 1:80 (Waschfraktion) und 1:150 (Eluat), A) bzw. die Proteine von Volumenäquivalenten, die dem Extrakt aus 17 ml Zellsuspensionskultur entsprechen (B).

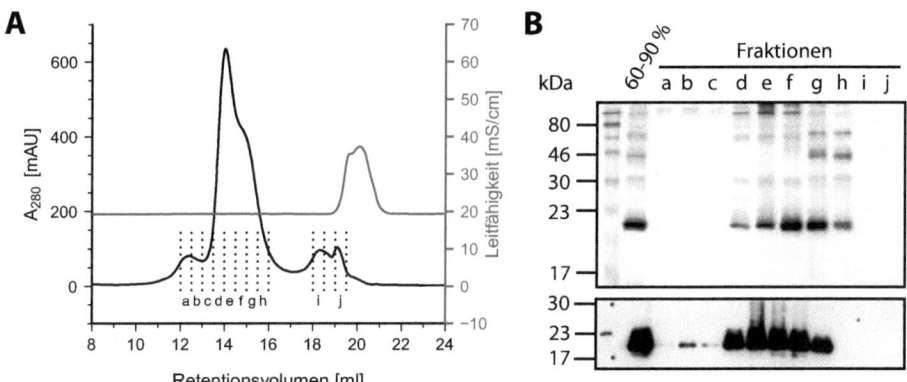

Abb. 6.9.: Gelfiltration der 60-90 % $(NH_4)_2SO_4$-Fällungsstufe über Superdex 200 HR 30/10 unter Angabe der Absorption A_{280} bei 280 nm und der Leitfähigkeit (A). Aliquote der Fraktionen (1:250 der aus 4 l Kultur erhaltenen 60-90 % $(NH_4)_2SO_4$-Fällungstufe bzw. 1:33 der Gelfiltrationsfraktionen, für Western Blot die Hälfte) wurden mittels SDS-PAGE aufgetrennt und durch Coomassie Brilliant Blau (B, oben) bzw. Western Blot und Immundetektion mit dem α-AtDIR6-Antiserum (unten) in ihrer Proteinzusammensetzung untersucht.

6.3.3.3. Graduelle Kationenaustauschchromatographie

Die Proteine der vereinigten Gelfiltrationsfraktionen d-f wurden über graduelle Kationenaustauschchromatographie aufgetrennt. AtDIR6 band an die Austauschmatrix (Sepharose S, 6 ml) und eluierte bei einer Leitfähigkeit von etwa 37 mS/cm (Abb. 6.10) als Hauptkomponente. Andere Proteine waren nur noch als Spuren vorhanden und wurden bereits bei geringeren Salzkonzentrationen von der Kationenaustauschmatrix verdrängt.

Die Elution von AtDIR6 erfolgte in Form eines Peaks mit vorgeschobener Schulter. Mittels Immundetektion durch das α-AtDIR6-Antiserum konnte gezeigt werden, dass das so aufgereinigte AtDIR6 nicht aus einer einzigen Form bestand. Unter der vorderen Schulter des dominanten Peaks (Fraktionen g-i) fanden sich im Vergleich zum ca. 20 kDa großen Hauptsignal (j-m) höhermolekulare Formen (20-23 kDa) von AtDIR6.

Für die molekulare und funktionale Charakterisierung wurden die Fraktionen j-m vereint und durch Ultrazentrifugation in ein definiertes Volumen 0,1 M KPP (pH 6,0) mit einer Konzentration von 1-4 mg/ml Protein überführt.

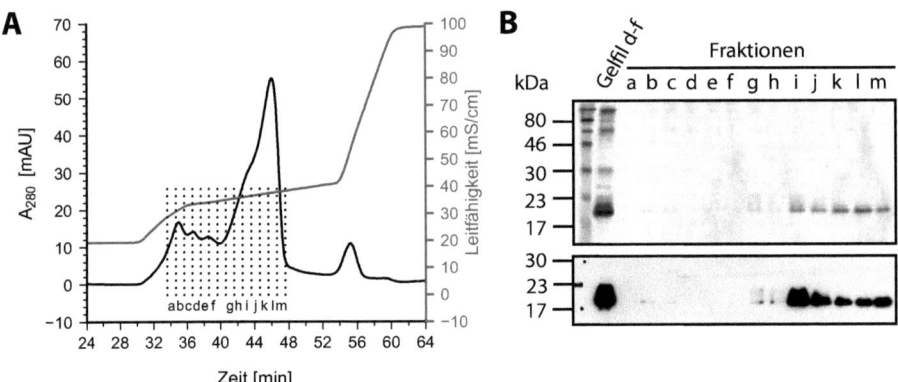

Abb. 6.10.: Kationenaustauschchromatographie der Gelfiltrationsfraktionen d-f an Resource S unter Angabe der Absorption A_{280} bei 280 nm und der Leitfähigkeit (A). Aliquote der Fraktionen der Chromatographie (1:100 der vereinigten Gelfiltrationsfraktionen d-f (Abb. 6.9) bzw. 1:66 der Kationenaustausch-Fraktionen, für Western Blot die Hälfte) wurden mittels SDS-PAGE aufgetrennt und durch Coomassie Brilliant Blau (B, oben) bzw. Western Blot und Immundetektion mit dem α-AtDIR6-Antiserum (unten) in ihrer Proteinzusammensetzung untersucht.

6.3.3.4. Bilanz der Aufreinigung

Im Anschluss an den Aufreinigungsprozess wurde die Reinheit des Isolats durch die Analyse von 12 μg Protein mittels SDS-PAGE durch Coomassie Brilliant Blau-Färbung überprüft (Abb. 6.11). AtDIR6 war die einzige nachweisbare Bande und konnte mit der dargestellten Prozedur (Abb. 6.11B) bis zur apparenten Homogenität aufgereinigt werden. Hierbei stellte die niedermolekularste, ca. 20

6. Ergebnisse

kDa große Form von *At*DIR6 die dominante Komponente dar.
Die sukzessive Extraktion von transgenen *S. peruvianum*-Suspensionszellen mit 75 bzw. 150 mM KCl resultierten in $26,4 \pm 4,8$ bzw. $25,5 \pm 2,5$ mg Protein je Liter Kultur. Nach der vollständig durchgeführten Aufreinigung von *At*DIR6 konnten aus den Zellen eines Liters Kultur insgesamt 0,37 mg *At*DIR6 isoliert werden. Damit wurden je g Zellnassgewicht ca. 960 ng des DP erhalten. Die Menge an DP nach Extraktion der Zellen betrug 0,71 % der isolierten Proteine. Die Anreicherung belief sich auf einen Faktor von ca. 140.

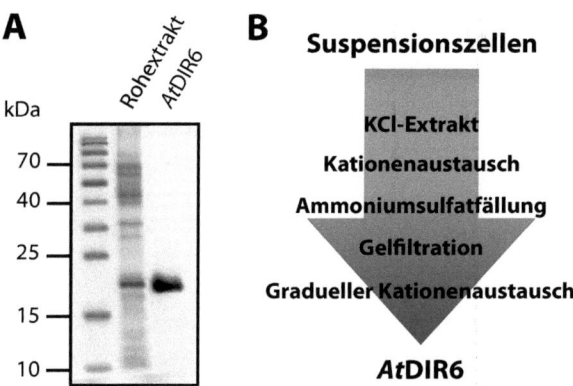

Abb. 6.11.: Vergleich der Proteinzusammensetzung des KCl-Extraktes und des aufgereinigten *At*DIR6 (je 12 μg Proteine) mittels SDS-PAGE und anschließender Visualisierung durch Coomassie Brilliant Blau (A) sowie die schematische Übersicht der etablierten Aufreinigungsprozedur (B).

6.3.3.5. Identifizierung des aufgereinigten *At*DIR6

Ein Aliquot des aufgereinigten *At*DIR6 wurde nach tryptischem Verdau im MALDI-TOF Massenspektrometer untersucht, um sicherzustellen, dass es sich hierbei tatsächlich um das besagte Protein handelt.
Hierzu wurden zunächst die Massen der tryptischen Peptide bestimmt und durch Vergleich mit der Mascot-Datenbank in Frage kommende Proteine identifiziert. Im Massenbereich von 0,7 bis 4 kDa wurden 19 Peptide detektiert. Der Datenbankvergleich mit den bekannten Proteinen der Viridiplantae ergab, dass acht der Peptide tryptischen Fragmenten von *At*DIR6 zugeordnet werden konnten (Abb. 6.12A). Das Ergebnis des Vergleichs besaß ein Signifikanzniveau von $p < 0,05$. Die identifizierten Peptide F^{79}-R^{99} (2410,27 Da), A^{100}-K^{109} (1268,55 Da), G^{129}-R^{144} (1748,83 Da) und D^{145}-R^{159} (1570,75 Da) deckten die Proteinsequenz von *At*DIR6 zu 33 % ab (Abb. 6.12C). Die anderen zugeordneten Peptide stellten Oxidationsprodukte dar bzw. deckten redundante Aminosäuresequenzbereiche ab. Die restlichen detektierten Massen konnten keinen Sequenzabschnitten zugeordnet werden. Eine mögliche Ursache hierfür wäre eine posttranslationale Modifikation des Proteins.

6. Ergebnisse

Eine Absicherung der Identifizierung erfolgte durch die Fragmentierung des G^{129}-R^{144}-Peptids. Die erhaltenen Fragmentionen bestätigten die Sequenz des analysierten Peptids (Abb. 6.12B, Tab. 6.5). Der Vergleich des erzeugten Fragmentierungsspektrums mit der MS/MS Mascot-Datenbank bestätigte dieses Ergebnis unter der Annahme eines Signifikanzniveuas von $p < 0,05$. Es war daher als sicher anzunehmen, dass es sich beim dem exprimierten und aufgereinigten Protein, um AtDIR6 handelte.

Tab. 6.5.: Sequenzabdeckung des G^{129}-R^{144}-Peptids von AtDIR6 ([M+H]$^+$ = 1749,83 Da) durch Fragmentionen im MS/MS-Spektrum. Die detektierten Peptidionen der a-, b-, und y-Serie sowie Immoniumionen der Aminosäuren (i) wurden fett hinterlegt und die Peptidsequenz vom N- bzw. C-Terminus her angegeben (AS).

N-Term.	AS	a	b	y	i	C-Term.	AS
1	G	30,03	58,03	**175,12**	30,03	16	R
2	T	131,08	**159,08**	276,17	**74,06**	15	T
3	L	**244,17**	272,16	373,22	**86,10**	14	P
4	N	358,21	**386,20**	502,26	**87,06**	13	E
5	I	**471,29**	**499,29**	**633,30**	**86,10**	12	M
6	M	**602,33**	**630,33**	**764,34**	**104,05**	11	M
7	G	659,36	687,35	**877,43**	30,03	10	L
8	A	730,39	758,39	**992,45**	**44,05**	9	D
9	D	845,42	873,41	1063,49	88,04	8	A
10	L	958,50	**986,50**	1120,51	**86,10**	7	G
11	M	1089,54	1117,54	**1251,55**	**104,05**	6	M
12	M	**1220,58**	1248,58	1364,64	**104,05**	5	I
13	E	1349,63	1377,62	1478,68	**102,05**	4	N
14	P	1446,68	1474,67	1591,76	**70,07**	3	L
15	T	1547,73	1575,72	1692,81	**74,06**	2	T
16	R	1703,83	1731,82	**1749,83**	**129,11**	1	G

6.4. Expression von *Fi*DIR1 in *S. peruvianum*-Zellen

*Fi*DIR1 wurde analog zu AtDIR6 in das pART7/27-System kloniert und in *S. peruvianum*-Zellen transferiert (Kap. 6.3.1). Die Sequenz des klonierten Gens wurde durch Sequenzierung überprüft (Anhang A.3). Transgener Kallus wurde durch PCR auf die erfolgreiche genomische Integration von *Fi*DIR1 getestet (Abb. 6.13A) und als Suspension in Kultur genommen.
Die *Fi*DIR1 exprimierende Zellkultur lieferte mit $331,1 \pm 62,7$ g Zellen je l Kultur geringfügig weniger Zellmasse als die AtDIR6 exprimierende Kultur. *Fi*DIR1 konnte in KCl-Extrakten als ca. 33 kDa großes Protein nachgewiesen werden und wurde – entgegen der bioinformatischen Vorhersage (Kap. 6.1.1) – in den Apoplasten sekretiert (Abb. 6.13B, C).

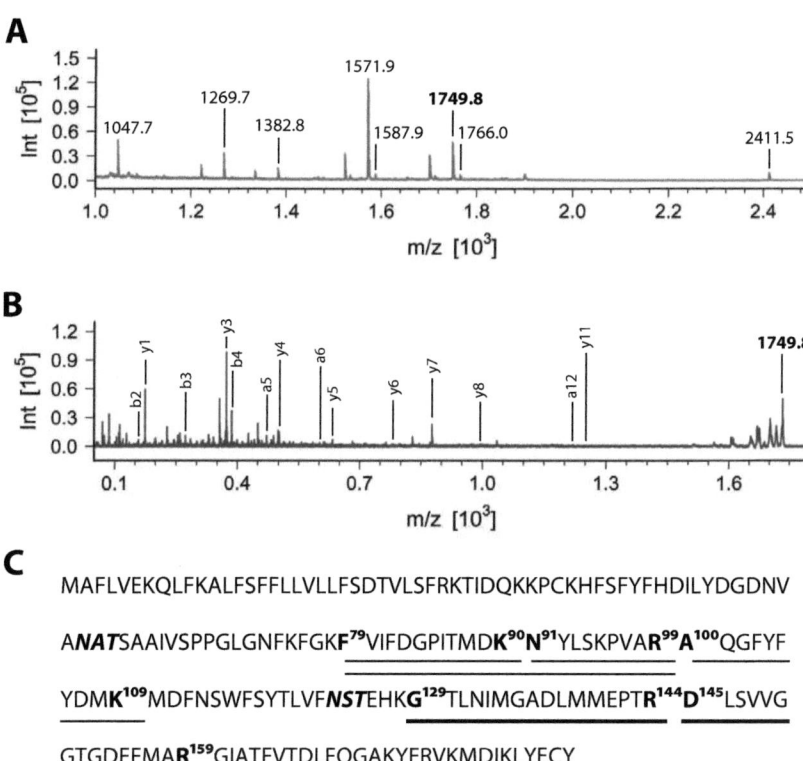

Abb. 6.12.: MALDI-TOF MS-Analyse von aufgereinigtem *At*DIR6, wobei die gekennzeichneten Massen tryptischen Peptiden von *At*DIR6 zugeordnet werden konnten (A). Anhand des durch MS/MS erhaltenen Fragmentierungsspektrum des 1749,83 Da Peptids (B) konnte die in Tab. 6.5 gezeigte Peptidsequenz abgeleitet werden. Die Abdeckung der Aminosäuresequenzbereiche von *At*DIR6 durch detektierte tryptische Peptide ist gezeigt (fett unterstrichene Peptide sind auch in oxidierter Form detektiert worden, C), wobei die erste und letzte Aminosäure jedes detektierten Peptids fett hervorgehoben ist. Potentielle N-verknüpfte Glykosylierungsstellen sind fett kursiv dargestellt.

6. Ergebnisse

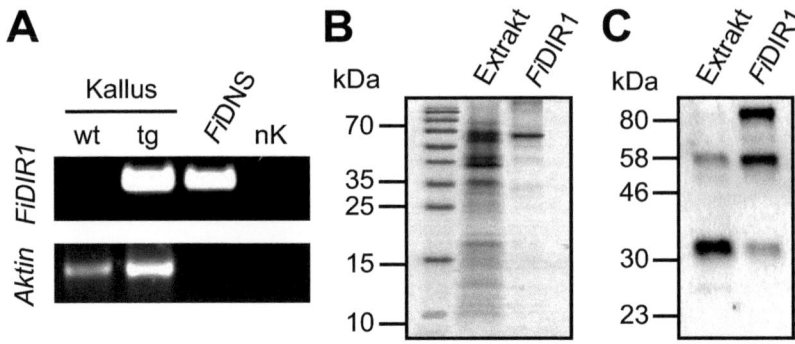

Abb. 6.13.: Genomischer Nachweis von *Fi*DIR1 in wildtypischen (wt, A) sowie transgenen *S. peruvianum*-Zellen (tg) mit den Primerpaaren *FiDIR1*f/r und *Aktin*f/r. Als Kontrolle wurden die PCRs mit genomischer DNS von *F. intermedia* (*Fi*DNS) sowie ohne DNS (nK) durchgeführt. SDS-PAGE-Analyse der Proteinzusammensetzung eines 75 mM KCl-Extraktes von Suspensionszellen (25 µg Protein) sowie des aufgereinigten *Fi*DIR1 (3,5 µg Protein) durch Coomassie-Färbung (B) bzw. Immundetektion mit dem α-*At*DIR6-Antiserums (C).

Die Aufreinigung von *Fi*DIR1 erfolgte analog zu *At*DIR1 (Kap. 6.3.3), allerdings wurden die Zellen eines Liters Zellkultur zweimal sukzessive mit je 0,5 l 75 mM KCl (pH 6,0) extrahiert. Es folgte eine Aufkonzentrierung der Proteine des Extraktes durch loses Kationenaustauschermaterial und einer $(NH_4)_2SO_4$-Fällung mit 60-90 % Sättigung. Die erhaltenen Präzipitate wurden durch Gelfiltration und graduelle Kationenaustauschchromatographie bis zur scheinbaren Homogenität des Proteins aufgereinigt. Die Ausbeute an *Fi*DIR1 betrug mit 40 µg/l Zellkultur nur 20 % derjenigen von *At*DIR6. Im Gegensatz zu *At*DIR6 änderte *Fi*DIR1 sein Laufverhalten in den SDS-PAGE-Analysen während der Aufreingung. Im 75 mM KCl-Extrakt hatte der Hauptanteil an *Fi*DIR1 eine apparente Masse von ca. 33 kDa. In der Analyse des aufgereinigten Proteins betrug die Masse der Hauptkomponente mit 60 kDa in etwa derjenigen eines Homodimers, wie durch SDS-PAGE-Analyse und Immundetektion mit dem α-*At*DIR6-Antiserum gezeigt werden konnte (Abb.6.13C). In der aufgereinigten Fraktion konnte daneben eine Bande der Größe eines *Fi*DIR1-Trimers durch Immundetektion mit α-*At*DIR6-Antiserum detektiert werden. Die Betrachtung des durch Coomassie gefärbten SDS-PAGE-Gels zeigte, dass das Trimer in deutlich geringerer Konzentration als das Dimer vorlag.

Zur Absicherung der Identität des aufgereinigten Proteins wurde die 60 kDa-Bande tryptisch verdaut und die entstandenen Peptide durch Massenspektrometrie analysiert (Abb. 6.14A). Von 25 detektierten Peptiden zwischen 0,7 und 4 kDa konnten neun durch die Mascot-Datenbank (unter Berücksichtigung aller bekannten Proteine der Viridiplantae) *Fi*DIR1 zugeordnet werden. Der Vergleich wurde mit einer Punktzahl von 70 bewertet und blieb damit knapp unterhalb des erforderlichen Wertes von 71, der einem Signifikanzniveau von $p < 0,05$ entsprechen würde. Die sechs Peptide E^{35}-K^{46} (1555,81 Da), T^{67}-R^{98} (3485,07 Da), A^{99}-K^{108} (1249,54 Da), D^{144}-R^{158} (1584,76 Da), G^{159}-R^{175} (1890,88 Da) und L^{176}-W^{186} (1479,72 Da) deckten die Proteinsequenz von *Fi*DIR1 zu 52 % ab (Abb. 6.14C).

6. Ergebnisse

Die übrigen drei zugeordneten Peptide entsprachen redundanten Sequenzbereichen. Alle 16 anderen Peptide konnten nicht zugeordnet werden.

Die Fragmentierung des D^{144}-R^{158} durch MS/MS erlaubte eine fast vollständige Abdeckung der Peptidsequenz in der y-Serie (Abb. 6.14B, Tab. 6.6). Der Vergleich des erhaltenen Fragmentierungsspektrums mit der MS/MS-Datenbank lieferte eine Punktzahl von 88, die deutlich über dem Signifikanzniveau $p < 0,05$ (bei einem Wert > 43) lag und bestätigte die Identität des untersuchten Peptids.

Das Fehlen der durch das α-AtDIR6-Antiserum erkannten Banden von 30 bzw. 60 kDa in wildtypischen Tomatenzellen und die massenspektrometrische Identifizierung des aufgereinigten Proteins zeigen, dass FiDIR1 erfolgreich in Tomatensuspensionszellen exprimiert und aufgereinigt werden konnte.

Tab. 6.6.: Sequenzabdeckung des D^{144}-R^{158}-Peptids ($[M+H]^+$=1585,77 Da) von FiDIR1 durch Fragment-Ionen im MS/MS-Spektrum. Die Angaben entsprechen denen von Tab.6.5.

N-Term.	AS	a	b	y	i	C-Term.	AS
1	D	88,04	**116,03**	**175,12**	88,04	15	R
2	I	**201,12**	**229,12**	**246,16**	86,10	14	A
3	S	**288,16**	**316,15**	**377,20**	60,04	13	M
4	V	**387,22**	**415,22**	**524,27**	72,08	12	F
5	I	500,31	**528,30**	**671,33**	86,10	11	F
6	G	557,33	**585,32**	**786,36**	30,03	10	D
7	G	614,35	642,35	**843,38**	30,03	9	G
8	T	715,40	743,40	**944,43**	74,06	8	T
9	G	772,42	800,42	**1001,45**	30,03	7	G
10	D	887,45	915,44	**1058,47**	88,04	6	G
11	F	1034,52	1062,51	**1171,56**	120,08	5	I
12	F	1181,58	1209,58	**1270,63**	120,08	4	V
13	M	1312,62	1340,62	**1357,66**	104,05	3	S
14	A	1383,66	1411,66	**1470,74**	44,05	2	I
15	R	1539,76	1567,76	**1585,77**	129,11	1	D

6.5. Funktionelle Charakterisierung von *At*DIR6

6.5.1. Umsetzung von Koniferylalkohol mit *T. versicolor*-Laccase

Die in der Literatur beschriebenen DPs *Fi*DIR1 und *Tp*DIR1-9 akzeptieren lediglich Koniferylalkoholradikale als Substrat [41]. Um den Einfluss von *At*DIR6 auf das radikalische Kupplungsverhalten von Koniferylalkohol zu untersuchen, wurde zunächst ein radikalgenerierendes System etabliert. Hierzu wurde *T. versicolor*-Laccase als oxidierendes Agens gewählt, da Laccasen in der Lage sind

6. Ergebnisse

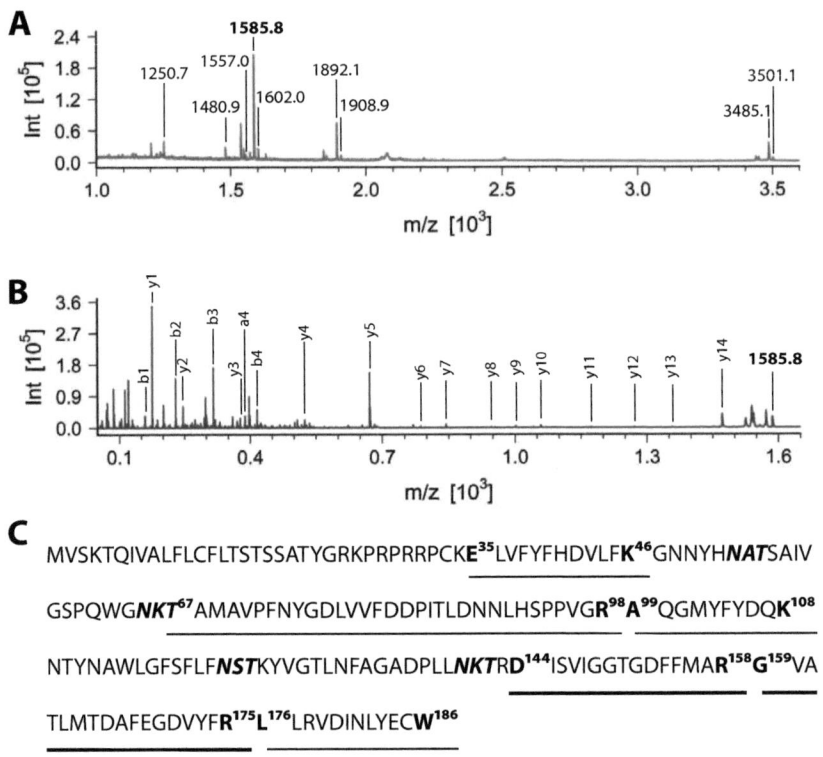

Abb. 6.14.: Nach tryptischem Verdau von *Fi*DIR1 erhaltenes Massenspektrum (A) sowie das erzeugte Fragmentierunsspektrum des 1585,8 Da Peptids durch MS/MS (B). Die den Fragmentionen zuzuordnenden Peptidsequenzen sind in Tab. 6.6 gezeigt und die Sequenzabdeckung durch die detektierten tryptischen Peptide wurden markiert (fett unterstrichene Peptide wurde auch in oxidierter Form detektiert, C), wobei die erste und letzte Aminosäure jedes detektierten Peptids fett hervorgehoben ist. Potentielle N-verknüpfte Glykosylierungsstellen sind fett kursiv dargestellt.

Monolignole in Radikale zu überführen [182]. Außerdem wird vermutet, dass *in planta* ebenfalls eine Laccase für die Erzeugung von Monolignolradikalen verantwortlich ist [41].
Eine 15-minütige Umsetzung von 2,56 mM Koniferylalkohol mit 0,14 μM *T. versicolor*-Laccase bei 30 °C führte zur Bildung von fünf Verbindungen, die nach EtOAc-Extraktion der Reaktionsprodukte mittels RP18-HPLC bei 280 nm (A_{280}) nachweisbar waren (Abb. 6.15). Die fünf Verbindungen konnten im negativen Ionisierungsmodus auch massenspektrometrisch nachgewiesen werden.
Peak a und e konnten durch Vergleich mit den als Standards vorliegenden Verbindungen bezüglich der Retentionszeiten, Absorptionseigenschaften und Massenspektren (Kap. 5.19.4.3) als Koniferylalkohol bzw. Pinoresinol identifiziert werden (Abb. 6.15B und F). Peak a besaß wie Koniferylalkohol

6. Ergebnisse

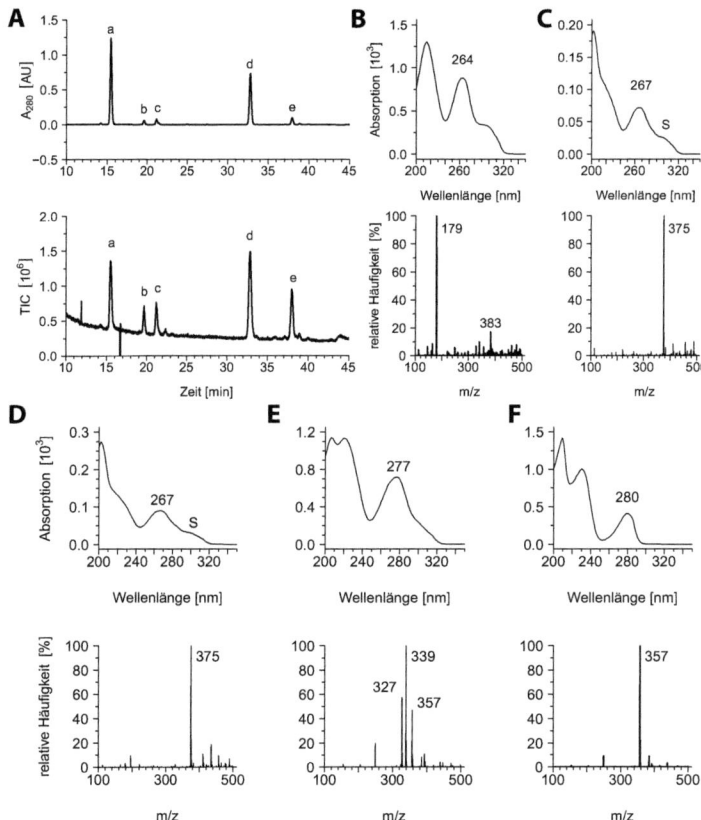

Abb. 6.15.: LC/MS-Analyse des EtOAc-Extrakts einer Umsetzung von Koniferylalkohol mit *T. versicolor*-Laccase im LMS I. RP18-HPLC Chromatogramm mit Detektion der fünf Reaktionsprodukte (a-e) bei A_{280} (A oben) und als Ionen (100-500 m/z, A unten). Jede Verbindung wurde bezüglich ihres Absorptions- (oben) bzw. Fragmentierungsverhalten (unten) charakterisiert (B: Peak a, C: Peak b, D: Peak c, E: Peak d, F: Peak e).

Absorptionsmaxima bei 214 und 264 nm, ein Minimum bei 240 nm und eine Schulter bei ca. 300 nm. Das massenspektrometrisch bestimmte Ion mit $m/z = 179$ entsprach dem Molekülion $[M-H^+]^-$ von Koniferylalkohol, der eine molare Masse von 180,2 g/mol besitzt. Daneben konnte ein Masseladungsverhältnis $m/z = 382,9$ nachgewiesen werden. Das Absorptionsverhalten (Maxima bei 204, 230 und 280 nm, Minima bei 218 und 253 nm) von Peak e war identisch mit dem des (+)-Pinoresinolstandards. Hier konnten m/z-Verhältnisse von 248,9 und 357,1 nachgewiesen werden. Beim Signal von 357,1 handelte es sich um das Molekülion $[M-H^+]^-$ von Pinoresinol, der eine molare Masse von 358,4 g/mol aufweist.

Die Verbindungen, die als Peak b bzw. c bezeichnet wurden, eluierten mit ähnlichen Retentionszeiten im hydrophileren Bereich des Gradienten. Die Absorptionspektren mit Maxima bei 202 und 267 nm, einem Minimum bei 244 nm und einer Schulter bei ca. 300 nm waren identisch (Abb. 6.15C und D). Das dominante massenspektrometrisch detektierte Ion beider Verbindungen wies ein m/z-Verhältnis von 375,1 auf. Dies entsprach dem Molekülion $[M-H^+]^-$ eines Koniferylalkoholdimers unter Addition eines Moleküls Wasser. Gleiche Massen, gleiche Absorptionseigenschaften und ähnliches lipophiles Verhalten deuteten auf das Vorliegen zweier sterisch ähnlicher Strukturisomere hin.

Das Absorptionsverhalten von Peak d wies Maxima bei 207, 221 und 277 nm auf (Abb. 6.15E). Es fanden sich zwei Absorptionsminima bei 213 und 248 nm und eine leichte Absorptionsschulter bei 300 nm. Das Massenspektrum zeigte ein deutliches Fragmentierungsmuster. Das dominante Ion besaß ein m/z-Verhältnis von 339,1 (100 %). Daneben fanden sich m/z-Werte von 357,1 (46,7 %), 327,1 (57,4 %) und mit deutlich geringerer Intensität 248,9 (19,6 %). Das Ion mit $m/z = 357,1$ wies die Masse eines Koniferylalkoholdimers analog zu Pinoresinol auf. Die Entstehung des dominanten $m/z = 339,1$-Signals ist durch die Abspaltung eines Wassermoleküls vom Koniferylalkoholdimer erklärbar.

Die in der Literatur beschriebene Auftrennung der Produkte einer durch Flavinmononukleotid (FMN) initiierten radikalischen Umsetzung von Koniferylalkohol mittels RP18-HPLC führte zu qualitativ identischen Diagrammen mit ebenfalls fünf detektierbaren Verbindungen [75]. Die ordinale Retention der dort beschriebenen Verbindungen entspricht der Reihenfolge: (1) Koniferylalkohol, (2,3) *Erythro/Threo*-Guajacylglycerin-8-*O*-4'-koniferylalkoholether, (4) Dehydrodikoniferylalkohol und (5) Pinoresinol. Die beschriebenen Produkte 1-5 sind dem durch *T. versicolor*-Laccase generierten Produktspektrum von a-e vergleichbar, was durch die massenspektrometrischen Ergebnisse bestätigt wird. Die Identität der Verbindungen a-e wurde weiterhin durch diverse spektroskopische Untersuchungen nach Isolation der Reinsubstanzen bestätigt (durchgeführt von Mihaela-Anca Constantin und Jürgen Conrad, Institut für Chemie, Universität Hohenheim) [154].

6.5.2. Einfluss von *At*DIR6 und *Fi*DIR1 auf die radikalische Kupplung von Koniferylalkohol

Um den Effekt der DPs *Fi*DIR1 und *At*DIR6 auf das unspezifische Kupplungsverhalten von Koniferylalkoholradikalen zu untersuchen, wurden 4,74 mM Koniferylalkohol mit 0,14 μM Laccase (wie in Kapitel 6.5.1 beschrieben) in Gegenwart der heterolog exprimierten und aufgereinigten Proteine *Fi*DIR1 (2,40 μM) und *At*DIR6 (2,94 μM) umgesetzt. Nach Zugabe der DPs waren durch RP18-HPLC keine qualitativen Unterschiede im erzeugten Produktspektrum zu beobachten (Abb. 6.16A). Quantitativ betrachtet zeigte sich, dass in den Umsetzungen mit DP die Höhe des Substrat- (a) sowie des Dehydrodikoniferylalkoholpeaks (d) im Vergleich zur reinen Laccaseumsetzung minimal verringert waren. Der Pinoresinolpeak (e) war bei Umsetzungen mit DP größer, was bei der Umsetzung mit *Fi*DIR1 erheblich deutlicher war als in derjenigen mit *At*DIR6.

Der Pinoresinolpeak (e) wurde aufgefangen und mittels chiraler HPLC auf seine Enantiomerenreinheit untersucht. Dabei zeigte sich, dass *Fi*DIR1 und *At*DIR6 die Bildung entgegengesetzter Pinoresinolenantiomere fördern. Die Gegenwart von *Fi*DIR1 begünstigte die Entstehung von (+)-Pinoresinol mit 57,4 % ee, während die Aktivität von AtDIR6 zu (–)-Pinoresinol mit einem Überschuss von 38,2 % ee führte. In Abwesenheit von DPs wurde racemisches Pinoresinol gebildet (Abb. 6.16B). FiDIR1 und AtDIR6 stellen somit bezüglich der Pinoresinolbildung enantiokomplementäre DPs dar. Ein zu den bekannten DPs enantiokomplementäres DP konnte mit AtDIR6 hier erstmals identifiziert werden.

Die Zuordnung der Enantiomere zu den in den chiralen HPLC-Analysen detektierten Peaks erfolgte durch den Vergleich mit dem (+)-Pinoresinolstandard, der als der später eluierende Peak identifiziert wurde. NMR-Spektroskopie und Drehwertsbestimmung der präparativ aufgetrennten Pinoresinolenantiomere [154] bestätigten, dass es sich beim früher eluierenden Peak um (–)-Pinoresinol handelte.

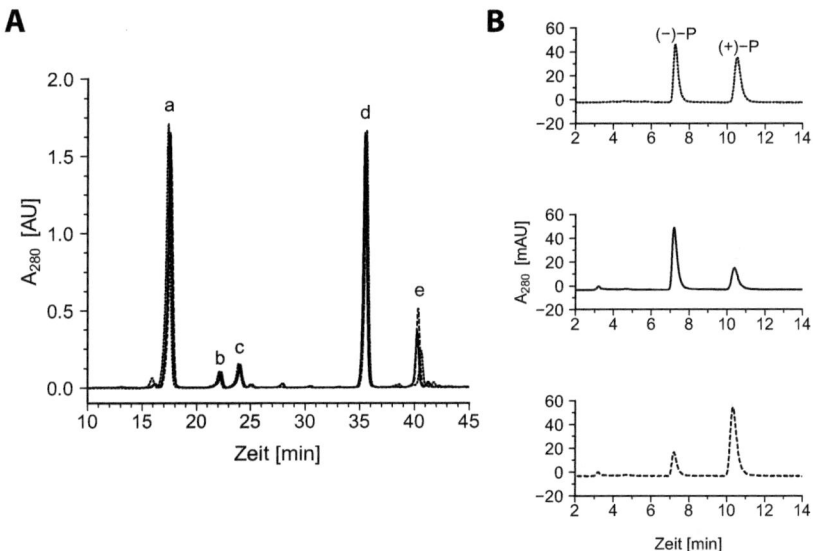

Abb. 6.16.: RP18-HPLC Analyse der Umsetzungsprodukte von Koniferylalkohol mit Laccase (A, gepunktet) in Gegenwart von AtDIR6 (durchgängig) bzw. FiDIR1 (gestrichelt) sowie die Analyse der enantiomeren Zusammensetzung des gebildeten Pinoresinols (Peak e) mittels chiraler HPLC (B, oben: ohne DP, mitte: mit AtDIR6, unten: mit FiDIR1).

6.5.3. Fehlende oxidative Aktivität von AtDIR6

Die zuvor charakterisierten DPs FiDIR1 und TpDIR1-9 akzeptieren nur Radikale als Substrat [41, 105]. Sie verfügen über keine eigene oxidative Aktivität, die es ihnen gestatten würde Radikale zu erzeugen und damit die Umsetzung von Koniferylalkohol in die Kupplungsprodukte zu katalysieren. Um zu überprüfen, ob dies auch für AtDIR6 gilt, wurde es unter Testbedingungen mit Koniferylalkohol inkubiert. Im EtOAC-Extrakt dieser Ansätze konnte lediglich der eingesetzte Koniferylalkohol nachgewiesen werden (Abb. 6.17), während es in Gegenwart von Laccase bzw. Laccase und AtDIR6 zur Bildung der bereits beschriebenen Reaktionsprodukte kam (Abb. 6.17).

Ferner konnte bestätigt werden, dass die Gegenwart von AtDIR6 (1,96 µM) zur vermehrten Bildung von (–)-Pinoresinol führt (28,6 % ee). Nach Hitzedenaturierung von AtDIR6 (fünf Minuten gekocht) kam es zur Bildung von racemischem Pinoresinol (1,0 % ee). Die dirigierende Aktivität von AtDIR6 ist daher an die native Struktur des Proteins gebunden.

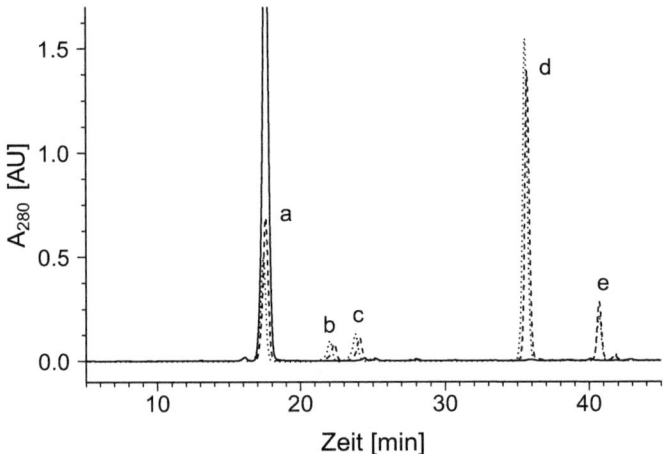

Abb. 6.17.: Analyse der EtOAC-Extrakte der Umsetzung von Koniferylalkohol mit AtDIR6 (durchgängig), Laccase (gepunktet) sowie AtDIR6 und Laccase (gestrichelt) mit RP18-HPLC.

6.5.4. Variation der Substratkonzentration

Die extensive Bildung von Nebenprodukten und der vergleichsweise geringe Enantiomerenüberschuss des in Gegenwart von AtDIR6 gebildeten (–)-Pinoresinols, legten die Vermutung nahe, dass unter den bisher gewählten Testbedingungen Koniferylalkoholradikale im Überschuss vorlagen, bzw. dass die Rate der Radikalbildung die dirigierende Kapazität des DP's überstieg. Radikale, die nicht in direkten Kontakt mit AtDIR6 kamen, konnten unspezifisch koppeln und zur Bildung der Nebenprodukte führen. Für FiDIR1 war gezeigt worden, dass die Kopplung zu (+)-Pinoresinol unter geeigneten Bedingungen vollständig regio- und stereoselektiv verlaufen kann [41].

Die Zahl freier Koniferylalkoholradikale im Testgemisch ließ sich am einfachsten durch eine Verringerung der eingesetzten Substratmenge reduzieren. Im folgenden Versuch wurde die Koniferylalkoholkonzentration von 4,74 über 2,33 auf 1,24 mM reduziert. Die Umsetzungen wurden unter den Standardbedingungen mit 1,88 µM AtDIR6 durchgeführt.

Wie erwartet, resultierte eine Verringerung der Koniferylalkoholkonzentration in einer vollständigeren Umsetzung. Der Peak des verbliebenen Koniferylalkohols wurde kleiner bzw. verschwand im RP18-HPLC Chromatogramm (Abb. 6.18A). Bezogen auf die Summe der nach der Reaktion vorliegenden Verbindungen sank der Anteil des verbliebenen Koniferylalkohols von 39,8 % (4,74 mM Koniferylalkohol) auf 17,4 % (2,33 mM) bzw. 0 % (1,24 mM, Tab. 6.7). Damit einhergehend stieg die

6. Ergebnisse

Menge an spezifischen Kupplungsprodukten bei einer Halbierung der Koniferylalkoholkonzentration von 4,74 mM auf 2,33 mM. Der Anteil von Pinoresinol stieg von 17,1 % auf 34,2 %. Eine weitere Reduktion der Substratkonzentration von 2,33 mM auf 1,24 mM führte allerdings nicht zu einer weiteren Erhöhung der gebildeten Menge an Pinoresinol. Der Anteil an gebildetem Pinoresinol sank wieder auf ca. 18 % der eingesetzten Koniferylalkoholmenge.

Die Bildung unspezifischer Nebenprodukte, deren Prozentsatz anfänglich bei 43,1 % lag, stieg bereits bei einer Halbierung der Koniferylalkoholkonzentration auf 48,4 % leicht an. Bei der erneuten Halbierung der Substratkonzentration betrug der Anteil der Nebenprodukte 82,0 %. Dies ist auf die oxidative Aktivität der Laccase zurückzuführen, die durch die Radikalbildung weiterer Koniferylalkoholmonomere bzw. -dimere höher molekulare Kupplungsprodukte entstehen lässt. Diese ließen sich im lipophilen Bereich des RP18-HPLC Diagramms als neu auftretende Signale nachweisen (Abb. 6.18B).

Bezüglich der enantiomeren Zusammensetzung des gebildeten Pinoresinols konnte durch die Reduktion der eingesetzten Substratmenge eine Steigerung des *ee* von 26,8 über 41,6 auf 49,2 % (–)-Pinoresinol festgestellt werden (Abb. 6.19B, Tab. 6.7). Die Halbierung der Anfangskonzentration führte zu einer 1,6-fachen Erhöhung des Enantiomerenüberschusses. Ein Viertel der anfänglich eingesetzten Substratmenge erzielte dagegen nur das 1,8-fache des ursprünglichen Enantiomerenüberschusses. Der kontinuierliche Anstieg des erreichten Enantiomerenüberschusses steht im Einklang mit der Annahme, dass die freie Kupplung der Koniferylalkoholradikale mit der dirigierten Kupplung konkurriert, und dass sich die letztere durch eine Reduktion der Radikalkonzentration beeinflussen lässt.

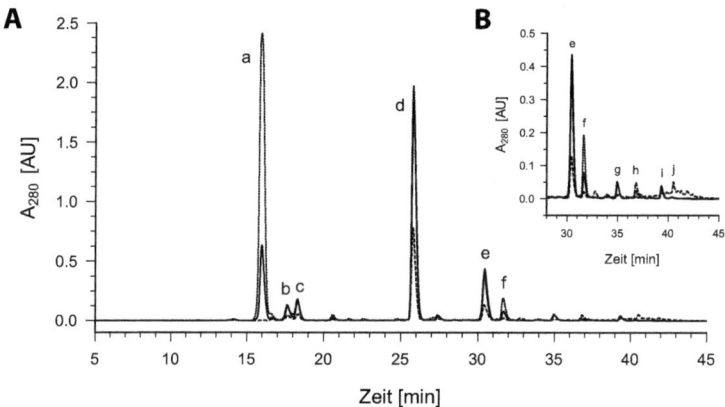

Abb. 6.18.: RP18-HPLC der Produkte, die bei der Umsetzung von 1,24 (gestrichelt), 2,33 (durchgängig) und 4,74 mM Koniferylalkohol (gepunktet) in Gegenwart von 1,88 μM *At*DIR6 und 0,14 μM *T.v.*-Laccase entstanden (A). Detaildarstellung der Analysen im lipophilen Bereich des LMS I (B).

6. Ergebnisse

Tab. 6.7.: Massenbilanz der Umsetzungen mit variierenden Konzentrationen an Koniferylalkohol (CA_V) bezüglich der verbliebenen Masse an Koniferylalkohol (CA_N), des gebildeten Pinoresinols (Pi) bzw. (−)-Pinoresinols ((−)-Pi) sowie der Nebenprodukte (NP) in Ab- (K) bzw. Anwesenheit von 1,88 µM AtDIR6. Die angegebenen Werte entsprechen den Mittelwerten und Standardabweichungen dreier Replikate. Die Massen der Nebenprodukte und des (−)-Pi wurden indirekt berechnet.

CA_V [µg]	CA_N [µg]	Pi [µg]	(−)-Pi [µg]	NP [µg]
214 (K)	91,8 ± 6,9	29,7 ± 1,9	14,9	92,5
214	85,2 ± 7,3	36,6 ± 2,7	23,2	92,2
105	18,3 ± 2,6	35,9 ± 1,4	25,4	50,8
56	0,1 ± 0,1	10,1 ± 1,9	7,5	45,9

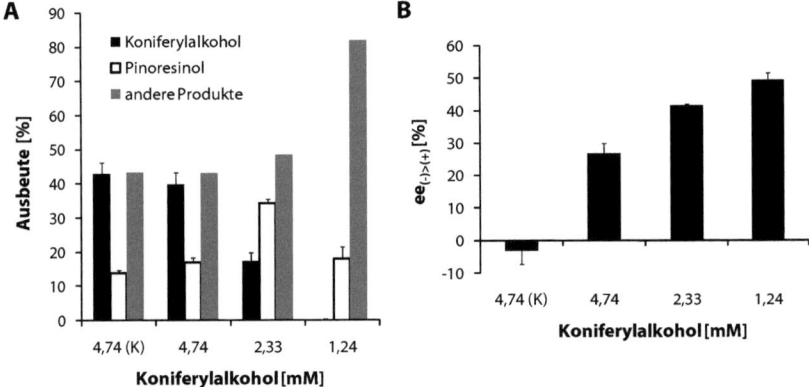

Abb. 6.19.: Prozentuale Ausbeute der verschiedenen Produkte bezogen auf die jeweils eingesetzte Koniferylalkohol-Menge (A) sowie der enantiomere Überschuss des gebildeten (−)-Pinoresinols (ee, B) in Gegenwart von 1,88 µM AtDIR6 (bzw. ohne: K) und 0,14 µM T. versicolor-Laccase. Dargestellt sind die arithmetrischen Mittelwerte dreier unabhängiger Experimente unter Angabe des positiven Betrags der Standardabweichung. Die Menge gebildeter Nebenprodukte wurde indirekt unter Berücksichtigung der eingesetzten Menge an Koniferylalkohol berechnet.

6.5.5. Variation der AtDIR6-Konzentration

Eine andere Möglichkeit einer Erhöhung des Verhältnisses von AtDIR6 zur Menge gebildeter Koniferylalkoholradikale bestand in der Erhöhung der eingesetzten Menge an AtDIR6. Im Folgenden wird der Einfluss unterschiedlicher AtDIR6-Konzentrationen auf die oxidative Kupplung von 2,33 mM Koniferylalkohol mit 0,14 µM Laccase beschrieben. Die AtDIR6-Konzentration wurde hierbei zwischen 0 und 12 µM variiert.

6. Ergebnisse

Durch Erhöhung der *At*DIR6-Konzentration von 0 auf 12 µM konnte die erzeugte Pinoresinolmenge von 20,3 auf 46,7 % mehr als verdoppelt werden (Tab. 6.8). Dies erfolgte auf Kosten der Nebenprodukte, deren gebildete Menge von 55,0 auf 32,1 % abnahm (Abb. 6.20A). Die verbliebene Menge an Koniferylalkohol im Testansatz erwies sich als weitgehend unabhängig von der DP-Konzentration. Die Bestimmung der enantiomeren Zusammensetzung des aus den Umsetzungen isolierten Pinoresinols zeigte, dass mit steigender Konzentrationen an *At*DIR6 der Anteil an gebildetem (–)-Pinoresinol zunahm (Abb. 6.20B, Tab. 6.8). Die bei Gegenwart von 1 µM *At*DIR6 erreichten 24,9 ± 0,9 % *ee* an (–)-Pinoresinol konnten durch die Zugabe von 12 µM *At*DIR6 auf 76,5 ± 0,6 % gesteigert werden. Die Zunahme des enantiomeren Überschusses an (–)-Pinoresinol in Abhängigkeit von der *At*DIR6-Konzentration zeigte den Verlauf einer typischen Sättigungskurve. Es ist ersichtlich, dass mit einer weiteren Erhöhung der *At*DIR6 Konzentration noch eine gewisse Steigerung des *ee* zu erwarten ist.

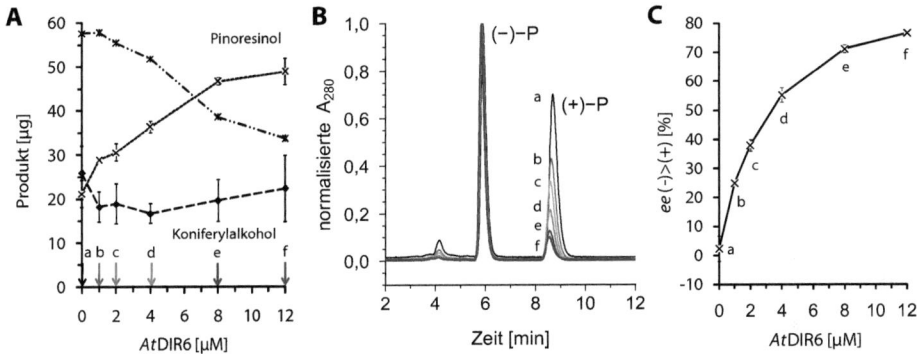

Abb. 6.20.: Produktbildung in Abhängigkeit der Konzentration von *At*DIR6 (A, Nebenprodukte (– ·· – ·) berechnet) sowie die enantiomere Zusammensetzung des gebildeten Pinoresinols, wie mit chiraler HPLC detektiert (B). Die Zuordnung der chiralen HPLC-Läufe zur Produktbilanz erfolgte mittels Kleinbuchstaben (a-f). Zum Vergleich der Enantiomerenzusammensetzung des gebildeten Pinoresinols in B wurden die Chromatogramme in Bezug auf die Höhe des (–)-Pinoresinolpeaks normalisiert. Dargestellt ist weiterhin das Sättigungsverhalten des Enantiomerenüberschusses von (–)-Pinoresinol mit steigender *At*DIR6-Konzentration (C).

6.6. Molekulare Charakterisierung von *At*DIR6

6.6.1. Quartärstruktur des nativen *At*DIR6

Es wurde gezeigt, dass *Fi*DIR1 *in planta* als Dimer vorliegt [74]. Um die Quartärstruktur von *At*DIR6 zu klären, wurde das Retentionsvolumen von ca. 100 µg des aufgereinigten Proteins während einer Gelfiltration bestimmt, um im Vergleich mit Standardproteinen die Masse des nativen Proteins zu ermitteln.

Das erhaltene Retentionsvolumen von 14,9 ml entsprach einem K_{av} von 0,425, der anhand der Eichge-

Tab. 6.8.: Gebildete Pinoresinol- (Pi) und (–)-Pinoresinolmengen ((–)-Pi) sowie dessen enantiomerer Überschuss (*ee*) in Gegenwart verschiedener AtDIR6-Konzentrationen nach 15-minütiger Umsetzung von 2,33 mM Koniferylalkohol mit 0,14 µM *T. versicolor*-Laccase.

AtDIR6 [µM]	Pi [µg]	(–)-Pi [µg]	*ee* [%]
0	21,3 ± 3,0	10,9	2,3 ± 4,3
1	28,9 ± 0,5	18,1	24,9 ± 0,9
2	30,6 ± 1,9	21,1	37,9 ± 2,0
4	36,4 ± 1,3	28,2	55,2 ± 2,4
8	46,7 ± 0,8	40,0	71,1 ± 1,3
12	49.0 ± 3,0	43,3	76,5 ± 0,6

raden (Gl. 5.3, Kap. 5.17.1) einer molekularen Masse von 52 kDa entspricht (Abb. 6.21). Im Vergleich zu der anhand der denaturierenden SDS-PAGE-Analysen abgeschätzten Größe des Proteins bzw. der massenspektrometrisch bestimmten Massen (Kap. 6.6.2), entsprach dies ungefähr dem 2,4-fachen des Molekulargewichts des Monomers. AtDIR6 würde in nativem Zustand demzufolge Dimere oder Trimere bilden. Das Retentionsverhalten und somit der K_{av} hängen stark von der dreidimensionalen Struktur des analysierten Poteins ab. Die Schwierigkeit den oligomeren Zustand von AtDIR6 eindeutig zu bestimmen, mag daher mit Abweichungen des nativen Proteins von der globulären Form zusammenhängen.

Um das Ergebnis der kalibrierten Größenausschlusschromatographie zu bestätigen und eine zweite Abschätzung der Größe des nativen Proteins zu erhalten, wurde AtDIR6 durch EDC kovalent verknüpft. Aliquote wurden über einen Zeitraum von 30 min entnommen und mit Hilfe von SDS-PAGE, Western Blot und Immundetektion auf das Auftreten höhermolekularer Formen hin untersucht. Neben der monomeren Form von ca. 20 kDa Größe konnte bereits nach 5 min ein schwaches Signal bei ca. 40 kDa Größe nachgewiesen werden (Abb. 6.22). Nach einer Verknüpfungszeitdauer von 10 min wurde bereits eine deutliche 40 kDa-Bande nachgewiesen, deren Intensität im beobachteten Zeitraum von 30 min weiter zunahm. Die Bildung von Trimeren konnte nicht detektiert werden.

Die Massenbestimmung durch kalibrierte Größenausschlusschromatographie bzw. kovalente Verknüpfung legten den Schluss nahe, dass AtDIR6 in nativer Form als Homodimer vorliegt. Die durch Größenausschlusschromatographie etwas zu hoch bestimmte Masse hatte ihre Ursache vermutlich in der nicht ganz globulären Form des Dimers.

6.6.2. Molekulare Masse des AtDIR6-Monomers

Bei Aufreinigung des in Tomatenzellen exprimierten AtDIR6 zeigte sich, dass das Protein in mehreren Isoformen vorlag, die alle spezifisch durch das α-AtDIR6-Antiserum nachgewiesen werden konnten (Abb. 6.23). Die Größe der detektierten Proteine reichte von ca. 20 bis 24 kDa, wobei die Intensität der Banden mit zunehmender molekularer Masse abnahm. Bei der Kationenaustauschchromatographie

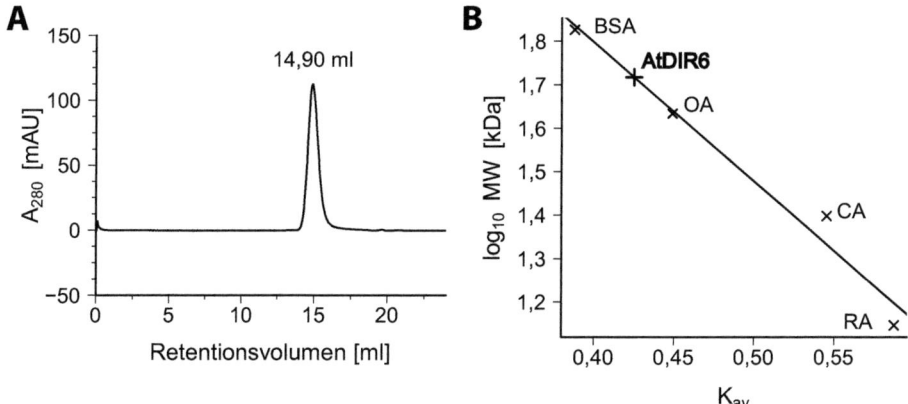

Abb. 6.21.: Bestimmung des nativen Molekulargewichts durch kalibrierte Gelfiltration. Mit dem aus dem Retentionsvolumen der Größenausschlusschromatograpie des aufgereinigten AtDIR6-Proteins (A) errechneten K_{av}-Wertes (0,425) ließ sich mit Hilfe der Eichgeraden das Molekulargewicht von AtDIR6 bestimmen (52 kDa, B).

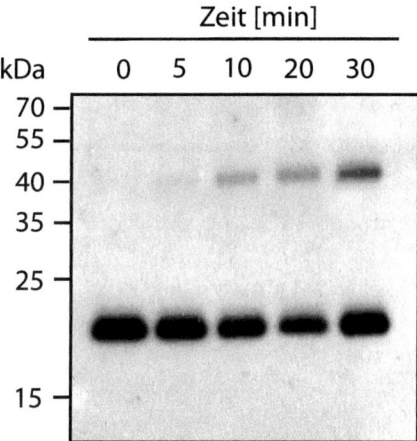

Abb. 6.22.: Quervernetzung von AtDIR6. 1 µg Protein wurde in 1 ml mit 8 mM EDC für 0-30 min quervernetzt. Für die Detektion möglicher Vernetzungsprodukte wurden ca. 0,2 µg mit SDS-PAGE aufgetrennt und durch Western Blot und Immundetektion mit dem α-AtDIR6-Antiserum visualisiert.

6. *Ergebnisse*

eluierten die größeren Proteinformen zuerst (Abb. 6.10). In den später eluierenden Fraktionen h und i des Peaks war vor allem die niedermolekularste Form zu finden (Abb. 6.23A).

Eine genauere Bestimmung der Molekulargewichte der verschiedenen Formen wurde durch massenspektrometrische Analysen des Proteins erreicht. Hierbei wurden die Massen, aller fünf in der SDS-PAGE-Analyse detektierten Proteine als einfach bzw. doppelt geladene Ionen wiedergefunden (Abb. 6.23B). Die Massen der einzelnen Proteine wurden mit 20,4, 20,9, 21,4, 21,9 und 22,4 kDa bestimmt und stehen im Einklang mit den aus SDS-PAGE-Analysen abgeschätzten Molekulargewichten. Die Massendifferenzen zwischen den einzelnen Formen betrugen jeweils ca. 0,5 kDa. Die Expression von *At*DIR6 in Tomatenzellen führte somit zur Bildung mehrerer Isoformen mit linear ansteigendem Molekulargewicht.

Für das sekretierte *At*DIR6 resultiert nach Abspaltung des Signalpeptids ein errechnetes Molekulargewicht von 18,1 kDa. Damit wäre die kleinste Isoform um 2 kDa, die größte um 4,3 kDa schwerer als das prozessierte *At*DIR6, was auf exzessive posttranslationale Modifikationen – möglicherweise Glykosylierungen – hindeutet.

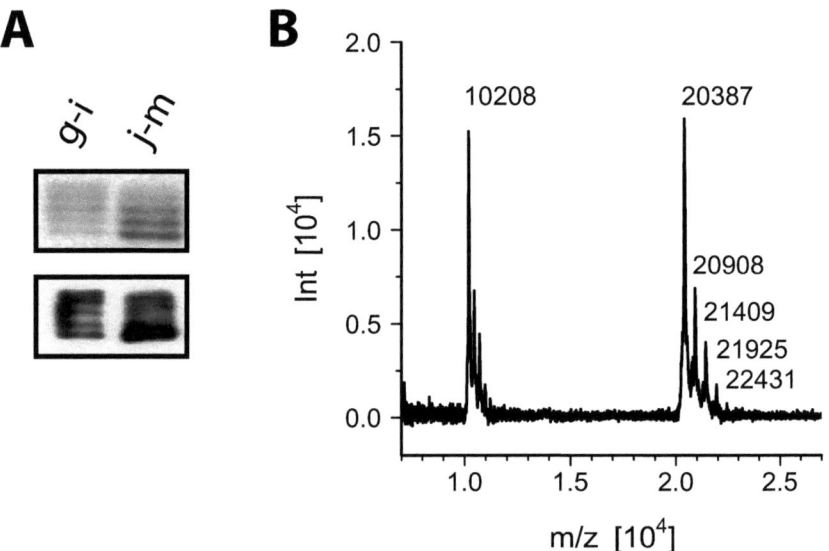

Abb. 6.23.: SDS-PAGE-Analyse früh (g-i) bzw. spät (j-m) eluierender Fraktionen der Kationenaustauschchromatographie von *At*DIR6 (Abb. 6.10) nach Visualisierung durch Coomassie Brilliant Blau (A oben) bzw. Western Blot und Immundetektion mit α-*At*DIR6-Antiserum (A unten) sowie die Bestimmung der molekularen Masse durch MALDI-TOF (B).

6. Ergebnisse

6.6.3. Glykosylierung von *At*DIR6

6.6.3.1. Qualitativer Nachweis der Glykosylierung

Das Auftreten mehrere Isoformen von *At*DIR6 legte den Schluss nahe, dass *At*DIR6 posttranslational modifiziert wird. Die großen Massendifferenzen von 2,3-4,3 kDa zwischen errechnetem (unter Berücksichtigung der potentiellen Abspaltung des vorhergesagten Signalpeptids) und detektiertem Molekulargewicht des Proteins, ließen eine Glykosylierung von *At*DIR6 vermuten, was durch zwei potentielle N-verknüpfte Glykosylierungsstellen im NXS/T-Konsensus in der *At*DIR6-Sequenz unterstützt wird (Abb. 6.12).

Ein qualitativer Nachweis möglicher Zuckerreste sollte durch die Oxidation der in den Zuckermolekülen enthaltenen Hydroxylgruppen zu Aldehyden und deren Nachweis durch Bildung einer Schiff'schen Base mit einer damit verbundenen Farbreaktion erfolgen. Verglichen mit dem in *E. coli* exprimierten His$_6$-*At*DIR6 zeigte das in Tomatenzellen gebildete Protein eine deutliche Farbreaktion (Abb. 6.24A). Bei genauerem Betrachten zeigte sich, dass alle fünf Isoformen eine positive Reaktion lieferten. Das eukaryotisch exprimierte Protein war demzufolge glykosyliert.

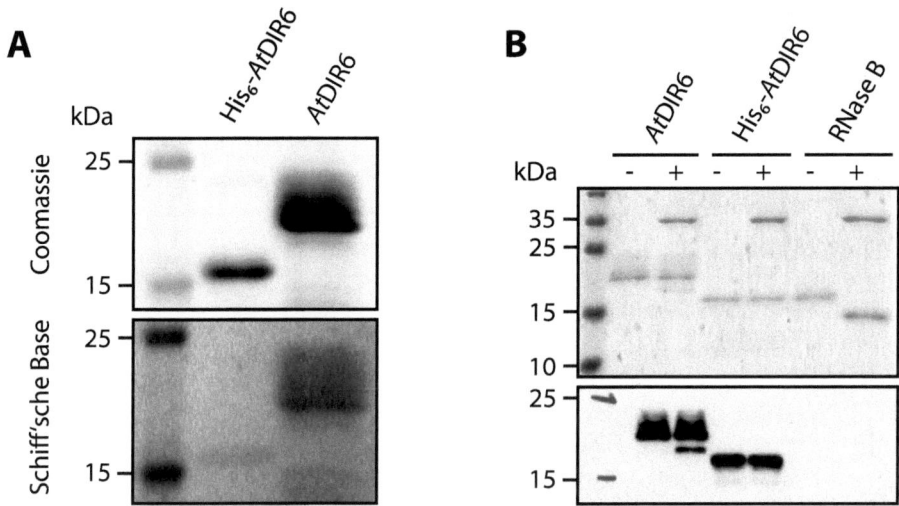

Abb. 6.24.: Glykosylierungsnachweis durch Bildung einer Schiff'schen Base in von Tomatenzellen gebildetem *At*DIR6 verglichen mit in *E. coli* exprimiertem His$_6$-*At*DIR6 (A). Oben ist der Proteinnachweis (Coomassie Brilliant Blau-Färbung), unten der Zuckernachweis (Schiff'sche Base) gezeigt. Enzymatische Deglykosylierung durch PNGase F (B). Das in Tomatenzellen gebildete *At*DIR6, das in *E. coli* exprimierte His$_6$-*At*DIR6 (Negativkontrolle) und RNase B (Positivkontrolle) wurden mit (+) und ohne (−) PNGase F inkubiert und mittels SDS-PAGE aufgetrennt. Oben ist das Coomassie Brilliant Blau gefärbte Gel gezeigt, unten der dazugehörige Western Blot mit Immundetektion durch α-*At*DIR6.

Einen weiteren Hinweis auf das Vorhandensein von Zuckerresten am Protein kann die spezifische Entfernung derselben durch (a) Glykosidasen und (b) chemische Reagenzien liefern. Die Behandlung des in Tomatenzellen gebildeten AtDIR6 mit PNGase F resultierte in einer partiellen Deglykosylierung, was sich im Auftreten einer niedermolekularen Form von ca. 19 kDa äußerte, die im Kontrollansatz nicht zu beobachten war (Abb. 6.24B). Im Gegensatz dazu konnte für das in *E. coli* gebildete Protein keine Verringerung der molekularen Masse beobachtet werden (Negativkontrolle). Als Positivkontrolle wurde die Behandlung mit RNase B durchgeführt, die unter den verwendeten Bedingungen vollständig deglykosyliert wurde. Die eingesetzte PNGase konnte als eine ca. 35 kDa Bande im Coomassie gefärbten Gel detektiert werden. Die nur partielle Deglykosylierung des in Tomatenzellen gebildeten Proteins, wie auch die Tatsache, dass die deglykosylierte Form mit 19 kDa immer noch etwa 1 kDa größer ist als für das korrekt prozessierte, unmodifizierte Protein vorhergesagt, deutet darauf hin, dass AtDIR6 auch über PNGase F resistente oder über weitere andersartige posttranslationale Modifikationen verfügen muss.

Um mögliche Probleme in Bezug auf die Substratspezifität bzw. Zugänglichkeit der PNGase F zu den Zuckerresten auszuschließen, wurde die Deglykosylierung von AtDIR6 mit dem chemischen Deglykosylierungsreagenz TFMS wiederholt, welches unabhängig von der Struktur des Glykans selbiges abspaltet. Die Behandlung führte zu einer deutlichen Verringerung der molekularen Masse von AtDIR6, das nun als nur eine Bande mit einer apparenten Masse von ca. 19 kDa detektiert wurde (Abb. 6.25A). Verglichen mit dem prokaryotisch exprimiertem Protein zeigte deglykosyliertes AtDIR6 im SDS-PAGE-Gel immer noch eine größere Masse. Dies steht im Widerspruch zu den theoretisch erwarteten Massen, da His_6-AtDIR6 aufgrund der His_6-Markierung bei korrekt vorhergesagter Spaltung des Signalpeptids eine 1 kDa größere Masse als das vollständig deglykosylierte und prozessierte AtDIR6 besitzen sollte. Allerdings gilt zu beachten, dass eine Deglykosylierung durch TFMS das mit Asparagin verknüpfte N-Acetylglucosamin nicht abspalten kann [49, 176] und das Protein somit ein verändertes Laufverhalten in der SDS-PAGE zeigen könnte. Umgekehrt mag auch die His_6-Markierung das Laufverhalten eines Protein in der SDS-PAGE verändern.

Um die genannten Unwägbarkeiten hinsichtlich der apparenten Masse bei der SDS-PAGE zu umgehen, wurde die Masse von durch TFMS deglykosylierten AtDIR6 massenspektrometrisch bestimmt. Hierbei konnten für die fünf glykosylierten wie auch für das deglykosylierte Protein, das einfach ($[M-H^+]^-$) und doppelt geladene Molekülion ($[M-2H^+]^{2-}$) nachgewiesen werden (Abb. 6.25B). Alle fünf Isoformen konnten durch TFMS in ein 18,6 kDa großes Protein überführt werden. Dies bestätigte, dass das Auftreten der verschiedenen Isoformen auf unterschiedliche Glykosylierungsmuster zurückzuführen war. Andererseits stimmte die experimentell bestimmte Masse des deglykosylierten Proteins mit 18,6 kDa in etwa mit der für AtDIR6 nach Abspaltung des vorhergesagten Signalpeptids erwarteten Masse von 18,1 kDa überein. Die verbliebene Massendifferenz von ca. 0,5 kDa entsprach – unter Berücksichtigung der Messungenauigkeit – in etwa der Masse von zwei oder drei N-Acetylglucosaminen (Molekulargewicht eines N-Acetylglucosamins: 221 g/mol), was auf 2 bis 3 N-Glykosylierungsstellen im Protein hindeuten würde.

6. Ergebnisse

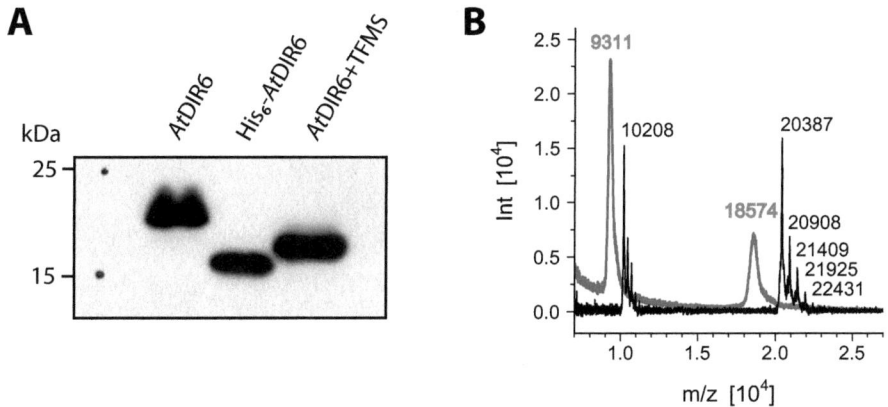

Abb. 6.25.: Western Blot und Immundetektion mit α-AtDIR6 des durch TFMS deglykosylierten AtDIR6 im Vergleich zu unbehandeltem AtDIR6 und His$_6$-AtDIR6 (A) sowie die Massenspektren für das unbehandelte (B, schwarz) bzw. durch TFMS deglykosylierte AtDIR6 (grau).

6.6.3.2. Glykosylierungsmuster von AtDIR6

Eine Glykosylierung von FiDIR1 in einem hierzu fähigem Expressionssystem wurde beschrieben [63], ebenso wie selbige *in planta* [38]. Nach dem qualitativen Nachweis der Glykosylierung von AtDIR6 (Kap. 6.6.3.1) wurde versucht Aussagen über Position und Struktur der Glykane zu machen. Hierzu wurde einerseits eine bioinformatische Vorhersage potentieller Glykosylierungsstellen anhand der Aminosäuresequenz von AtDIR6 durchgeführt. Zum Anderen wurde versucht durch MS von tryptisch verdautem AtDIR6 Peptide zu identifizieren, deren Fragmentierungsspektrum auf Zuckerreste hindeutete.

Mit NetNGlyc 1.0 [14] wurden anhand der kompletten Proteinsequenz von AtDIR6 zwei potentielle N-verknüpfte Glykosylierungsstellen ermittelt. Die vorhergesagten Asparagine sind Teil des N-Glykosylierungsmotivs NXS/T [65, 126] und finden sich an den Positionen N^{59} und N^{123} (Abb. 6.12). Die erhaltenen Wahrscheinlichkeiten lagen mit 0,51 bzw. 0,57 nur knapp über der unteren Grenze einer positiven Vorhersage. Dies kann jedoch darauf zurückzuführen sein, dass der Algorithmus für humane Proteine entwickelt wurde.

Potentiell glykosylierte tryptisch verdaute Peptide von AtDIR6 wurden durch HILIC-Chromatographie angereichert. Im Eluat fand sich unter anderem ein Peptid mit $m/z = 4854.3$ (Abb. 6.26). Ein weiteres Peptid mit $m/z = 3522,9$ trat mit geringer Intensität im Eluat auf. Der Hauptteil des Eluats umfasste Peptide mit $m/z < 2000$, die in der weiteren Untersuchung nicht weiter berücksichtigt wurden.

In den Fragmentierungsspektren der beiden Peptide konnten Masseladungsdifferenzen von 203 für N-Acetylglucosamin (GlcNAc), 84 für CHCHNHAc (Ringfragmentierung des Asparagin-verknüpften GlcNAc) und 146 für Fucose (Fuc) im höhermolekularen Bereich detektiert werden (Abb. 6.27). Das Auftreten von Fragmenten mit derartigen Masseladungsdifferenzen wurde als kennzeichnend für glykosylierte Peptide beschrieben [22]. Ferner konnten im niedermolekularen Bereich beider Fragmentierungsspektren die in der Literatur beschriebenen [211] und für Zuckerreste charakteristischen Oxoniumionen von GlcNAc – $2 \cdot H_2O$ ($m/z = 168$), GlcNAc ($m/z = 204$) und Hex-GlcNAc ($m/z = 366$) nachgewiesen werden (Abb. 6.28). Die Fragmentierung erlaubte weiterhin die Identifizierung der beiden Peptide und zeigte, dass es sich hierbei um die Peptide H^{42}-K^{75} ([M+H]$^+$=3683,8) und M^{110}-K^{128} ([M+H]$^+$=2353,1) handelte (Abb. 6.29 sowie Tab. 6.9 und 6.10). Die vorhergesagten Glykosylierungsstellen von N^{59} und N^{123} liegen innerhalb dieser Peptide (Abb. 6.12).

Die Differenz zwischen den reinen Peptidmassen und den beobachteten (glykosylierten) Massen betrug 1169 bzw. 1170 (Abb. 6.27). Eine Masseladungsdifferenz von 1170 ist charakteristisch für N-Glykane vom paucimannosidischen Typ [22]. Während im Fragmentierungsspektrum des M^{110}-K^{128}-Peptids lediglich für Glykosylierungen typische Leitionen nachgewiesen werden konnten, führte die Fragmentierung des H^{42}-K^{75}-Peptids zu weiteren Ionen, die zuckertypische Masseladungsdifferenzen aufwiesen. Neben den bereits erwähnten Ionen wurden Masseladungsdifferenzen von 133, 162 und 324 (=2·162) nachgewiesen, die den Massen der Fragmente von Hexosen (162) bzw. Xylose (132) entsprachen (Abb. 6.27A). Die erhaltene Fragmentierung deckte die Zuckersequenz eines paucimannosidischen N-Glykans (GlcNAc$_2$Man$_3$FucXyl) fast vollständig ab. Die in den Spektren beobachteten geringfügigen Abweichungen der berechneten und gemessenen Massen sind darauf zurückzuführen, dass die erhaltenen Signale nicht isotopenaufgelöst waren und eine exakte Massenbestimmung somit nicht möglich war. Ein anderer Grund für die Abweichungen können in einer nicht ausreichend genauen Kalibrierung des Massenspektrometers zu finden sein.

Aufgrund der erhaltenen Daten kann dennoch davon ausgegangen werden, dass *At*DIR6 an den beiden vorhergesagten Glykosylierungsstellen N^{59} und N^{123} *in vivo* glykosyliert wurde. Den detektierten Massendifferenzen von ca. 1170 zwischen glykosyliertem und reinem Peptid nach, handelte es sich in beiden Fällen vermutlich um N-Glykane vom paucimannosidischen Typ.

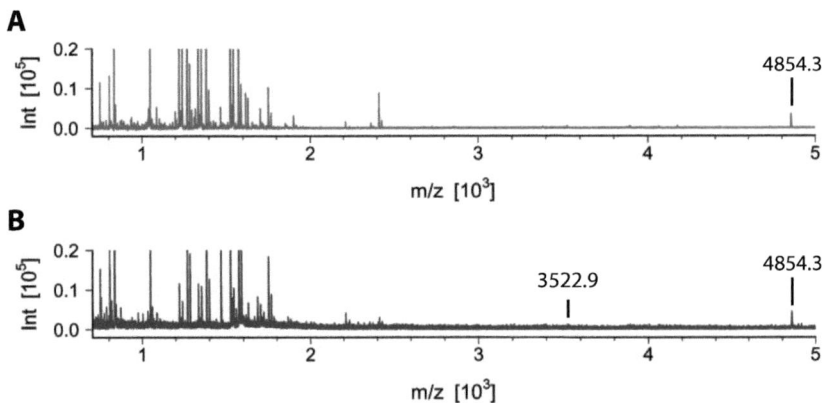

Abb. 6.26.: Anreicherung tryptischer Peptide von *At*DIR6 durch HILIC-Chromatographie. Zu sehen sind das MS-Spektrum des tryptischen Verdaus vor (A) und nach dem Chromatographieverfahren (B).

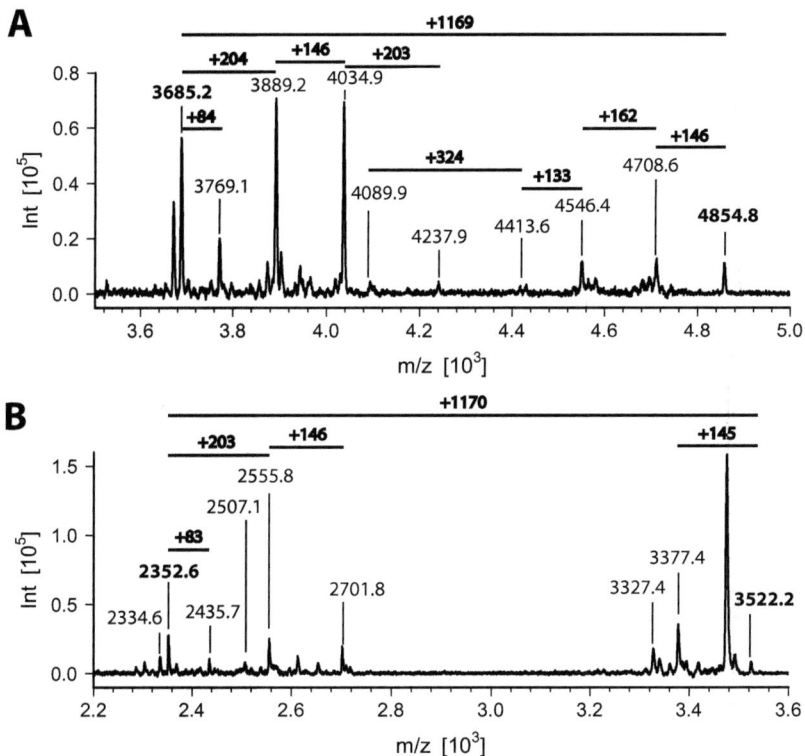

Abb. 6.27.: Die höhermolekularen Bereiche der durch MS/MS erzeugten Fragmentierungsspektren der Peptide H^{42}-K^{75} ([M+H]$^+$ = 3684,8; A) und M^{110}-K^{128} ([M+H]$^+$ = 2353,1; B) unter Angabe für Zucker spezifischer Fragmentionen (83: CHCHNHAc (Ringspaltung von GlcNAc), 132: Xyl, 146: Fuc, 162: Hex, 203: GlcNAc, 1170: Paucimannoisidischer N-Glykan Typ,)

6.6.4. Spaltstelle des Signalpeptids

Mit uniform deglykosylierten AtDIR6 bestand die Möglichkeit, den freien N-Terminus und damit die Spaltstelle des Signalpeptids durch Fragmentierung mittels MALDI-TOF-MS/MS zu identifizieren.
Die Fragmentierung in der Quelle (ISD) von deglykosyliertem AtDIR6 führte zur Bildung einer c-Serie an Ionen, deren Massedifferenzen einer Proteinsequenz von D-Q/K-Q/K-(K+P) entsprachen (Abb. 6.30). Eine dem entsprechende Sequenz (DQKKP) findet sich in der Nähe des N-Terminus von AtDIR6 ab Position 35. Da die Restmasse des kleinsten Ions mit 663,5 dem Peptid FRKTI entspricht, muss die Ionenserie den Peptiden F^{30}-I^{34} bis F^{30}-P^{39} (FRKTIDQKKP) entsprechen. F^{30} konnte damit als der N-Terminus und S^{29}/F^{30} als die Spaltstelle des Signalpeptides von AtDIR6 identifiziert werden (Abb. 6.30).
Um die Identität der Spaltstelle abzusichern, wurde das [M-H$^+$]$^-$ = 1034,9-Ion durch MS/MS-Analysen

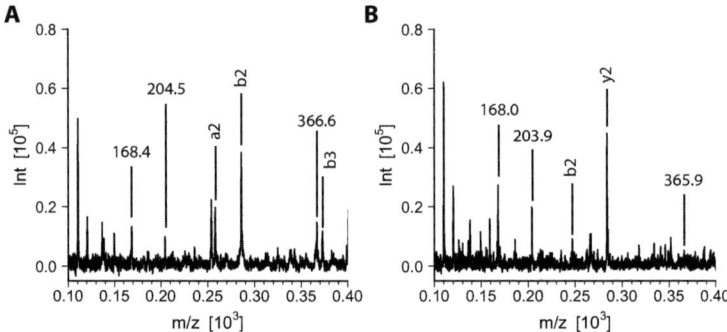

Abb. 6.28.: Nachweis von für Zucker spezifischen Oxoniumionen (GlcNAc − 2·H_2O: $m/z = 168$, GlcNAc: $m/z = 204$ und Hex-GlcNAc: $m/z = 366$) im niedermolekularen Bereich der Fragmentierungsspektren der Peptide H^{42}-K^{75} (A) und M^{110}-K^{128} (B) durch MS/MS. Zur Orientierung wurden in diesem m/z-Bereich zugeordnete Peptid-Ionen aus Abb. 6.29 gekennzeichnet.

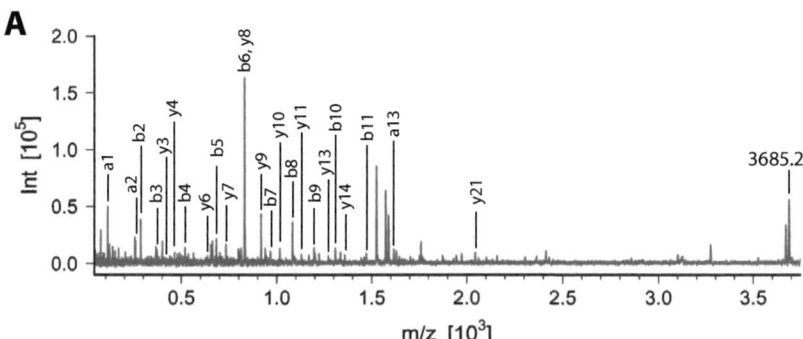

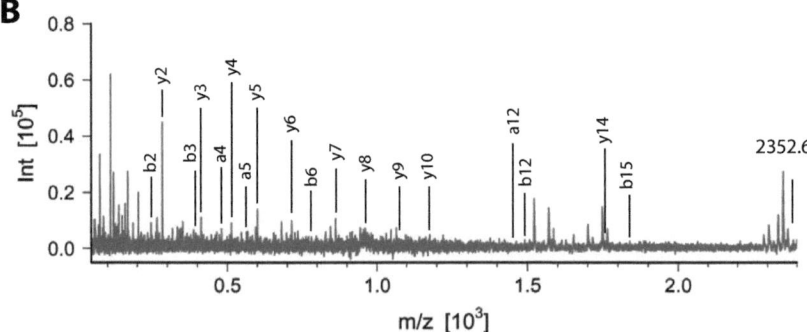

Abb. 6.29.: Fragmentierungsspektren der Peptidfraktion der Peptide H^{42}-K^{75} (A) und M^{110}-K^{128} (B) durch MS/MS.

6. Ergebnisse

Tab. 6.9.: Identifizierung des H^{42}-K^{75}-Peptids ([M+H]$^+$=3684,8 Da ohne Glykosylierung) durch MS/MS. Detektierte Ionen wurden fett hinterlegt (siehe auch Tab. 6.5).

N-Term.	AS	a	b	y	i	C-Term.	AS
1	H	**110,07**	138,07	147,11	**110,07**	34	K
2	F	**257,14**	**285,14**	294,18	**120,08**	33	F
3	S	344,17	**372,17**	**408,22**	60,04	32	N
4	F	491,24	**519,24**	**465,25**	**120,08**	31	G
5	Y	**654,30**	**682,30**	578,33	**136,08**	30	L
6	F	801,37	**829,37**	**635,35**	**120,08**	29	G
7	H	**938,43**	**966,43**	**732,40**	**110,07**	28	P
8	D	1053,46	**1081,45**	**829,46**	88,04	27	P
9	I	**1166,54**	**1194,54**	**916,49**	86,07	26	S
10	L	**1279,63**	**1307,62**	**1015,56**	86,07	25	V
11	Y	**1442,69**	**1470,68**	**1128,64**	**136.08**	24	I
12	D	1557,72	1585,71	**1199,68**	88,04	23	A
13	G	**1614,74**	1642,73	**1270,72**	30,03	22	A
14	D	1729,77	1757,76	**1357,75**	88,04	21	S
15	N	1843,81	1871,80	**1458,80**	87,06	20	T
16	V	1942,88	1970,87	1529,83	72,08	19	A
17	A	2013,91	2041,91	**1643,88**	44,05	18	N
18	N	2127,96	2155,95	1714,91	87,06	17	A
19	A	2198,99	2226,99	1813,98	44,05	16	V
20	T	2300,04	2328,04	1928,02	**74,06**	15	N
21	S	2387,07	2415,07	**2043,05**	60,04	14	D
22	A	2458,11	2486,11	2100,07	44,05	13	G
23	A	2529,15	2557,14	2215,10	44,05	12	D
24	I	2642,23	2670,23	2378,16	86,10	11	Y
25	V	2741,30	2769,29	2491,25	72,08	10	L
26	S	2828,33	2856,33	2604,33	60,04	9	I
27	P	2925,38	2953,38	2719,36	70,07	8	D
28	P	3022,44	3050,43	2856,42	70,07	7	H
29	G	3079,46	3107,45	3003,49	30,03	6	F
30	L	3192,54	3220,54	3166,55	86,10	5	Y
31	G	3249,56	3277,56	3313,62	30,03	4	F
32	N	3363,61	3391,60	3400,65	87,06	3	S
33	F	3510,68	3538,67	3547,72	**120,08**	2	F
34	K	3638,77	3666,77	**3684,78**	101,11	1	H

Tab. 6.10.: Identifizierung des M^{110}-K^{128}-Peptids ([M+H]$^+$=2353,1 Da ohne Glykosylierung) durch MS/MS. Detektierte Ionen wurden fett hinterlegt (siehe auch Tab. 6.5)

N-Term.	Ion	a	b	y	i	C-Term.	Ion
1	M	104,05	132,05	147,11	104,05	19	K
2	D	219,08	**247,08**	**284,17**	88,04	18	H
3	F	**366,15**	394,14	413,21	**120,08**	17	E
4	N	**480,19**	508,19	514,26	87,06	16	T
5	S	**567,22**	595,22	601,29	60,04	15	S
6	W	753,30	**781,30**	715,34	**159,09**	14	N
7	F	900,37	928,37	**862,41**	**120,08**	13	F
8	S	987,40	1015,40	**961,47**	60,04	12	V
9	Y	1150,47	1178,46	**1047,56**	**136,08**	11	L
10	T	1251,51	1279,51	**1175,61**	**74,06**	10	T
11	L	1364,60	1392,59	1338,67	**86,10**	9	Y
12	V	**1463,67**	**1491,67**	1425,70	72,08	8	S
13	F	1610,74	1638,73	1572,77	**120,08**	7	F
14	N	1724,78	1752,77	**1758,85**	87,06	6	W
15	S	1811,81	**1839,81**	1845,88	60,04	5	S
16	T	1912,86	1940,85	1959,92	**74,06**	4	N
17	E	2041,90	2069,90	2106,99	102,05	3	F
18	H	2178,96	2206,95	2222,02	**110,07**	2	D
19	K	2307,05	**2335,05**	2353,06	101,11	1	M

sequenziert. Die erhaltenen b-, c-, y- und i-Ionen standen in Einklang mit der Sequenz des Peptids F^{30}-K^{37} (Abb. 6.31, Tab. 6.11). Durch die massenspektrometrischen Untersuchungen konnte gezeigt werden, dass die Abspaltung des Signalpeptids – wie bioinformatisch vorhergesagt – zwischen der 29. und 30. Aminosäure erfolgte.

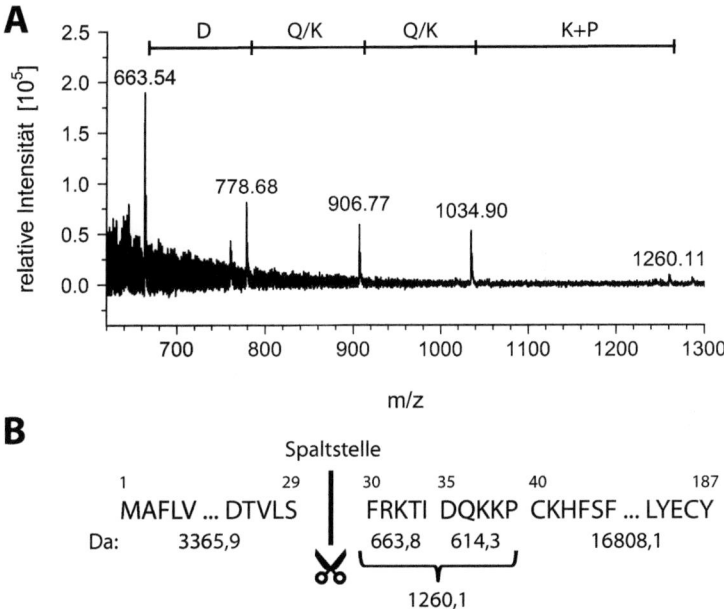

Abb. 6.30.: ISD-MALDI-TOF-Spektrum des deglykosylierten AtDIR6 lieferte eine Serie von Fragmenten des N-Terminus. Die Massen entsprachen der c-Ionen Serie der Peptide F^{30}-I^{34} (663,54) bis F^{30}-P^{39} (1260,11, A). Unter Einbezug der Sequenz von AtDIR6 ließ sich hieraus der N-Terminus des prozessierten Proteins und damit die Spaltstelle des Signalpeptids ableiten (B).

6.6.5. Sekundärstruktur

Mit CD-spektroskopischen Analysen ist es möglich Informationen über den Gehalt an Sekundärstrukturelementen eines Proteins zu erlangen. Hieraus können Aussagen über den Faltungszustand des untersuchten Proteins getroffen werden. Andererseits lassen sich Konformationsänderungen des Proteins unter bestimmten Bedingungen nachweisen.

Um einen ersten Einblick in den strukturellen Aufbau von AtDIR6 zu erhalten, wurde das CD-Spektrum des Proteins zwischen 190 und 260 nm aufgenommen (Abb. 6.32). Die nach Gl. (5.4) (Kap. 5.17.6.2) errechneten mittleren molaren Elliptizitäten θ_{MRW} der gemessenen CD-Signale wurden mit verschiedenen Kombinationen an Algorithmen und Referenzdatensätzen angepasst [208, 209]. Die vorhergesagten Anteile an Sekundärstrukturelementen von AtDIR6 bei 20 °C beliefen sich demnach

6. Ergebnisse

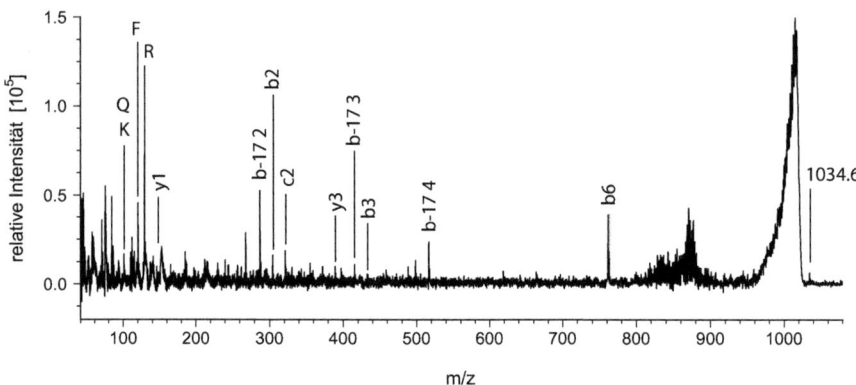

Abb. 6.31.: Fragmentierungsspektrum des F^{30}-K^{37}-Peptids durch MS/MS.

Tab. 6.11.: Sequenzabdeckung des F^{30}-K^{37} (1035,2 Da) durch Fragment-Ionen im MS/MS-Spektrums von deglykosyliertem *At*DIR6. Detektierte Ionen wurden fett hinterlegt (siehe auch Tab. 6.5).

N-Term.	AS	b	c	y	i	C-Term.	AS
1	F	**148,07**	**165,10**	**147,11**	**120,08**	8	K
2	R	**304,18**	**321,20**	275,17	**129,11**	7	Q
3	K	**432,27**	**449,30**	**390,20**	**101,11**	6	D
4	T	**533,32**	550,35	503,28	**74,06**	5	I
5	I	646,40	663,43	604,33	**86,10**	4	T
6	D	**761,43**	778,46	732,43	**88,04**	3	K
7	Q	**889,49**	906,52	**888,53**	101,07	2	R
8	K	1017,58	1034,61	**1035,60**	101,11	1	F

auf 2-10 % α-Helices, 32-51 % β-Faltblätter, 10-28 % β-Schleifen und 29-47 % ungeordnete Anteile (Tab. 6.12).

Aufschluss über die Zuverlässigkeit der erhaltenen Ergebnisse gab die normalisierte mittlere Standardabweichung (NRMSD) zwischen experimentell bestimmten und errechneten Werten. Für lösliche Proteine bedeutet ein NRMSD von $\leq 0,1$, dass eine exzellente Übereinstimmung der berechneten Struktur mit den durch Röntgenstrukturanalyse bestimmten Strukturen der Proteine des Referenzdatensatzes vorlag. Werte zwischen $0,1 < \text{NRMSD} \leq 0,2$ wiesen daraufhin, dass die aufgrund des Referenzdatensatzes ermittelten Werte an Sekundärstrukturanteilen denen des charakterisierten Proteins ähneln. Ein NRMSD von $> 0,2$ deutete daraufhin, dass die berechneten Strukturelemente nicht mit den tatsächlich vorliegenden übereinstimmten [123].

Von den zur Verfügung stehenden Algorithmen erzielte CDSSTR [29] in Kombination mit allen verwendeten Referenzdatensätzen die niedrigsten NRMSD-Werte von 0,02 (Tab. 6.12). CONTIN [155, 183] führte mit dem Referenzsatz SP175short [112] zu einem NRMSD-Wert von 0,14, der immer noch eine gute Näherung zwischen den tatsächlichen und berechneten Strukturanteilen darstellte. Alle anderen Kombinationen führten zu NRMSD-Werten $> 0,2$.

Die Kombination von CDSSTR und SP175short ergab mit 51 % den höchsten Anteil an β-Faltblattstrukturen. α-helikale Strukturen wurden nur mit 2 % (CDSSTR, SP175short) bis max. 8 % (CDSSTR, Set4) vorhergesagt. Interessanterweise führten die beiden Algorithmen CDSSTR und CONTIN in Kombination mit dem Referenzset SP175short zu sehr ähnlichen Vorhersagen bezüglich des Gehalts an β-Schleifen und ungeordneten Bereichen. Tendenziell war zu bemerken, dass ein höherer Anteil an vorhergesagten β-Faltblatt-Elementen zusammen mit einer Reduktion an α-Helices bzw. β-Schleifen zu einem kleineren NRMSD-Wert führte. AtDIR6 wies also einen hohen Anteil von β-Strukturen (55-61 %) und lediglich einen sehr geringen α-Helix-Gehalt auf. Das in Tomatenzellen exprimierte AtDIR6 besaß somit ähnliche Sekundärstrukturanteile wie für das aus Pflanzen gereinigte FiDIR1 berichtet [74] und lag daher vermutlich in nativem Zustand vor.

Für die weiteren Untersuchungen bezüglich der Abschätzung von Sekundärstrukturanteilen wurde aufgrund des geringen NRMSD-Wertes die Kombination von CDSSTR mit dem Referenzdatensatz SP175short verwendet. Um die Vorhersagen abzusichern, wurde eine zweite Apassung mit CONTIN und SP175short durchgeführt.

6.6.6. Temperaturbedingte Denaturierung

Aussagen über die Stabilität der nativen Konformation von Proteinen können durch die Berechnung der zur Denaturierung benötigten Energie getroffen werden. Hierzu wurde die Änderung des CD-Signals $\theta_{220}(T)$ von AtDIR6 bei 220 nm unter steigenden Temperaturen verfolgt.

Die stetige Erhöhung der Temperatur von 15 auf 90 °C führte zu einer Veränderung des CD-Spektrums (Abb. 6.33A). Mit steigenden Temperaturen kam es zu einer Verminderung des Signals zwischen 190 und 200 nm. Die zwischen Temperaturen von 15 bis 40 °C klar erkennbare Schulter bei 205 nm, konnte bei 50 °C nur noch schwach, bei höheren Temperaturen überhaupt nicht mehr detektiert werden. Ab 65 °C kam es zu einer sehr starken Abnahme des Signals in diesem Wellenlängenbereich. Das Minimum zwischen 210 und 230 nm zeigte bei Temperaturerhöhung ein sich änderndes Verhalten.

6. Ergebnisse

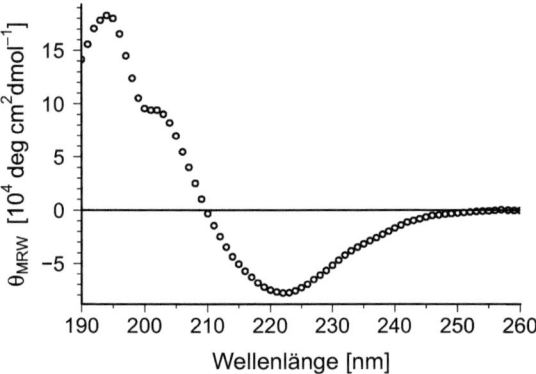

Abb. 6.32.: CD-Spektrum von 0,2 mg/ml *At*DIR6 in 0,1 M KPP (pH 6,0) bei $T_C = 20°C$.

Tab. 6.12.: Anpassung des CD-Spektrums von *At*DIR6 durch verschiedene Algorithmen (CONTIN [155, 183], SELCON3 [178, 180], CDSSTR [29, 96, 181] und K2D [5]) mit geeigneten Referenzdatensätzen([179, 181], SP175short [112]). Angegeben wurden die berechneten Anteile einzelner Sekundärstruktur-Elemente, die Summe der vorhergesagten Anteile Σ sowie die normalisierte Standardabweichung NRMSD zwischen gemessenem und berechnetem CD-Spektrum.

Algorithmus	Referenzsatz	α-Helix	β-Faltblatt	β-Schleife	Ungeordnet	Σ	NRMSD
CONTIN	Set4	0,10	0,38	0,22	0,30	1,00	0,23
	Set7	0,10	0,38	0,23	0,29	1,00	0,23
	SP175s	0,07	0,46	0,11	0,37	1,00	0,14
SELCON3	Set4	0,07	0,32	0,27	0,34	1,00	0,25
	Set7	0,06	0,32	0,28	0,34	1,00	0,23
CDSSTR	Set4	0,08	0,41	0,22	0,29	1,00	0,02
	Set7	0,05	0,42	0,24	0,29	1,00	0,02
	SP175s	0,02	0,51	0,10	0,34	0,97	0,02
K2D	-	0,02	0,50	-	0,47	0,99	0,27

Nahm die Signalamplitude bis zu einer Temperatur von 50 °C proportional zur Temperaturzunahme ab, so konnte beim Temperaturanstieg auf 60 °C eine erneute Zunahme detektiert werden. Bei der weiteren Temperaturerhöhung kam es wieder zu einer Abschwächung des CD-Signals. Im Laufe der Abnahme der Signalintensität bis 50 °C kam es auch zu einer Verschiebung des Minimums von ca. 222 nach 217 nm.

Die Hitzedenaturierung resultierte in einer Veränderung der Sekundärstrukturanteile innerhalb des Proteins, wie anhand der Dekonvolution der Einzelspektren bei verschiedenen Temperaturen mit den Algorithmen CDSSTR bzw. CONTIN nachgewiesen werden konnte (Abb. 6.33C). In den mit CDSS-TR erhaltenen Ergebnissen nahm der Gehalt an α-Helices infolge der Temperaturerhöhung bis 55 °C von 2 % auf 5 % zu und blieb im weiteren Verlauf konstant bei 4 %. Der Anteil an β-Faltblättern zeigte einen zum Gehalt an α-Helices antiproportionalen Verlauf, der anfänglich bei 54 % lag und zwischen 55 und 60 °C auf 42 % abfiel. Bei der weiteren Temperaturerhöhung auf 80 °C nahm der Gehalt an β-Faltblättern wieder bis auf 51 % zu. Die ungeordneten Strukturanteile verhielten sich genau gegensätzlich. Der Zunahme von 34 auf 41 % bei 60 °C folgte ein Abfall auf 33 % bei 80 °C. Der Anteil an β-Schleifen stieg mit der Temperatur von 10 auf 14 %.

Prinzipiell wurden diese Ergebnisse durch die mit CONTIN getroffen Vorhersagen bestätigt. Die absoluten Werte der Anteile an α-Helices bzw. β-Blatt lag mit ca. 7 % höher bzw. mit 45 % niedriger als mit CDSSTR berechnet. Der Anteil an α-Helices stieg bei etwas höheren Temperaturen und erreichte mit 9 % bei 60 °C sein Maximum. Der β-Faltblattgehalt sank von 46 % zwischen 50 und 60 °C auf ein Minimum von 40 % und änderte sich während der weiteren Erwärmung nicht. Der vorhergesagte Gehalt an β-Schleifen blieb über den gesamten Temperaturbereich mit ca. 11 % konstant. Lediglich für die ungeordneten Bereiche wichen die mit CONTIN bestimmten Anteile von den mit dem CDSSTR-Algorithmus erhaltenen Ergebnissen ab. Die ungeordneten Bereiche wurden bis 40 °C auf etwa 36 % geschätzt. Bis zu einer Temperatur von 60 °C stieg der Anteil auf 41 % und blieb dann konstant. Für alle berechneten Sekundärstrukturanteile mit CDSSTR wurde ein NRMSD-Wert $\leq 0,1$, für die Berechnungen mit CONTIN $\leq 0,2$ erhalten. Daher kann davon ausgegangen werden, dass die vorliegenden Vorhersagen in einem realistischen Bereich liegen.

Die Betrachtung des CD-Signals bei 220 nm während der kontinuierlichen Erhöhung der Temperatur mit 1 °C/min von 20 auf 90 °C zeigte nicht den erwarteten einfachen sigmoiden Verlauf einer Denaturierungskurve (Abb. 6.33B), sondern bestätigte die Anomalie der in Abb. 6.33A gezeigten Denaturierung. Das CD-Signal $\theta_{220}(T)$ wurde bis zu einer Temperatur von 50 °C weniger negativ. Der weitere Temperaturanstieg auf 60 °C führte jedoch wieder zu einem Abfall des CD-Signals auf annähernd den Ausgangswert. Während der Erhitzung auf 90 °C nahm das Signal deutlich zu.

Der Vergleich zwischen dem temperaturabhängigen CD-Signal $\theta_{220}(T)$ und den vorhergesagten Sekundärstrukturanteilen zeigte, dass der erste Anstieg der Denaturierungskurve mit einer Zunahme an α-Helix-Gehalt und die Zunahme von $\theta_{220}(T)$ zwischen 50 und 60 °C mit einer Abnahme an β-Faltblatt-Strukturen und einer Zunahme ungeordneter Bereiche korreliert. Daher kann angenommen werden, dass AtDIR6 in Abhängigkeit von der Temperatur mehrere Konformationszustände einnehmen konnte. Die Betrachtung von CD-Spektren die bei RT, bei 62 °C und nach der erneuten Abkühlung auf RT aufgenommen wurden, zeigte jedoch die Irreversibilität der Konformationsänderung des

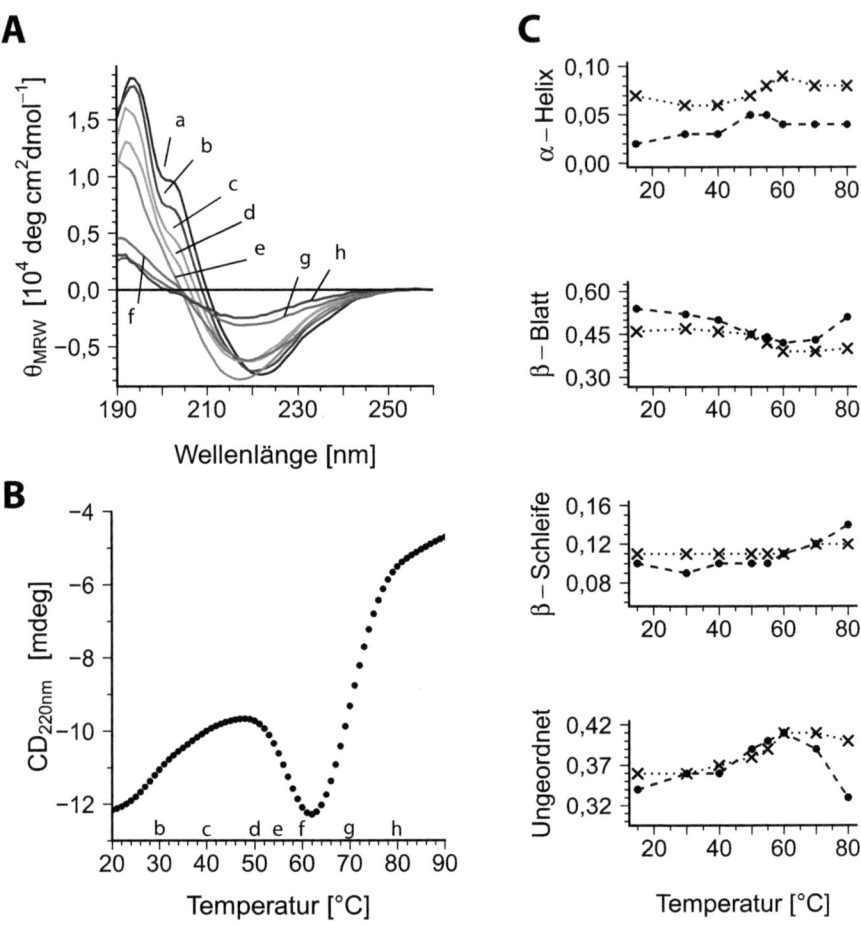

Abb. 6.33.: CD-Spektren von *At*DIR6 bei verschiedenen Temperaturen (A, die verschiedenen Temperaturen von 15 °C (a) bis 80 °C sind mit Kleinbuchstaben gekennzeichnet und können der Grafik B entnommen werden), der Verlauf der Schmelzkurve von 15 auf 90 °C (B) sowie die bei steigenden Temperaturen mit CDSSTR/SP175short (C, - - -) bzw. CONTIN/SP175short (····) errechneten Anteile an Sekundärstruktur-Elementen.

6. Ergebnisse

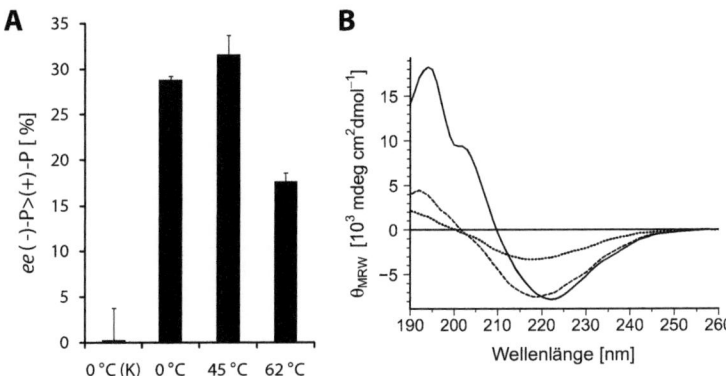

Abb. 6.34.: Aktivität von *At*DIR6 bei unterschiedlichen Temperaturen gemessen am detektierten *ee* von (−)-Pinoresinol (A). Eine Reversibilität der Konformationsänderung von RT (durchgängig) auf 62 °C (gestrichelt) und der anschließenden Abkühlung auf RT (gepunktet) konnte mit CD-spektroskopischen Methoden nicht gezeigt werden (B).

Proteins in diesem Temperaturbereich (Abb. 6.34B).
Um den Einfluss der Temperatur auf die Aktivität von *At*DIR6 zu untersuchen, wurde das Protein für zwei Minuten auf 45 bzw. 62 °C erhitzt und wieder abgekühlt, um dann den Einfluss auf die Kupplung von Koniferylalkohol unter Standardbedingungen zu untersuchen. Das unerhitzte Protein ergab einen *ee*-Wert von 28,7 ± 0,5 % (−)-Pinoresinol, während die Abwesenheit des DPs zur Bildung von racemischem Pinoresinol (0,3 ± 3,5 % *ee*) führte (Abb. 6.34A). Das Erhitzen auf 45 °C führte zu einer leichten Steigerung der *At*DIR6-Aktivität (31,7 ± 2,2 % *ee*). Eine weitere Temperaturerhöhung auf 62 °C hatte eine Verminderung der Aktivität von *At*DIR6 zur Folge (17,6 ± 1,0 % *ee*). Der irreversible Aktivitätsverlust nach einer Erhitzung auf 62 °C steht im Einklang mit der durch CD-Spektroskopie beobachteten irreversiblen Strukturänderung.
Trotz der Irreversibilität der Konformationsänderung wurden die Schmelzpunkte, der in Abb. 6.33B aufgenommenen Schmelzkurve $\theta_{220}(T)$, in den drei Temperaturbereichen ① (15-48 °C), ② (48-62 °C) und ③ (62-82 °C) bestimmt. Mit Hilfe von Gl. (5.5) (Kap. 5.17.6.3) wurden die drei Kurvenbereiche normalisiert. Die Anpassungen der Parameter T_m bzw. ΔS der Funktion $f(T)$ (Gl. (5.7), Kap. 5.17.6.3) wiesen in allen drei Fällen ein sehr hohes Signifikanzniveau ($\alpha < 0,001$) auf. Die errechneten Schmelzpunkte T_{m1-3} betrugen für $T_{m1} = 31,4$°C, $T_{m2} = 56,1$°C und $T_{m3} = 71,1$°C. Für die Entropien ΔS_{1-3} ergaben sich Werte von $\Delta S_1 = 618,5 \frac{J}{mol \cdot K}$, $\Delta S_2 = -1544,6 \frac{J}{mol \cdot K}$ und $\Delta S_3 = 1024,9 \frac{J}{mol \cdot K}$. Für die Enthalpien ΔH_{1-3} ergaben sich mit Gl. (5.8) (Kap. 5.17.6.3) Werte von $\Delta H_1 = 188,3 \frac{kJ}{mol}$, $\Delta H_2 = -508,5 \frac{kJ}{mol}$ und $\Delta H_3 = 352,8 \frac{kJ}{mol}$.
Der Verlauf der Denaturierungskurve sowie die Betrachtung der temperaturabhängigen Anteile an Sekundärstrukturelementen von *At*DIR6 legen nahe, dass das Protein bei Temperaturen von > 45 °C in eine zweite Konformation übergeht, die eine verminderte Aktivität aufweist. Eventuell handelt es sich hierbei um eine thermodynamisch begünstige Faltung, die aber nicht der nativen entspricht.

6. Ergebnisse

Tab. 6.13.: T_m-, ΔS- und ΔH-Werte der Temperaturbereiche ①, ② und ③

Kurve	$T_m[°C]$	$\Delta S[\frac{J}{mol \cdot K}]$	$\Delta H[\frac{kJ}{mol}]$
①	31,4	618,5	188,3
②	56,1	-1544,6	-508,5
③	71,1	1024,9	352,8

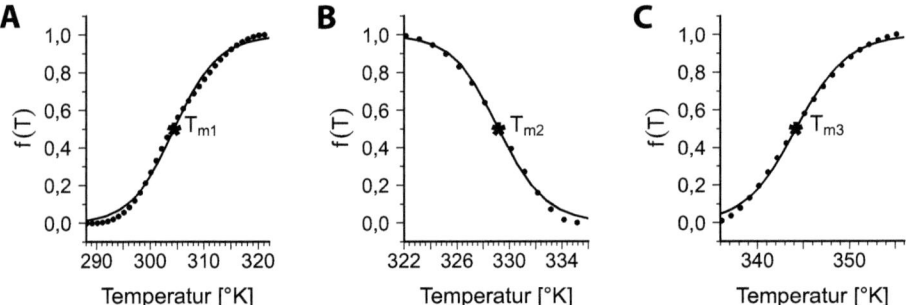

Abb. 6.35.: Anpassung der Schmelzkurven (θ_{220}-Werte, Punkte) an Gl. (5.7) (Kap. 5.17.6.3) in den drei Temperaturbereichen ① (A, 288-322 °K), ② (B, 322-335 °K) und ③ (C, 335-355 °K) unter Angabe der Schmelzpunkte $T_{m,1-3}$ (*) mit $T_{m1} = 304,6$ °K, $T_{m2} = 329,3$ °K und $T_{m3} = 344,3$ °K.

6. Ergebnisse

6.7. Vergleich von *At*DIR6 mit *At*AOC2 und *Rn*OBP1

Proteine werden aufgrund von Homologiekriterien zu Familien gruppiert. DPs wurden bisher keiner bekannten Proteinfamilie zugeordnet. Davin et al. behaupteten, dass DPs keine Homologien zu einer der bekannten Proteinfamilien aufweisen [41], was aber aufgrund gemeinsamer Eigenschaften von DPs hinterfragt werden muss.

Dirigentproteine sind Proteine, die eine chemische Reaktion zwar beeinflussen, aber nicht beschleunigen können. Sie besitzen keine eigenständige katalytische Aktivität und sind somit keine Enzyme im eigentlichen Sinn. In dieser Hinsicht ähneln DPs den Lipocalinen. Lipocaline stellen eine sehr heterogene Proteinfamile dar, deren Vertreter nur geringe Sequenzähnlichkeiten untereinander aufweisen [60]. Es handelt sich um meist kleine (160-180 Aminosäuren), lösliche Proteine, die sich durch die Fähigkeit der Bindung hydrophober Liganden auszeichnen. Sie sind unter anderem an Signalrezeptorinteraktionen oder Transportprozessen beteiligt. Einige wenige Lipocaline weisen enzymatische Aktivität auf [197, 220].

Im Folgenden wurde untersucht, ob sich diese mechanistischen Parallelen in strukturellen Gemeinsamkeiten von DPs und Lipocalinen widerspiegeln. Der Vergleich von *At*DIR6 mit *At*AOC2 und *Rn*OBP1 sollte Aussagen über die Zugehörigkeit der DPs zu den Lipocalinen bzw. lipocalinähnlichen Proteinen ermöglichen. *Rn*OBP1 ist vermutlich an Transportprozessen von Geruchsstoffen durch die nasale Schleimhaut der Ratte beteiligt und wird den Lipocalinen zugeordnet [148]. Ein lipocalinähnliches Protein in *A. thaliana* ist die *At*AOC2. AOCs vermitteln die Bildung von 12-Oxo-Phytodiensäure (OPDA) aus dem instabilen Epoxid der 12,13-Epoxy- 9,11,15-Octadecatriensäure. Dieses zerfällt in Abwesenheit von AOC spontan zu α- bzw. γ-Ketonen und zu racemischer OPDA [17]. In Gegenwart von AOC wird dagegen spezifisch das *cis*-(+)-Enantiomer von OPDA gebildet [76]. AOCs haben also in Bezug auf die OPDA-Bildung eine dirigierende Aktivität und weisen somit gewisse Analogien zu DPs auf. *Rn*OBP1 und *At*AOC2 wurden molekular und strukturell gut charakterisiert [89, 207].

6.7.1. Bioinformatische Daten

Die ORFs von *At*DIR6, *At*AOC2 und *Rn*OBP1 kodieren für relativ kleine Proteine mit einer – im prozessierten Zustand – Größe von ca. 20 kDa (Tab. 6.14). Der bioinformatischen Vorhersage der zellulären Lokalisation nach handelt es sich um extrazelluläre bzw. im Fall der *At*AOC2 um ein chloroplastisches Protein. Die errechneten isoelektrischen Punkte von *At*AOC2 und *Rn*OBP1 liegen zwischen pH 5 bis 6. *At*DIR6 weist davon abweichend einen im Alkalischen liegenden isoelektrischen Punkt (pH 8,5) auf. Dies unterscheidet das DP von den beiden Vergleichsproteinen.

Der Vergleich der Aminosäuresequenzen der drei Proteine, ohne die Berücksichtigung von Sequenzbereichen die für Signal- bzw. Transitpeptide codieren, zeigte nur eine geringe Identität bezüglich der Primärstruktur (Abb. 6.36). Die Identität zwischen *At*DIR6 und *At*AOC2 belief sich auf 10 % der Aminosäurereste, die zwischen *At*DIR6 und *Rn*OBP1 auf 5 %. *At*AOC2 und *Rn*OBP1 wiesen 9 % Identität in den verglichenen Sequenzbereichen auf. Ähnliche Aminosäuren beliefen sich auf 22-26 %. Somit ist nur ein sehr geringer Anteil an Aminosäuren zwischen den drei betrachteten Proteinen konserviert.

6. Ergebnisse

Tab. 6.14.: Bioinformatische Daten der prozessierten Proteine *At*DIR6, *At*AOC2 und *Rn*OBP1. Angegeben werden das Molekulargewicht (MW), die Aminosäureanzahl (*n*), der isoelektrische Punkt (*pI*) sowie die Vorhersage der subzellulären Lokalisation mit TargetP 1.1 [51] (SP: Sekretorischer Pfad, Chl: Chloroplast, Wahrscheinlichkeit in Klammern).

Protein	MW [kDa]	n	pI	Lokalisation
*At*DIR6	18,1	158	8,5	SP (0,995)
*At*AOC2	19,4	176	5,4	Chl (0,948)
*Rn*OBP1	19,7	172	5,2	SP (0,925)

```
AtAOC2    PSKVQELSVYEINELDRHSPKILKNAFSLMFGLGDL
AtDIR6    ........FRKTIDQKKPCKHFSFYFHDILYDGDN
RnOBP1    ..........HHENLDISPSEVNGDWRTLYIVADN

AtAOC2    VPFTNKLYTGDLKKRVGITAGLCVVIEHVPEKKGER
AtDIR6    VANATSAAIVSPPGLGNFKFGKFVIFDGPITMDKNY
RnOBP1    VEKVAEGGSLRAYFQHMECGDECQELKIIFNVKLDS

AtAOC2    FEATYSFYFGDYGHLSVQGPYLTYEDSFLAITGGAG
AtDIR6    LSKPVARAQGFY.FYDMKMDFNSWFSYTLVFN...ST
RnOBP1    ECQTHTVVGQKHEDGRYTTDYSGRNYFHVLKKTDDI

AtAOC2    IFEGAYGQVKLQQLVYPTKLFYTFYLKGLANDLPLE
AtDIR6    EHKGTLNIMGADLMMEPTR...DLSVVGGTGDFFMA
RnOBP1    IFFHNVNVDESGRRQ.......CDLVAGKREDLNKA

AtAOC2    LT.GTPVPPSKDIEPAPEAKALEPSGVISNYTN   176
AtDIR6    R..GIATFVTDLFQGAKYFRVKMDIKLYECY...  158
RnOBP1    QKQELRKLAEEYNIPNENTQHLVPTDTCNQ...   156
```

Abb. 6.36.: Alignment der Aminosäuresequenzen von *At*AOC2, *At*DIR6 und *Rn*OBP1 ohne vorhergesagte Signal- bzw. Transitpeptide mit BLAST P2.2. In allen drei Proteinen konservierte Aminosäuren wurden mit schwarzem Hintergrund markiert. In mindestens zwei Sequenzen identische Aminosäuren wurden in weißer Schrift auf dunkelgrauem Hintergrund, ähnliche Aminosäuren mit schwarzer Schrift und hellgrauem Hintergrund dargestellt.

6.7.2. Expression und Aufreingung von AtAOC2 und RnOBP1

Um AtAOC2 und RnOBP1 experimentell charakterisieren zu können, sollten sie aus *E. coli*-Stämmen, die die beiden Proteine mit N-terminaler His$_6$-Markierung überexprimierten, gereinigt werden. Dem ORF von AtAOC2 fehlten die N-terminalen 77 Aminosäuren (das plastidäre Transitpeptid). Die Stämme wurden von den in Kap. 5.2.1.1 aufgeführten Arbeitsgruppen zur Verfügung gestellt.
Die Expression von AtAOC2 und RnOBP1 wurde analog zur Expression von His$_6$-AtDIR6 (Kap. 6.2.1) bei 30 °C durch Zugabe von 1 mM IPTG beim Erreichen einer OD$_{595}$ von 0,6 induziert. Aliquote von Gesamtzellextrakten unmittelbar zu Beginn und am Ende der Induktionszeit wurden mittels SDS-PAGE und anschließender Coomassie-Färbung bzw. Immundetektion mit dem α-His$_6$-Antikörper untersucht (Abb. 6.37A). AtAOC2 war zu Beginn der Induktion nicht nachweisbar, wurde aber im Verlauf von 4 h so stark induziert, dass es als ca. 22 kDa-Bande durch Coomassie-Färbung nachgewiesen werden konnte. Der Nachweis von AtAOC2 durch Immundetektion bestätigte die Expression eines ca. 22 kDa großen Proteins mit His$_6$-Markierung. In RnOBP1 exprimierenden *E. coli*-Zellen wurde ein His$_6$-tragendes Protein von ca. 24 kDa Größe bereits zum Induktionszeitpunkt durch den Antikörper erkannt. Nach vierstündiger Induktion wurde die Intensität dieser Bande stärker. Das Protein erreichte den Expressionsspiegel von AtAOC2 nicht (Abb. 6.37A).
Die erfolgreiche Aufreinigung der beiden Proteine durch Nickelaffinitätschromatographie und anschließender Gelfiltration wurde durch SDS-PAGE und Coomassie-Färbung überprüft (Abb. 6.37B). In 2 μg aufgereinigtem RnOBP1 bzw. AtAOC2 konnten lediglich die jeweiligen Proteinbanden nachgewiesen werden. Die im SDS-PAGE-Gel erscheinenden Molekulargewichte der beiden heterolog exprimierten Proteine wichen beträchtlich von den theoretisch errechneten ab. Diese Abweichungen wurden allerdings auch in der Literatur beschrieben [89, 120].

6.7.3. Vergleich der Quartärstruktur

Die Untersuchung der Quartärstruktur von nativem RnOBP1 und AtAOC2 erfolgte – wie für AtDIR6 (Kap. 6.6.1) – durch Größenabschätzung mittels Gelfiltration sowie chemische Quervernetzung durch EDC.
Die hierbei erhaltenen Ergebnisse standen im Widerspruch zueinander. Die durch Ni^{2+}-Affinitätschromatographie aufgereinigten Proteine RnOBP1 bzw. AtAOC2 zeigten während der Gelfiltration ein Retentionsverhalten, wie für die Monomere zu erwarten war. Die ermittelten K_{av}-Werte mit 0,511 bzw. 0,535 resultierten nach Gl. (5.3) (Kap. 5.17.1) in molekularen Massen von 27,7 bzw. 23,2 kDa und waren etwas größer als die durch SDS-PAGE abgeschätzten. Diese Diskrepanz kann ihre Ursache in den bereits erwähnten Gründen haben (Kap. 6.6.1).
Dagegen konnte durch chemische Quervernetzung zumindest für AtAOC2 eine mögliche Interaktion mehrerer Untereinheiten nachgewiesen werden (Abb. 6.38B). Während nach 0 min Inkubation in Gegenwart von 8 mM EDC nur das ca. 22 kDa große Monomer nachzuweisen war, konnten bei einer Inkubationszeit von 5 min eine ca. 44 kDa große Dimerbande detektiert werden, deren Intensität mit einer Verlängerung der Inkubation zunahm. Ab 10 min Inkubation erschien ein zweites chemisch verknüpftes Protein-Signal. Der Abschätzung der molekularen Masse nach (<80 kDa), handelt es sich

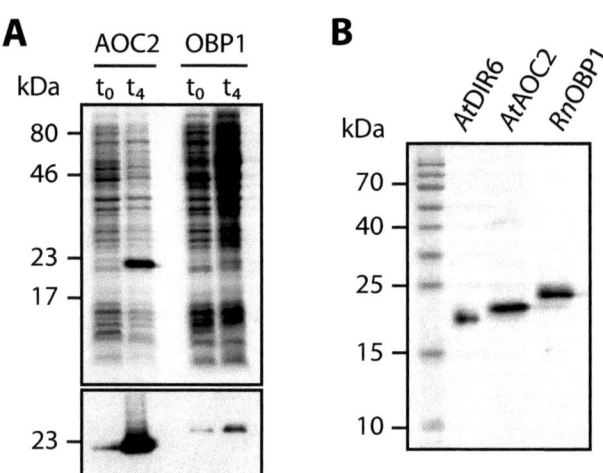

Abb. 6.37.: SDS-PAGE-Analyse von Extrakten der *At*AOC2- bzw. *Rn*OBP1-exprimierenden *E. coli*-Zellen zu Beginn (t_0) und am Ende der Induktion (t_4), die mit Coomassie Brilliant Blau (A oben) bzw. Western Blot und Immundetektion mit α-His$_6$ (A unten) visualisiert wurden (Auftrennung von Proteinen aus 200 μl Kultur mit OD$_{595}$ = 1, für Western Blot von *At*AOC2 40 μl Kulturaliquot). Überprüfung der Reinheit von *At*DIR6, *At*AOC2 bzw. *Rn*OBP1 anhand der SDS-PAGE und Coomassie-Färbung von 2 μg Protein der aufgereingten Fraktionen (B).

6. Ergebnisse

dabei um das Trimer von AtAOC2.
Im Falle von RnOBP1 resultierte die chemische Verknüpfung in einer Dimerisierung des Proteins. Bereits das augenblickliche Abstoppen des Reaktionsansatzes führte zum Nachweis zweier schwacher Signale von ca. 46-48 kDa Größe. Im Verlauf der Inkubation wurde das höhermolekulare Signal stärker. Das Auftreten von zwei Dimeren unterschiedlicher Größe könnte auf verschiedene Verknüpfungsweisen der Monomere zurückzuführen sein, die den entstehenden Produkten unterschiedliches Laufverhalten in der SDS-PAGE verliehen.

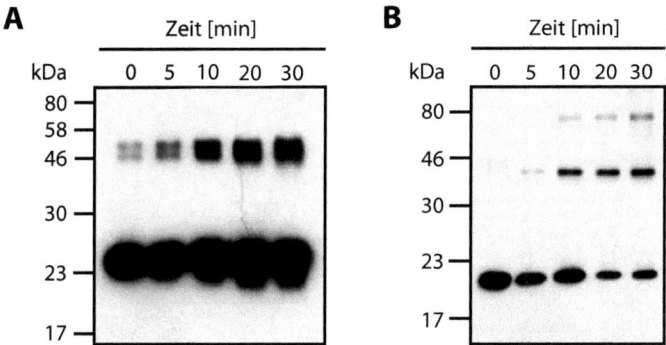

Abb. 6.38.: Quervernetzung von RnOBP1 (A) und AtAOC2 (B). 1 μg Protein wurde in 1 ml mit 8 mM EDC für 0-30 min quervernetzt. Für die Detektion möglicher Vernetzungsprodukte wurden ca. 0,2 μg Protein mit SDS-PAGE aufgetrennt und durch Western Blot und Immundetektion mit dem α-His_6-Antikörper visualisiert.

6.7.4. Vergleich der Sekundärstrukturzusammensetzung

Der Vergleich der Sekundärstrukturgehalte von AtDIR6, AtAOC2 und RnOBP1 erfolgte wie bereits für AtDIR6 (Kap. beschrieben durch Dekonvolution der jeweiligen CD-Spektren mit CDSSTR und CONTIN 6.6.5).
Die CD-Spektren der drei Proteine unterschieden sich stark (Abb. 6.39). Verglichen mit dem Spektrum von AtDIR6 wiesen AtAOC2 und RnOBP1 deutlich schwächere Signalintensitäten im gemessenen Bereich auf. Das Spektrum von AtAOC2 besaß ein Maximum bei 202 nm und schwächer ausgeprägte negative Signale zwischen 211 und 445 nm mit einem Minimum bei 230 nm. Ein Maximum bei 195 nm und ein vergleichsweise ausgeprägtes Minimum bei 220 nm zeichneten das CD-Spektrum von RnOBP1 aus. Das Signal kehrte bei 201 nm seine Polarität um. Ein weiteres lokales Minimum zwischen 205 und 210 nm war erkennbar.
Das Fehlen α-helikaler Charakteristika (zwei Minima im Bereich von 210 nm und große positive bzw. negative Signalamplituden) in den CD-Spektren der analysierten Proteine ließ vermuten, dass die Sekundärstrukturen der untersuchten Proteine vor allem aus β-Strukturen bestanden.
Nach den Berechnungen von CDSSTR wies AtDIR6 mit 50 % den höchsten Anteil an β-Faltblatt-

Tab. 6.15.: Für *At*DIR6, *At*AOC2 und *Rn*OBP1 vorhergesagte Anteile an Sekundärstrukturelementen (CDSSTR bzw. CONTIN mit Referenzdatensatz SP175short), Summe der berechneten Sekundärstrukturanteile (Σ) sowie normalisierte Standardabweichung NRMSD mit Dichroweb [208, 209].

Algorithmus	Protein	α-Helix	β-Faltblatt	β-Schleife	Ungeordnet	Σ	NRMSD
CDSSTR	*At*DIR6	0,02	0,50	0,10	0,36	0,98	0,020
	*At*AOC2	0,03	0,43	0,13	0,41	0,99	0,073
	*Rn*OBP1	0,06	0,39	0,12	0,41	0,98	0,055
CONTIN	*At*DIR6	0,07	0,46	0,11	0,37	1,01	0,142
	*At*AOC2	0,08	0,38	0,13	0,41	1,00	0,185
	*Rn*OBP1	0,13	0,36	0,12	0,39	1,00	0,114

strukturen auf, während der Gehalt der beiden anderen Proteine mit 43 % (*At*AOC2) bzw. 39 % (*Rn*OBP1) etwas geringer war (Tab. 6.15). Der Anteil ungeordneter Bereiche dieser beiden Proteine wies mit jeweils 41 % einen höheren Prozentsatz auf, als für *At*DIR6 (36 %) vorhergesagt wurde. Der Gehalt an β-Schleifen war bei *Rn*OBP1 und *At*AOC2 mit 12 bzw. 13 % leicht höher als in *At*DIR6 (10 %). Übereinstimmend zwischen *At*DIR6 und *At*AOC2 ist der mit 2 bzw. 3 % errechnete sehr geringe Anteil an α-Helices, deren Gehalt in *Rn*OBP1 mit 6 % den zwei- bis dreifachen Wert erzielte. Der Wert der Summe errechneter Sekundärstruktur-Anteile (Σ ca. 1) und die sehr niedrigen NRMSD-Werte ($< 0,1$) deuteten darauf hin, dass es sich bei den Vorhersagen um sehr gute Näherungen handelte.

CONTIN errechnete für alle drei Proteine eine ähnliche Zusammensetzung wie CDSSTR bei etwas größeren NRMSD-Werten ($< 0,2$). Der Anteil α-helikaler Elemente wurde tendenziell gleich, aber auf höheren Niveau eingeschätzt. während β-Elemente dem von CDSSTR vorhergesagtem Trend folgten, aber mit niedrigeren Prozentsätzen eingeschätzt wurden. Die berechneten Prozentsätze an β-Schleifen und ungeordneten Bereichen unterschieden sich nicht maßgeblich von der mit CDSSTR getroffenen Vorhersage.

Die untersuchten Proteine wiesen damit eine prinzipiell sehr ähnliche Zusammensetzung an berechneten Sekundärstrukturanteilen auf. Ein hoher Anteil an β-Faltblattstrukturen und ein minimaler Prozentsatz α-helikaler Bereiche waren charakteristisch für alle drei Proteine.

6. Ergebnisse

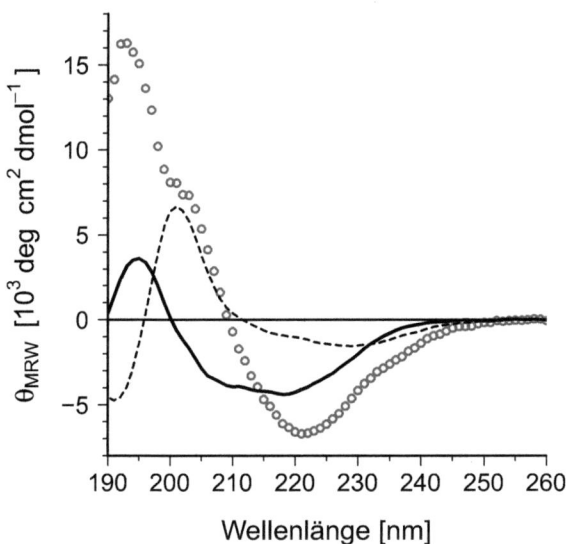

Abb. 6.39.: Durch CD-Spektroskopie ermittelte mittlere molare Elliptizitäten (θ_{MRW}) im Wellenlängenbereich von 190-260 nm von *At*DIR6 (punktiert), *At*AOC2 (gestrichelt), *Rn*OBP1 (durchgängig), aufgenommen mit einer Proteinkonzentration von ca. 0,2 mg/ml in 0,1 M KPP (pH 6,0).

6.7.5. Effekt von *Rn*OBP1 und *At*AOC2 auf die Kupplung von Koniferylalkohol

Die dirigierte Bildung von (–)-Pinoresinol in Gegenwart von *At*DIR6 im Gegensatz zur zufälligen Kupplung freier Koniferylalkoholradikale, beruht auf der chiralen Umgebung, die durch das DP gegeben ist. Daher stellte sich die Frage, ob der dirigierende Effekt, den die DPs *At*DIR6 und *Fi*DIR1 auf die radikalische Umsetzung von Koniferylalkohol besaßen, auch durch andere Proteine hervorgerufen werden kann. Es wurde getestet, ob *Rn*OBP1 bzw. *At*AOC2 als chirale Moleküle in der Lage sind, Koniferylalkoholradikale zu binden und selbst als DPs wirken können.

Hierzu wurde die Kupplung von 3,36 mM Koniferylalkohol in Gegenwart von 0,14 μM Laccase und 6,1 μM *Rn*OBP1 (MW 19,7 kDa, bezogen auf das Dimer (MW 39,4 kDa: 3,1 μM) bzw. 4,1 μM *At*AOC2 (MW 19,4 kDa, bezogen auf das Trimer (MW 58,2 kDa): 1,4 μM) durchgeführt. In den RP18-HPLC-Analysen konnten keine Unterschiede bezüglich des entstanden Produktspektrums festgestellt werden. Das entstandene Pinoresinol wurde mittels chiraler HPLC auf seine Enantiomerenzusammensetzung untersucht. Im Falle der Umsetzung mit Laccase ergab sich ein *ee* von $1,0 \pm 2,1$ % für (–)-Pinoresinol. Die Gegenwart von *Rn*OBP1 oder *At*AOC2 hatte keinen Einfluss und resultierte ebenfalls in der Bildung von racemischem Pinoresinol ($2,1 \pm 3,3$ bzw. $2,6 \pm 1,4$ % *ee* für (+)-Pinoresinol, Abb. 6.40).

Die Entstehung von enantiomerenreinem (–)- oder (+)-Pinoresinol erforderte die Anwesenheit expliziter DPs, wie *At*DIR6 und *Fi*DIR1. Die Gegenwart chiraler Reagenzien, wie des Lipocalins *Rn*OBP1 oder des Lipocalin-ähnlichen *At*AOC2, reichte nicht aus um die zufällige Kupplung in Richtung eines Pinoresinolenantiomers zu lenken.

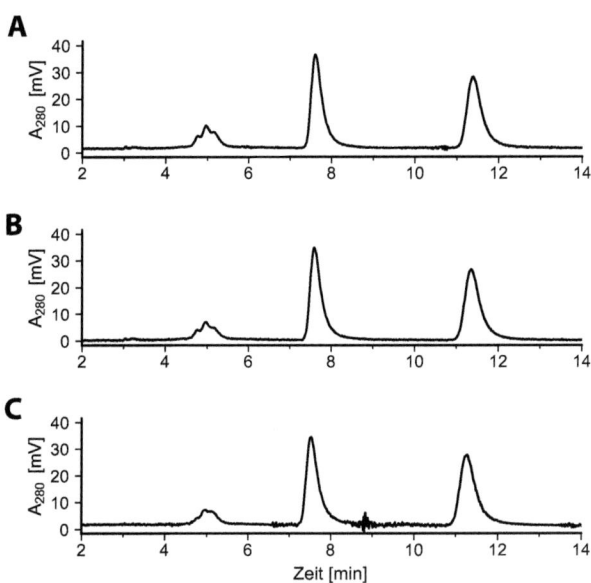

Abb. 6.40.: Chirale HPLC-Analyse des Pinoresinol, dass durch Kupplung von Koniferylalkohol in Gegenwart von Laccase (A), Laccase und *Rn*OBP1 (B) bzw. Laccase und *At*AOC2 erzeugt wurde.

7. Diskussion

2007 waren die Aminosäuresequenzen von etwa 150 verschiedenen DPs bekannt [159]. Aufgrund von Gemeinsamkeiten in der Primärstruktur wurden die DPs in 6 verschiedene Unterfamilien gruppiert (Abb. 7.1A). Die Sequenzidentitäten zwischen Vertretern unterschiedlicher Unterfamilien sind gering. Die Sequenz der DPs enthält aber als gemeinsames Kriterium fünf kurze Sequenzmotive, die in allen fünf Unterfamilien zu finden sind und als DP-spezifische Motive bezeichnet werden (Abb. 7.2) [158].

Die hier durch Sequenzvergleich als nächste Verwandte zu FiDIR1 und TpDIR7 identifizierten Proteine in A. thaliana (AtDIR5, AtDIR6, AtDIR12, AtDIR13 und AtDIR14) wurden bereits als DPs klassifiziert. Sie sind wie die bereits funktionell charakterisierten DPs (FiDIR1 und TpDIR1-9) Vertreter der Unterfamilie DIR-a, innerhalb derer eine im Vergleich zu anderen DIR-Unterfamilien hohe Sequenzidentität herrscht.

Vertreter der anderen Unterfamilien (DIR-b/d, -c, -e, -f ,-g) werden als DP-ähnliche Proteine bezeichnet, da ihre molekulare Funktion bisher nicht gezeigt wurde [158]. DIR-f umfasst nur DPs aus der Fichte und ist vermutlich nach der evolutiven Trennung von Angio- und Gymnospermen entstanden [159]. In DIR-b/d finden sich – wie auch in DIR-a – Proteine aus Angio- und Gymnospermen, die sich bezüglich der Sequenzidentitäten am meisten unterscheiden (10-99 % Identität) [158]. DIR-g beinhaltet nur Vertreter aus Oryza sativa und scheint eine Weiterentwicklung von DIR-b/d verwandten Proteinen in Monokotyledonen zu sein. Die Unterfamilien DIR-c und -e zeichnen sich vor allem durch die Existenz einer weiteren Proteindomäne aus. Proteine aus DIR-c besitzen eine C-terminale lektintypische Domäne. DIR-e umfasst dagegen Proteine, die eine N-terminale, ca. 150 Aminosäuren lange Domäne aufweisen.

Der Sequenzvergleich funktionell charakterisierter DPs aus Arabidopsis, Forsythia und Thuja zeigt, dass alle fünf DP-spezifischen Motive konserviert sind (Abb. 7.2). Insgesamt kann bemerkt werden, dass konservierte Aminosäurebereiche in Richtung des C-Terminus zunehmen. Die DP-spezifischen Motive I - V gehen innerhalb der Unterfamilie DIR-a deutlich über deren in der Literatur angegebenen Grenzen [158] hinaus.

7.1. Heterologe Expression von AtDIR6

Die Expression von AtDIR6 in E. coli bzw. S. peruvianum führte zu unterschiedlichen Ergebnissen. Während das His$_6$-markierte Protein ohne das N-terminale Signalpeptid in E. coli in Form unlöslicher Einschlusskörper akkumulierte, führte die Expression in Tomatensuspensionszellen zur Erzeugung von löslichem AtDIR6. Ein weiterer Unterschied zwischen pro- und eukaryotischer Bildung

7. Diskussion

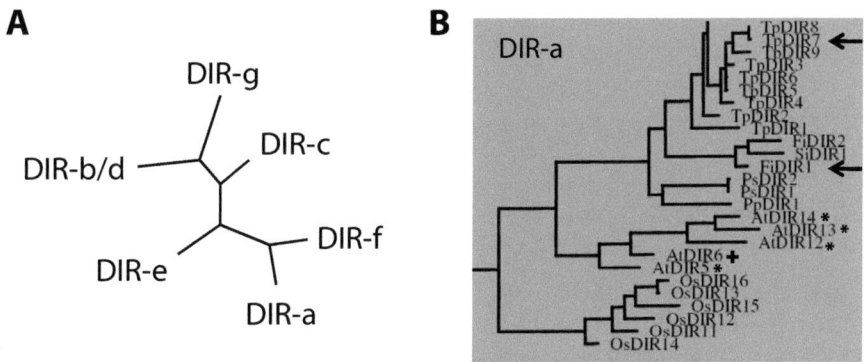

Abb. 7.1.: Phylogenetische Übersicht der DPs und DP-ähnlicher Proteine (schematisiert nach [159], A) und Detailansicht der Unterfamilie DIR-a (aus [159], B). Gekennzeichnet sind die fünf *Arabidopsis*-Proteine (*) mit der größten Ähnlichkeit zu den in der BLAST-Suche verwendeten Vergleichsproteinen (←) und das heterolog exprimierte *At*DIR6 (+).

von *At*DIR6 waren die molekularen Massen der erhaltenen Proteine. Der Bildung einer der theoretischen Erwartung entsprechenden ca. 18 kDa großen Proteinform in *E. coli* stand die Akkumulation fünf verschiedener Isoformen mit molekularen Massen zwischen 20,4 und 22,4 kDa in Tomatenzellen gegenüber. Rekombinant in Tomatenzellen gebildetes *Fi*DIR1 wurde in löslicher Form mit einer molekularen Masse von ca. 33 kDa erhalten. Die Identität der eukaryotisch exprimierten Proteine konnte durch die spezifische Detektion mit dem gegen His_6-*At*DIR6 gerichteten, polyklonalen Antiserum und durch Analyse tryptischer Peptidmuster bestätigt werden.

Ähnlich wie hier für *At*DIR6 beobachtet, resultierte auch die heterologe Expression von *Fi*DIR1 in Insektenzellen in der Bildung mehrerer Proteinisoformen, die durch ein polyklonales α-*Fi*DIR1-Antiserum detektiert werden konnten und mit einer molekularen Masse zwischen 22 und 26 kDa von der erwarteten Masse abwichen [63]. Dagegen wurde für *Fi*DIR1, das aus *F. intermedia*-Stämmen isoliert wurde, massenspektrometrisch eine molekulare Masse zwischen 23,1 und 23,5 kDa bestimmt [74]. Die Massendifferenz zwischen erwarteter (18,8 kDa) und beobachteter Masse (ca. 33 kDa) nahm bei Expression von *Fi*DIR1 in Tomatenzellen mit etwa 14 kDa das größte Ausmaß an.

Gang et al. [63] konnten die drei heterolog in Insektenzellen gebildeten Proteinisoformen von *Fi*DIR1 durch enzymatische Deglykosylierung in eine ca. 18 kDa große Form überführen, deren Masse der theoretisch erwarteten entsprach. Ähnlich wurden hier die verschiedenen Isoformen von *At*DIR6 aus Tomatenzellen durch chemische Deglykosylierung in eine einzige ca. 18,6 kDa große Form überführt, womit eine unterschiedliche Glykosylierung als Ursache für die beobachteten Massendifferenzen bestätigt wurde. Die enzymatische Deglykosylierung von *At*DIR6 erwies sich – im Gegensatz zur chemischen Entfernung der Zuckerreste – als ineffektiv. Das hierbei verwendete Enzym – PNGase F – entfernt alle N-verknüpften Glykane, es sei denn sie tragen einen Fucoserest [194], wie es für viele pflanzliche Proteine beobachtet wurde [160]. Die unvollständige Deglykosylierung von PNGase F deutet also darauf hin, dass zumindest ein Teil der mit *At*DIR6 verknüpften Glykane fucosyliert sind,

7. Diskussion

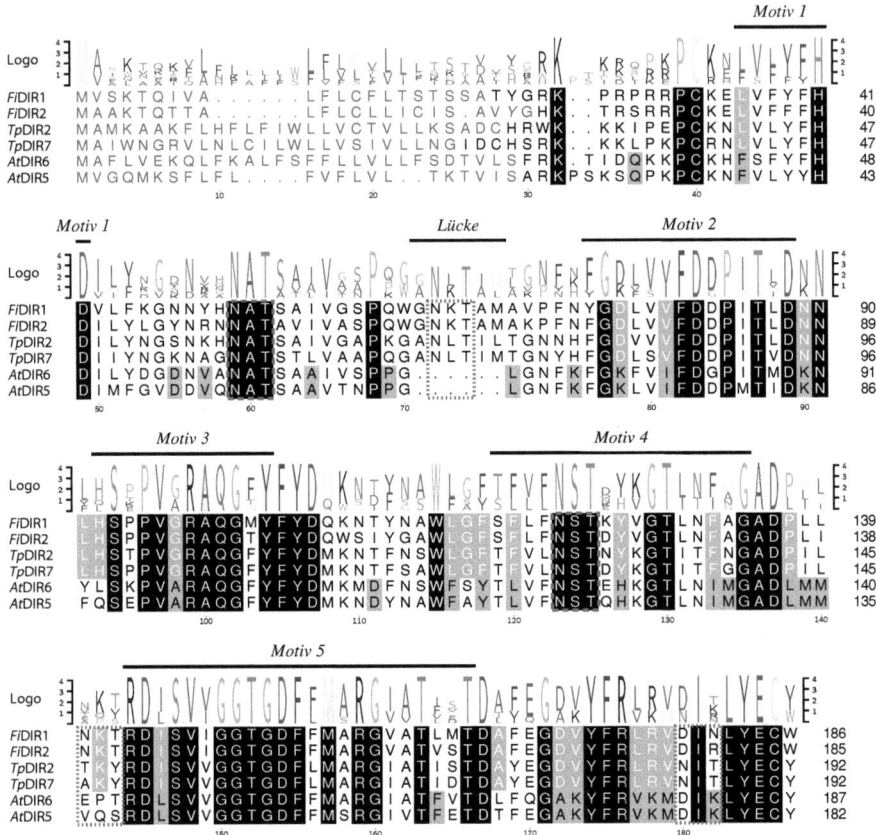

Abb. 7.2.: Vergleich der Aminosäuresequenzen von *At*DIR5, *At*DIR6, *Tp*DIR2, *Tp*DIR7, *Fi*DIR1 und *Fi*DIR2 unter Angabe konservierter Bereiche (schwarz hinterlegt) und der Signalpeptidsequenzen (graue Buchstaben). Der Grad der Konservierung an bestimmten Positionen kann den Sequenzlogos (Logo) über dem Vergleich entnommen werden. Die vermittelte Enantiospezifität determinierenden Aminosäureunterschiede, wurden in an der Bildung von (+)-Pinoresinol beteiligten DPs mit weissen Buchstaben auf grauem Grund und in (−)-Pinoresinol bildenden DPs mit schwarzen Buchstaben auf grauem Grund gekennzeichnet. Für *At*DIR5 bzw. *Fi*DIR2 wurde eine dem Organismus entsprechende Aktivität angenommen. Ein in *A. thaliana*-DPs deletierter Sequenzabschnitt wurde als „Lücke" hervorgehoben. In allen DPs auftretende Glykosylierungsmotive wurden durch graue gestrichelte Umrahmung markiert, solche die sich nur in die (+)-Pinoresinolbildung vermittelnden DPs finden, grau gepunktet. Die Nummerierung der Aminosäuren bezieht sich auf *At*DIR6. Die DP-spezifischen Sequenzmotive 1-5 nach [159] wurden markiert.

7. Diskussion

was auch massenspektrometrisch bestätigt werden konnte. Alternativ könnte die Zugänglichkeit der Glykane innerhalb der dreidimensionalen Proteinstruktur von AtDIR6 für die PNGase F limitierend sein.

Die nachweisliche Glykosylierung von AtDIR6 liefert eine mögliche Erklärung für den Misserfolg beim Versuch dieses Protein in *E. coli* zu exprimieren. Es wurden verschiedene Expressionstemperaturen (4 °C, 30 °C), -niveaus (0,1-1 mM IPTG) und -stämme (BL21, Rosetta-gami B) getestet, aber in keinem Fall ließ sich die Bildung unlöslicher Einschlusskörper von His_6-AtDIR6 vermeiden. Auch der Versuch denaturiertes His_6-AtDIR6 zu renaturieren und dadurch lösliches Protein zu erhalten, blieb ohne Erfolg.

Vermutlich ist die Akkumulation von His_6-AtDIR6 in Form von Einschlusskörpern in Prokaryoten auf die Unfähigkeit dieser Organismen zur N-Glykosylierung zurückzuführen. Glykosylierungen können für den richtigen Faltungsprozess bestimmter Proteine essentiell sein [134, 137, 162, 174] und zur Stabilität der nativen Konformation beitragen [117, 203]. Allerdings konnte das in *E. coli* als Einschlusskörper gebildete Stellacyanin aus *Cucumis sativus* auch ohne Beteiligung der Glykane in seine native Form rückgefaltet werden [136].

Die in der Literatur beschriebenen heterologen Expressionen von FiDIR1 [63] sowie TpDIR1-9 [105], die zu funktional aktiven Proteinen führten, wurden in Insektenzellsystemen durchgeführt (FiDIR1 in *Spodoptera frugiperda* Sf9, TpDIR1-9 in *Drosophila melanogaster* S2 Zellen). Eine Expression löslicher DPs in Prokaryoten ist in der Literatur bisher nicht beschrieben. Es muss daher davon ausgegangen werden, dass nur eukaryotische Expressionssysteme in der Lage sind, lösliche und folglich aktive DPs zu bilden. Eine Glykosylierung des Proteins erscheint somit für die korrekte Faltung der DPs bzw. deren Löslichkeit als zwingend.

Die hier verwendeten Tomatenzellen stellen ein für die heterologe Expression von DPs neuartiges Expressionssystem dar. Ein Vorteil des Systems ist die phylogenetische Nähe zur Herkunft der zu exprimierenden Proteine. Eine pflanzenspezifische posttranslationale Modifikation bezüglich der Abspaltung des Signalpeptids und des Glykosylierungsmusters wird dadurch gewährleistet.

Entgegen der Erwartungen fand sich AtDIR6 nach Expression im Tomatenzellsystem nur zu einem geringen Anteil im Überstand. Der Hauptteil war in der Zellfraktion zu finden. Eine Inkubation der Suspensionszellen in Salzlösung bewirkte eine Dissoziation des Proteins von der Zellwand. Die sukzessive Erhöhung der Ionenstärke auf 0,6 M Salz erlaubte die vollständige Isolation des Proteins. Es ist daher anzunehmen, dass AtDIR6 von *S. peruvianum*-Zellen sekretiert wird, aber nichtkovalent verknüpft mit der primären Zellwand verhaftet bleibt. Da ein Aufschluss der Zellen zur Isolation nicht notwendig war, führte die geschilderte Extraktionsprozedur zu einem Extrakt mit einem im Vergleich zu einem Gesamtzellextrakt wesentlich weniger komplexen Proteinspektrum. Die geringe Proteinkonzentration ließ sich durch Kationenaustauschchromatographie im „batch"-Verfahren erhöhen und führte zu einer weiteren Anreicherung von AtDIR6. Die Bindung des DPs an die negativ geladene Kationenaustauschmatrix zeigte ferner, dass der isolektrische Punkt pI über dem pH-Wert des Puffers (pH 6,0) liegen muss. Dies ist in Übereinstimmung mit dem bioinformatisch berechneten pI von 8,4.

Das Protein wurde nach einer fraktionierten $(NH_4)_2SO_4$-Fällung (60 - 90%), Gelfiltration und einer graduellen Kationaustauschchromatographie in apparenter Reinheit erhalten. Die vereinigten 75 mM

7. Diskussion

und 150 mM KCl-Extrakte lieferten pro 1 Zellkultur ca. 0,37 mg AtDIR6. Dies ist mit der Ausbeute an SlSBT3, einer Subtilase aus Tomate, die aus dem Kulturüberstand des gleichen Expressionssystems gereinigt wurde [24], vergleichbar. Die Isolation von FiDIR1 unter Verwendung der für AtDIR6 etablierten Prozedur führte zu einer Ausbeute von nur 40 µg je 1 Kultur. Dies kann seine Ursache in der generell niedrigeren Expression von FiDIR1 in den Zellen haben. Die Integration der transformierten Expressionskassette in das Zellgenom erfolgt beim angewendeten Partikelbeschuss zufällig. Unterschiede in der Expressionsstärke können auf Positionseffekte der DNS-Integration zurückzuführen sein. Auch eine mehrfache Integration der Expressionskassette in ein Genom könnte eine stärkere Bildung des Proteins zur Folge haben. Eine geringere Ausbeute kann aber auch durch die Anwendung der für AtDIR6 optimierten Isolationsprozedur bedingt sein.

7.1.1. Posttranslationale Modifikationen von DPs

7.1.1.1. Glykosylierungsmuster

Der qualitative Nachweis der Glykosylierung von AtDIR6 wurde durch chemische Deglykosylierung sowie durch spezifische Anfärbung der Zuckerreste an SDS-PAGE getrenntem Protein erbracht. Glykosylierungen sind für sekretierte Proteine charakteristisch. Sie erhöhen deren Löslichkeit in wässrigen Umgebungen und verringern die Sensitivität gegenüber Proteasen. Wie im vorherigen Kapitel beschrieben, können sie in essentieller Weise am Faltungsprozess beteiligt sein und dem Protein Stabilität verleihen. Je nach Lokalisation und Organismus besitzen N-Glykane spezifische Strukturen [160].

Die N-Glykosylierung erfolgt in Eukaryoten an Asparaginen der Konsensussequenz N-X-S/T [65, 126]. Die Sequenz von AtDIR6 weist zwei solcher potentieller Glykosylierungssequenzen auf. Die erste (N^{59}) findet sich zwischen den DP-Sequenzmotiven 1 und 2, während die zweite (N^{123}) Bestandteil des DP-Motivs 4 ist. Eine Glykosierung dieser Asparagine wurde mit relativ geringer Wahrscheinlichkeit durch den GlycNet 1.0 Algorithmus [14] vorhergesagt.

Die Massen der Peptide H^{42}-K^{75} und M^{110}-K^{128}, die jeweils eines der vorhergesagten Glykosylierungsmotive beinhalten, konnten in MALDI-TOF-Analysen eines tryptischen Verdaus nicht detektiert werden. Dagegen zeigten die Fragmentierungsspektren zweier durch HILIC angereicherter Peptide mit Massen von 3522,2 und 4854,8 Da für Glykosylierungen typische Massendifferenzen. Die Fragmentierung des 4854,8-Ions entsprach im höhermolekularen Bereich weitgehend dem Fragmentierungsmuster glykosylierter Peptide der subtilisinähnlichen Proteinase P69B aus Tomatenzellen [22] und lieferte eine fast vollständige Sequenzabdeckung eines paucimannosidischen N-Glykans (Abb. 7.3B). Die Fragmentierung des 3522,2-Ions lieferte nur die für Zuckerreste typischen Leitionen, jedoch keine ablesbare Sequenz. Das Fragmentierungsmuster im unteren Molekularbereich erlaubte eine Identifikation der beiden Peptide als H^{42}-K^{75} (3684,4 Da) und M^{110}-K^{128} (2353,1 Da). Die bioinformatische Vorhersage der Glykosylierungsstellen an N^{59} und N^{123} durch GlycNet 1.0 steht somit mit den experimentell ermittelten Daten in Einklang.

Die Differenz zwischen den Massen der glykosylierten und deglykosylierten Peptide betrug in beiden Fällen ca. 1170 und entspricht der Masse eines N-Glykans vom paucimannosidischen Typ (Abb.

7. Diskussion

7.3B). Unter der Annahme, dass prozessiertes AtDIR6 über zwei paucimannosidische N-Glykane verfügt, würde sich eine resultierende molekulare Masse von 20,5 kDa ergeben, wie sie für die kleinste und dominanteste Isoform von rekombinanten AtDIR6 beobachtet wird. Wie gezeigt wurde (Kap. 6.6.3.1), lassen sich alle Isoformen durch chemische Deglykosylierung in eine einzige Form überführen, die mit 18,6 kDa etwa 0,5 kDa größer ist, als die für prozessiertes AtDIR6 theoretisch erwartet würde. Die Differenz entspricht etwa der Masse zweier N-Acetylglucosamine (0,41 kDa) und ist unter der Annahme zweier N-Glykane je AtDIR6-Molekül zu erwarten, da die Art der angewendeten chemischen Deglykosylierung die asparagingebundenen N-Acetylglucosamine nicht eliminieren kann [49].

Die Massendifferenz der größten Isoform zum unglykosylierten Protein betrug ca. 4,3 kDa und war am besten mit der Masse zweier N-Glykane vom komplexen Typ (je 2,19 kDa) zu vereinbaren. N-Glykane vom komplexen Typ unterscheiden sich durch den Besitz zweier Trisaccharide mit einer Fragmentmasse von 511 Da aus GlcNAc, Fuc und Hex (das Le^a Epitop) [55] vom paucimannosidischen Glykantyp (Abb. 7.3). Die Masse des Le^a Epitops entspricht damit in etwa den Massendifferenzen zwischen den verschiedenen Isoformen von AtDIR6 (20,5, 21,0, 21,5, 22,0 und 22,5 kDa). Dies deutet daraufhin, dass die beiden N-verknüpften Glykane von AtDIR6 nicht homogen sind, sondern paucimannosidisch (ohne Le^a), komplex (zwei Le^{a}s) oder intermediär (ein Le^a) vorliegen können. Diese Vermutung ist durchaus mit dem Syntheseweg N-verknüpfter Glykane in Pflanzen vereinbar. *In planta* erfolgt die Glykosylierung im Endomembransystem [147]. Zunächst wird ein stark verzweigter Oligosaccharidvorläufer an das ins ER synthetisierte Protein am Glykosylierungsmotiv angehängt (Abb. 7.4). Während der Sekretion in den Apoplasten bzw. die Vakuole wird das Glykan durch verschiedene enzymatische Reaktionen in *cis*- und *trans*-Golgi modifiziert [160]. Dabei entstehen komplexe und hybride N-Glykanstrukturen, die durch die pflanzentypische Präsenz von Fucose und Xylose charakterisiert sind. Erst sekundär durch die Aktivität von N-Acetylglucosaminidasen und Exoglycosidasen, entstehen aus komplexen oder hybriden N-Glykanen solche vom paucimannosidischen Typ [6]. Unter der Annahme der sukzessiven Abspaltung der an zwei komplexen N-Glykanen verfügbaren Le^a-Epitope, entstehen neben dem paucimannosidischen Endprodukt vier verschiedene Intermediärformen, die mit Massen von 21,0, 21,5, 22,0 und 22,5 kDa den beobachteten Isoformen von AtDIR6 entsprechen.

N-Glykane vom paucimannosidischen Typ finden sich häufig an Proteinen, die in die Vakuole sekretiert werden, während komplexe bzw. hybride N-Glykantypen vor allem im Apoplasten nachgewiesen wurden [6, 160]. Das Auftreten der Isoform mit der größten molekularen Masse von AtDIR6 ist folglich mit diesem gängigen Modell übereinstimmend. Allerdings scheint eine Prozessierung komplexer zu paucimannosidischen N-Glykane im Golgi-Apparat oder Apoplasten von Tomatensuspensionszellen möglich zu sein. Dafür sprechen nicht nur die Glykanstrukturen an der dominantesten Isoform von heterolog exprimiertem AtDIR6. Der paucimannosidische Glykantyp wurde auch in anderen apoplastischen Proteinen nachgewiesen. Die Überexpression des Follikel-stimulierenden Hormons aus dem Rind (bFSH) in transgenen *Nicotiana benthamiana*-Pflanzen führte zu dessen Akkumulation in glykosylierter Form im Apoplasten der Blätter [43]. Die Analyse der Glykane ergab, dass es sich hierbei um paucimannosidische Strukturen bzw. solche mit fehlender Fucose handelte. Bei Expression von

7. Diskussion

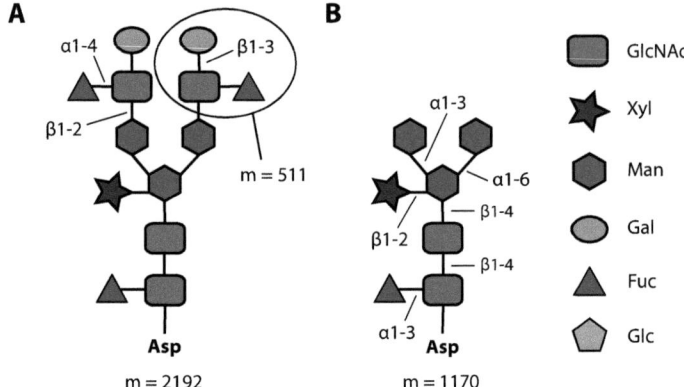

Abb. 7.3.: Strukturen des komplexen (A) und paucimannosidischen Typs (B) pflanzlicher N-Glykane unter Angabe der beteiligten Bindungstypen und Massen. Das Le^a-Epitop des komplexen N-Glykantyps ist hervorgehoben (verändert nach [160]).

alkalischer Phosphatase in Tabak NT1 Suspensionszellen trugen 85 % aller Proteine paucimannosidische Glykanstrukturen oder solche mit zusätzlichen N-Acetylglucosaminen [8].
An der Prozessierung komplexer bzw. hybrider zu paucimanosidischen N-Glykanstrukturen sind unter anderem β-N-Acetylhexosaminidasen beteiligt, die endständige GlcNAc-Einheiten abspalten [71]. Die Aufklärung der subzellulären Lokalisation verschiedener β-N-Acetylhexosaminidasen (HEXO) in *A. thaliana* zeigte, dass sich diese in unterschiedlichen Kompartimenten fanden [184]. HEXO1 wurde in der Vakuole, HEXO3 an der Plasmamembran nachgewiesen. Beide zeigen ähnliche Aktivität gegenüber der Entfernung von GlcNAc an Glykanen. Eine membranständige N-Acetylglucosaminidase könnte somit für die apoplastische Bildung paucimannosidischer N-Glykane verantwortlich sein.
Drakakai *et al.* zeigten, dass das Glykosylierungsmuster und die Lokalisierung rekombinanter *Aspergillus niger* Phytase vom Zelltyp abhängig ist [47]. Die Expression im Reisendosperm führte zur Akkumulation von paucimannosidisch glykosyliertem Protein in Prolaminkörpern und proteinspeichernden Vakuolen, während die Expression in vegetativen Blättern zur Lokalisation im Apoplasten und der Bildung komplexer N-Glykane führte. Eine mögliche Erklärung für das Auftreten der paucimannosidischen Glykanmuster könnte auf eine Prägung von Tomatensuspensionszellen hinsichtlich dieses Glykantyps zurückzuführen sein.
Die beobachtete Massendifferenz zwischen theoretisch erwarteter und tatsächlich beobachteter Masse von *Fi*DIR1, kann ebenfalls durch das Vorhandensein von Glykosylierungen erklärt werden. In der Aminosäuresequenz von *Fi*DIR1 finden sich im Vergleich zu *At*DIR6 zwei weitere potentielle Glykosylierungsmotive an den Positionen N^{65} und N^{140}. Alle Glykosylierungsmotive (N^{52}, N^{65}, N^{122} und N^{140}) wurden verglichen mit *At*DIR6 (0,51-0,57) vom GlycNet 1.0 Algorithmus [14] mit höheren Wahrscheinlichkeiten (0,65-0,74) als glykosyliert eingeschätzt. Unter Annahme einer Glykosylierung durch vier paucimannosidische bzw. komplexe N-Glykane beträgt die Masse von *Fi*DIR1 dann 23,6 bzw. 27,6 kDa und ist damit immer noch geringer als die in der SDS-PAGE beobachtete. Aller-

7. Diskussion

dings muss berücksichtigt werden, dass durch diese Glykosylierungen die Denaturierung des Proteins in eine lineare Form durch SDS nicht mehr gewährleistet werden kann und ein durch Glykane verzweigtes Protein im Gel einen höheren Widerstand erfährt als ein lineares Protein gleicher Masse. Das fehlende Auftreten von Isoformen kann mit der im Vergleich zu AtDIR6 geringeren Expressionsrate zusammenhängen.

Zusammenfassend kann gesagt werden, dass AtDIR6 in Tomatenzellen an beiden vorhergesagten Glykosylierungsstellen mit komplexem Muster glykosyliert wird, die während der Sekretion unvollständig zum paucimannosidischen N-Glykantyp prozessiert werden. Der große Massenunterschied zwischen experimenteller Masse von FiDIR1 zur theoretisch erwarteten ist vermutlich auf eine noch extensivere Glykosylierung an allen vier vorhergesagten Glykosylierungsmotiven zu erklären. Ein Vergleich der Aminosäuresequenzen von DPs aus *Arabidopsis*, *Forsythia* und *Thuja* (Abb. 7.2) zeigt, dass die beiden in AtDIR6 nachgewiesenen Glykosylierungstellen N^{59}AT und N^{123}ST in allen betrachteten Fällen konserviert und, da in Angio- und Gymnospermen vorhanden, vermutlich phylogenetisch sehr alt sind. Eine dritte Glykosylieruungstelle zwischen den DP-Motiven 1 und 2 ist in *F. intermedia*- und *T. plicata*-DPs konserviert, fehlt aber bei denjenigen aus *Arabidopsis*. Daneben besitzen sowohl das *Thuja*-DP als auch die *Forsythien*-DPs jeweils ein weiteres Glykosylierungsmotiv, TpDIR2 sogar noch ein fünftes (Abb. 7.2).

7.1.1.2. Signalpeptid

Immunlokalisationsstudien an *F. intermedia*-Stämmen und die Isolation von FiDIR1 aus der unlöslichen Zellwandfraktion haben gezeigt, dass sich das Protein im Apoplasten findet [21]. Hierfür spricht auch die Tatsache, dass DPs glykosyliert werden, eine für sekretierte Proteine typische posttranslationale Modifikation. Die Einleitung von Proteinen in den sekretorischen Weg erfolgt in Eukaryoten in aller Regel durch N-terminale Signalpeptide. Nach Translation des Signalpeptides wird das unfertige Protein mit Ribosom ans rauhe ER transportiert [201]. Die weitere Translation erfolgt in das ER-Lumen hinein. Dort findet der Faltungsprozess und die Abspaltung des Signalpeptids durch spezifische Peptidasen statt. Die genaue Aminosäuresequenz eines sekretierten Proteins kann daher nur durch Bestimmung der Signalpeptidstelle ermittelt werden.

Die hydrophobe Kernstruktur von Signalpeptiden und spezifische Sequenzmotive der Spaltstelle ermöglichen die Vorhersage eines potentiellen Signalpeptids aus der Primärstruktur eines Proteins. Konsensussequenzen von Signalpeptidspaltstellen sind charakterisiert durch kleine, ungeladene Aminosäuren an den Positionen -1 und -3 relativ zur Spaltstelle, während sich an Position -2 meist keine derartige Aminosäure befindet [85, 149]. An Position -5 oder -4 ist meist ein Glycin oder Prolin zu finden. Bei der ersten Aminosäure des neuen N-Terminus handelt es sich meist um eine geladene Aminosäure. Die Vorhersage potentieller Signalpeptide der hier untersuchten DPs war in allen Fällen eindeutig positiv ($p_A > 0{,}97$, Tab. 6.3). Die Vorhersagen der Spaltstellenpositionen waren weit weniger eindeutig ($0{,}50 < p_A < 0{,}96$, Tab. 6.4).

Die für AtDIR6 getroffenen Vorhersagen bezüglich der Existenz und Spaltstelle eines Signalpeptids waren eindeutig. Ein Signalpeptid und damit eine Einleitung in den sekretorischen Weg wurden als wahrscheinlich angenommen ($p_A > 0{,}99$). Eine einzige potentielle Spaltstelle zwischen der 29. und

7. Diskussion

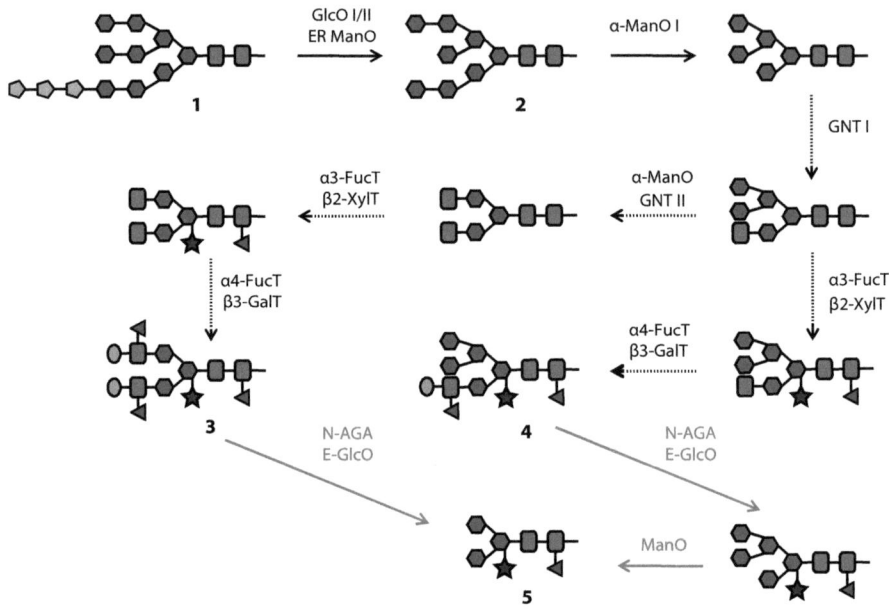

Abb. 7.4.: Die N-Glykosylierung von Proteinen in Pflanzen umfasst mehrere Kompartimente (ER: schwarze Pfeile, Golgi: gepunktete Pfeile, Vakuole: graue Pfeile). Im ersten Schritt wird ein Oligosaccharidvorläufer mit dem Protein verknüpft (**1**), der durch Glucosidasen (GlcO I/II) und die Mannosidasen (ER ManO, α-ManO I) zu einem Mannoseglykan (**2**) modifiziert wird. Im Golgiapparat findet die Modifikation zu komplexen (**3**) oder hybriden N-Glykanen (**4**) durch die Interaktion unterschiedlicher Enzyme statt (GNT I/II: N-Acetylglucosaminyltransferase I/II, α-ManO: α-Mannosidase, α3-FucT/α4-FucT/β2-XylT/β3-GalT: α3- bzw. α4-Fucosyltransferase/β2-Xylosyltransferase/β3-Galactosyltransferase). Beide Glykanstrukturen werden durch die Aktivität von N-Acetylglucosaminidasen (N-AGA) und verschiedener Exoglycosidasen (E-GlcO) sowie im Fall der hybriden N-Glykane durch Mannosidasen (ManO) zum paucimannosidschen N-Glykan Typ (**4**) prozessiert (verändert nach [6]). Die Legende ist Abb. 7.3 zu entnehmen.

7. Diskussion

30. Aminosäure wurde mit hoher Wahrscheinlichkeit prognostiziert ($p_A = 0,94$). In massenspektrometrischen Untersuchungen des Proteins konnte anhand einer N-terminalen Fragmentreihe eine Teilsequenz identifiziert werden. Hieraus ließ sich der N-Terminus des prozessierten *At*DIR6 und damit die Signalpeptidspaltstelle bestimmen. Der N-Terminus von prozessiertem *At*DIR6 beginnt mit der 30. Aminosäure, weshalb *At*DIR6 – wie prognostiziert – ein 29 Aminosäuren langes Signalpeptid besitzt, dass während der Sekretion abgespalten wird.

Für *Fi*DIR1 wurde ebenfalls die Existenz eines Signalpeptids vorhergesagt ($p_A > 0,99$). Die Position der Signalpeptidspaltstelle von aus Pflanzen gereinigtem *Fi*DIR1 wurde durch N-terminale Sequenzierung bestimmt [63]. Hierbei zeigte sich, dass das Signalpeptid 24 Aminosäuren lang war. Die bioinformatische Vorhersage ergab jedoch als wahrscheinlichste Position eine Spaltung zwischen 21. und 22. Aminosäure mit geringer Wahrscheinlichkeit ($p_A = 0,55$). Der N-Terminus von – in Insektenzellen rekombinant gebildetem – *Fi*DIR1 entsprach der 20. Aminosäure des unprozessierten Proteins [63].

Die heterologe Expression in verschiedenen Organismen kann somit zu einer Veränderung der Spaltstellenposition und damit der resultierenden Proteinsequenz führen. Die Signalpeptidasen verschiedener Organismen können unterschiedliche Präferenzen bezüglich der Spaltstellenposition besitzen, während die prinzipielle Erkennung der Signalpeptide von DPs durch das Sekretionssystem von Insektenzellen möglich ist.

Zusammenfassend lässt sich sagen, dass die an der Pinoresinolbildung beteiligten DPs der Unterfamilie DIR-a vermutlich generell über ein N-terminales Signalpeptid verfügen. Das Signalpeptid wird während der Sekretion abgespalten und ist für die beschriebene apoplastische Lokalisation dieser DPs verantwortlich.

7.2. Enantiokomplementarität

7.2.1. Testsystem

Als Testsystem zur Untersuchung der Funktionalität von DPs wurde in allen bisherigen – einschließlich dieser – Untersuchungen ein *in vitro*-System verwendet, dass aus dem Substrat (Koniferylalkohol), einem oxidierenden Prinzip und DP in einer geeigneten chemischen Umgebung bestand. Gegenüber den langen Umsetzungszeiten mit anorganischen Oxidantien konnte unter Verwendung von *T. versicolor*-Laccase die radikalische Kupplung in relativ kurzer Zeit durchgeführt werden (15 min). Die oxidative Kupplung von Koniferylalkohol durch *T. versicolor*-Laccase lieferte die in der Literatur beschriebenen Produkte Dehydrodikoniferylalkohol, Pinoresinol und *Erythro/Threo*-Guajacylglycerin 8-*O*-4'-koniferylether [78]. Die hier verwendete RP18-HPLC Trennung der durch EtOAc extrahierbaren Produkte zeigte Chromatogramme die qualitativ mit den von Halls *et al.* beschriebenen übereinstimmen [75]. Die Verbindungen konnten durch LC-MS, UV/VIS-Eigenschaften und NMR-Spektroskopie eindeutig identifiziert werden [154].

Unter Berücksichtigung der hier quantifizierbaren Verbindungen betrug der gebildete Massenanteil von Pinoresinol 24,3 % (4,7 mM Koniferylalkohol) bzw. 27,6 % (2,3 mM Koniferylalkohol) der ge-

7. Diskussion

bildeten Produkte. Dies ist in guter Übereinstimmung mit den in der Literatur erwähnten Verhältnissen von 55 % Dehydrodikoniferylalkohol, 27,8 % Pinoresinol und 16,7 % *Erythro/Threo*-Guajacylglycerin- 8-*O*-4'-koniferylethern [75]. Die Trennung des gebildeten Pinoresinols in seine Enantiomere durch chirale HPLC zeigte, dass das Racemat vorlag. Die Bildung gleicher Produktverhältnisse unter Verwendung unterschiedlicher Oxidantien ist auf die Tatsache zurückzuführen, dass die radikalische Kupplung von Koniferylalkohol ein Prozess zweiter Ordnung ist, der aus der Erzeugung von Radikalen und der anschließenden zufälligen Kupplung der Radikale besteht. Die hier verwendete Laccase hatte in qualitativer und quantitativer Hinsicht keinen Einfluss auf das entstandene Produktspektrum.

7.2.2. Funktionale Aktivität

Die beschriebene Funktionalität von DPs besteht in der Beeinflussung der thermodynamisch ohnehin ablaufenden Reaktion von Koniferylalkoholradikalen durch eine Verschiebung des Produktverhältnisses zugunsten eines Produktenantiomers. Alle bisher funktional charakterisierten DPs (*Fi*DIR1 und *Tp*DIR1-9) besaßen die Fähigkeit, die ansonsten zufällig ablaufende Kupplung regio- und stereoselektiv zugunsten von (+)-Pinoresinol zu verschieben [41, 63, 105]. Dieser Befund konnte mit heterolog in Tomatenzellen exprimiertem *Fi*DIR1 bestätigt werden. Der *ee* des in Gegenwart von 2,40 µM *Fi*DIR1 erzeugten (+)-Pinoresinols betrug 57,4 % im Vergleich zum racemischen Produkt der Kupplung in Abwesenheit von *Fi*DIR1. Die Untersuchung des Einflusses von *At*DIR6 auf die zufällige radikalische Kupplung von Koniferylalkohol zeigte, dass die Gegenwart des Proteins eine bevorzugte Entstehung von (−)-Pinoresinol förderte. Eine Konzentration von 2,94 µM *At*DIR6 resultierte in der Bildung von (−)-Pinoresinol mit einem Enantiomerenüberschuss von 38,2 %.

Ein durch DPs vermittelter Kupplungsmechanismus zeichnet sich durch drei Charakteristika aus [41, 118]: (a) In Gegenwart des nativen DPs erfährt die sonst zufällige Kupplung der Substrate (Radikale) eine Verschiebung des Produktverhältnisses zugunsten eines Enantiomers in regio- und stereoselektiver Art. (b) Die Denaturierung der Proteinfraktion führt zur Zerstörung der nativen Struktur des DP's und hat damit den Verlust der Selektivität zufolge. (c) In Gegenwart des Substrats ohne radikalerzeugendes Prinzip vermag das DP keine Produkte zu bilden. DPs fehlt die Fähigkeit der Erzeugung von Radikalen. Alle drei beschriebenen Eigenschaften trafen auf *At*DIR6 zu. *At*DIR6 stellt somit das erste funktional charakterisierte enantiokomplementäre DP in der radikalischen Kupplung von Koniferylalkohol dar.

Ein kinetisches Modell zum Ablauf der DP-vermittelten Radikalkupplung zu (+)-Pinoresinol geht von den folgenden Tatsachen aus [73]: In einem ersten Schritt werden die reaktiven Koniferylalkoholradikale von einem oxidierenden Prinzip erzeugt. Die Affinität von *Fi*DIR1 gegenüber Koniferylalkohol konnte mit einer $K_D = 370$ µM als gering, gegenüber p-Kumaryl- und Sinapylalkohol mit $K_D > 0,5$ mM gar als sehr gering, ermittelt werden [73]. Aufgrund der niedrigen Affinität bezüglich der nichtradikalischen Substrate und der fehlenden oxidativen Kapazität, können möglicherweise nur Radikale Substrate für DPs darstellen. Die Radikalbildung ist von der Gegenwart von DPs völlig unabhängig und die Art der Radikalerzeugung unerheblich. Der zweite Schritt – die DP-vermittelte Kupplung der Koniferylalkoholradikale – beginnt mit der Interaktion eines Koniferylalkoholradikals mit einem DP-

7. Diskussion

Dimer. Vermutlich wird das Radikal durch das DP so orientiert, dass bei Kontakt mit einem zweiten Radikal eine Verknüpfung nur auf stereospezifische Weise zwischen C_8 und $C_{8'}$ möglich ist. Das so entstandene Quinonmethid ist instabil und durchläuft intramolekulare Zyklisierungsreaktionen, die zur Entstehung von (+)-Pinoresinol führen. Danach erfolgt die Dissoziation von DP und Produkt [73].

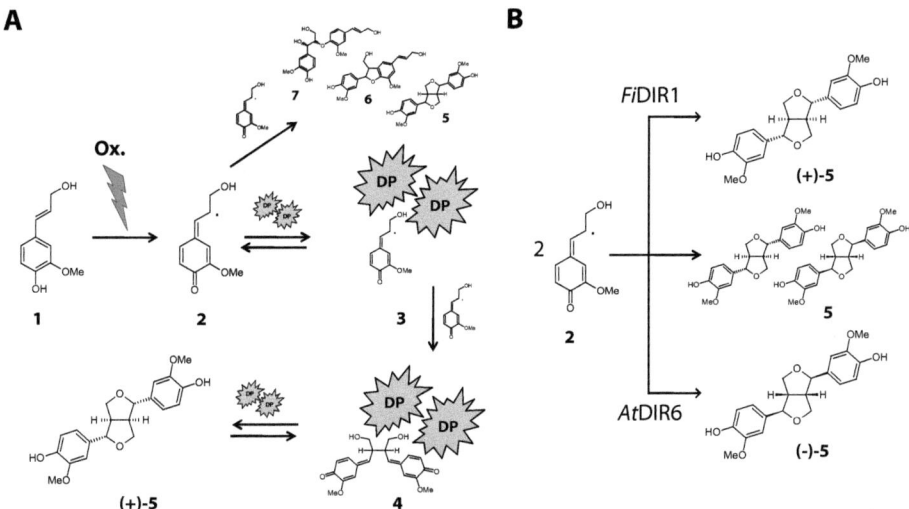

Abb. 7.5.: Schematische Darstellung des kinetischen Modells der DP-vermittelten Radikalkupplung von Koniferylalkohol (**1**, A) über die Bildung von Koniferylalkoholradikalen (**2**), Koniferylalkoholradikal-DP- (**3**) und Quinonintermediat-DP-Komplexen (**4**) zu (+)-Pinoresinol (**(+)-5**). Daneben ist die zufällige Kupplung von Koniferylalkoholradikalen zu Pinoresinol (**5**), Dehydrodikoniferylalkohol (**6**) und *Erythro/Threo*-Guajacylglycerin-8-*O*-4'-koniferylethern (**7**) gezeigt; verändert nach [73]. Einfluss von *Fi*DIR1 und *At*DIR6 auf die Enantioselektivität der Koniferylalkoholradikalkupplung (B).

Die Bindung eines ersten Koniferylakoholradikals an das DP-Dimer wurde mit einer Umsetzungskonstanten von ca. $1,7 \cdot 10^8$ s^{-1} als reversible Reaktion abgeschätzt (Abb. 7.5) [73]. Die Anlagerung des zweiten Radikals wurde am besten als irreversibler Schritt mit einer Umsetzungskonstanten von ca. $2,1 \cdot 10^8$ s^{-1} modelliert. Die abgeschätzte Umsetzungskonstante für die Bildung des intermediären Quinonmethids und der Freisetzung von (+)-Pinoresinol wurde mit $0,27$ s^{-1} als geschwindigkeitslimitierender Schritt der DP-vermittelten Kupplung identifiziert [73]. Die Freisetzung von Pinoresinol wurde als irreversibel betrachtet, da die Gegenwart von Pinoresinol die Aktivität von *Fi*DIR1 nicht beeinflusste.

Die Geschwindigkeitskonstante des zufälligen Kupplungsprozesses von Koniferylalkohol beträgt $5,7 \pm 3,0 \cdot 10^8$ M^{-1}s^{-1} und erreicht damit das Diffusionslimit [78]. Somit stellt der zufällige Kupplungsprozess eine Konkurrenzreaktion zur DP-vermittelten Kupplung dar. Die Bindungskonstante von DPs gegenüber Koniferylalkoholradikalen wurde mit $K_M = 10$ nM als hochaffin abgeschätzt [73] und

7. Diskussion

steht in Übereinstimmung mit der Kurzlebigkeit der radikalischen Spezies. Die Radikalerzeugungsrate sowie die verfügbare Bindungskapazität von DPs für Koniferylalkoholradikale sind ausschlaggebend für die Vollständigkeit der enantiospezifischen Kontrolle. Ein Charakteristikum des beschriebenen Modells ist daher die Proportionalität der Oxidationsrate von Koniferylalkohol bzw. der DP-Konzentration zum Enantiomerenüberschuss des gebildeten Pinoresinols [73]. Beides wurde für die AtDIR6 vermittelte Bildung von (–)-Pinoresinol beobachtet und damit konnte das von Halls et al. vorgeschlagene Modell in dieser Arbeit bestätigt werden.

Im Vergleich zur freien Kupplung konnte die Ausbeute bezüglich Pinoresinol in Gegenwart von 12 μM AtDIR6 von 27,0 auf 59,3 % gesteigert werden. Der enantiomere Überschuss an (–)-Pinoresinol stieg mit zunehmender AtDIR6 Konzentration auf 76,5 %. Die sukzessive Erhöhung der DP-Konzentration zeigte hinsichtlich der Enantiomerenreinheit den Verlauf einer typischen Sättigungskurve. Weiterhin wurde eine proportionale Zunahme der Enantiomerenreinheit bei einer Verringerung der Koniferylalkoholkonzentration beobachtet.

Die durch 0,8 μM FiDIR1 beeinflusste, sechsstündige Kupplung in Gegenwart von 1-10 mM Ammoniumperoxodisulfat führte zu Ausbeuten von 78-87 % enantiomeren reinem (+)-Pinoresinol (ee > 99 %) [41]. Dies konnte mit den hier verwendeten Testbedingungen für AtDIR6 nicht erreicht werden. Allerdings erscheint die Tatsache seltsam, dass die beschriebenen Umsetzungen mit FiDIR1 zu einem gewissen Anteil an Dehydrodikoniferylalkohol und Erythro/Threo-Guajaylglycerin-8-O-4'-koniferylethern führten. Die Ausbeute von racemischen Pinoresinol allerdings auf Null fiel. Die Bildung der Nebenprodukte zeigt, dass die zufällige Kupplung nicht vollständig unterbunden wurde und deshalb ein gewisser Anteil an racemischen Pinoresinol hätte gebildet werden müssen.

Die Gründe für die hier vergleichsweise geringere Effizienz der gerichteten Kupplung durch AtDIR6 bzw. FiDIR1 liegen vermutlich in der hohen Oxidationsrate durch die eingesetzte Laccase und dem daraus resultierenden molaren Überschuss an Koniferylalkoholradikalen. Während FiDIR1 ab einer Konzentration von > 160 nM eine vierstündige Umsetzung von 4 mM Koniferylalkohol mit 1 mM FMN weitgehend kontrolliert und die freie Kupplung stark einschränkt [73], erreicht das pflanzlich exprimierte FiDIR1 mit einer Konzentration von 2,40 μM diese Effizienz im Laccasesystem nicht. Die parallel ablaufende ungerichtete Kupplungsreaktion konnte durch die Aktivität der DPs nicht mehr kompensiert werden.

Der Einfluss der DPs aus T. plicata auf die laccasekatalysierte Kupplung von Koniferylalkoholradikalen (0,5 mM Koniferylalkohol, 10,7 nM Laccase, 3 h) führte zu Ausbeuten von 86 bzw. 79 % ee zugunsten von (+)-Pinoresinol durch TpDIR5 bzw. TpDIR8 [105]. Für die anderen untersuchten TpDIRs (1-9) wurden ähnliche Ergebnisse erzielt. Angaben über das erzeugte Produktverhältnis finden sich nicht und die Möglichkeit der Bildung von Nebenprodukten durch den zufälligen Kupplungsmechanismus kann nicht ausgeschlossen werden. Die erhaltenen Enantiomerenüberschüsse der laccasekatalysierten Kupplung in Anwesenheit von Thuja-DPs sind den hier durchgeführten Tests mit AtDIR6-Konzentrationen von 8-12 μM prinzipiell ähnlich. Ein exakter Vergleich kann aber aufgrund der fehlenden Angaben der eingesetzten Mengen an TpDIR nicht durchgeführt werden.

Eine weitere Ursache für Differenzen in der Kupplungseffizienz kann in unterschiedlichen Umsetzungskonstanten verschiedener DPs begründet liegen, was durch die von verschiedenen T. plicata-

7. Diskussion

DPs unter gleichen Bedinungen erzeugten unterschiedlichen Enantiomerenüberschüsse belegt wird [105]. Der Vergleich der Aktivität von *Fi*DIR1 und *At*DIR6 unter gleichen Bedingungen zeigte, dass *At*DIR6 unter den untersuchten Bedingungen eine geringere Aktivität aufwies. Aus dem Verlauf der Sättigungskurve steigender Konzentrationen an *At*DIR6 ist ersichtlich, dass eine Steigerung der Ausbeute und Enantiomerenreinheit der *At*DIR6 vermittelten Kupplung durch eine weitere Verringerung der Oxidationsrate möglich ist. Die Verringerung der Oxidationsrate kann durch Manipulation mehrerer Umsetzungsparameter erreicht werden. Eine Erniedrigung der Laccasekonzentration bei gleichzeitiger Verlängerung der Inkubationszeit, sollte zu einer langsameren Umsetzung gleicher Mengen an Koniferylalkohol führen. Zu beachten gilt aber, dass die durch Laccase erzeugten Dimere keine Endprodukte der Reaktion darstellen, sondern zu oligomeren Strukturen weiteroxidiert werden können.

Eine weitere Möglichkeit liegt in der Verwendung einer anderen Laccase, die unter Testbedingungen eine geringere Aktivität besitzt. Dies kann durch die Verwendung von Laccasen mit unterschiedlichen Umsetzungsraten von Koniferylalkohol oder pH-Optima möglich sein [15]. Das pH-Optimum von *Fi*DIR1 liegt zwischen pH 4,3 und 6,0 [73]. Der pH-Wert in den hier durchgeführten Kupplungen betrug 6,0 und befand sich damit knapp innerhalb der Grenzen optimaler *Fi*DIR1 Aktivität. Die Verwendung von *Rhizoctonia praticola*-Laccase, die ein neutrales pH-Optimum besitzt [15], in Kombination mit einem saureren Puffer sollte eine Reduktion der parallel ablaufenden zufälligen Kupplung bewirken. Hierbei muss aber beachtet werden, dass der vorliegende Test aus zwei Proteinen besteht, und eine Änderung eines Parameters Auswirkungen auf beide Proteine haben kann.

Insgesamt betrachtet stehen die hier gemachten Befunde in Übereinstimmung mit den in der Literatur beschriebenen. Die Art des entstehenden Pinoresinolenantiomers in der DP-vermittelten Kupplung ist abhängig von der Gegenwart spezifischer DPs. *Fi*DIR1 und *Tp*DIR1-9 verschieben das Produktgleichgewicht zugunsten von (+)-Pinoresinol, *At*DIR6 dagegen zugunsten von (−)-Pinoresinol. Die Kupplungsmechanismen, die zu den entgegengesetzten Produktenantiomeren führen, sind vergleichbar. In beiden Fällen beinflusst die DP-Konzentration die Bildungsrate der Dimere nicht und eine oxidative Aktivität ist für die Initiierung der DP-vermittelten der Kupplung notwendig. Die mangelnde Spezifität in den schnelleren enzymkatalysierten Umsetzungen – im Vergleich zu den langsameren durch anorganische Oxidantien durchgeführten – ist ein Hinweis darauf, dass ein Zusammenhang zwischen der Konzentration freier Radikale zur Bindungskapazität der DPs besteht und die DP-vermittelte Kupplung langsamer abläuft als die freie.

Die Akkumulation von (−)-Pinoresinol mit 74 % *ee* in *A. thaliana*-Mutanten mit Defekten in *Atprr1/2* [135] kann durch die hier beschriebene Aktivität von *At*DIR6 erklärt werden. *At*PrRs katalysieren die Bildung von Lariciresinol durch Reduktion von Pinoresinol. Die Expression in *E. coli* und Untersuchung der *in vitro* Funktion zeigten, dass *At*PrR1 beide Pinoresinolenantiomere als Substrat akzeptiert und ein racemisches Produkt erzeugt, während *At*PrR2 nur (−)-Pinoresinol umsetzt. Es entsteht (−)-Lariciresinol mit einem Enantiomerenüberschuss von 96 % *ee*. Das in wildtypischen Wurzeln gebildete (−)-Lariciresinol weist einen Enantiomerenüberschuss von 88 % auf [135]. Da *At*PrR1 beide Pinoresinolenantiomere als Substrat akzeptiert, sollte die Konformation des Produktes bereits auf Substratebene durch die Aktivität von *At*DIR6 determiniert sein, um einen Enantiomerenüber-

7. Diskussion

schuss an (–)-Lariciresinol zu erhalten. Alternativ kann die Enantiospezifität durch die bevorzugte Verwertung nur eines Substratenantiomers, wie im Fall von *At*PrR2, erfolgen. Die im Vergleich zu *At*PrR1 etwa 16-fach verringerte Aktivität von *At*PrR2 gegenüber (–)-Pinoresinol [135] könnte mit dem Erwerb der Enantiospezifität zusammenhängen. Pflanzen, wie *Daphne* und *Wikistroemia*, die (+)-Matairesinol akkumulieren, müssten ebenfalls über DPs verfügen, die wie *At*DIR6 eine Bildung von (–)-Pinoresinol begünstigen. Auch in Flachs ist die Existenz eines DP's mit analoger Funktionalität aufgrund des Nachweises von (–)-Pinoresinol wahrscheinlich [61].

Die Funktion von *At*DIR6 ist ein Hinweis auf die postulierte Existenz eines enantiokomplementären Biosyntheseweges zur Bildung von (+)-Matairesinol. Die Existenz enantiokomplementärer DP-Paare lässt ferner vermuten, dass eine regio- und enantiospezifische Kontrolle der ersten Umsetzung in der Lignanbiosynthese allgemein verbreitet ist.

7.2.3. Struktureller Vergleich enantiokomplementärer DPs

Die Produktion enantiomerenreiner Substanzen erfolgt in der organischen Chemie über entsprechende asymmetrische Syntheseverfahren mit einer theoretischen Ausbeute von 100 % an einem Produktenantiomer. Eine Umkehrung der reaktionseigenen Enantiospezifität ist hier meist einfach durch die Verwendung spiegelbildlich entgegengesetzter Substrate bzw. Katalysatoren möglich [132]. In enzymkatalysierten Reaktionen ist solch eine einfache Umkehrung nicht möglich, da spiegelbildliche Enzyme aus D-Aminosäuren bestehen müssten. Für die HIV-Protease wurde dies gezeigt [130].
Es sind aber auch Reaktionen bekannt, in denen strukturell unterschiedliche Proteine zu enantiokomplementären Produkten führen. Die Enantiokomplementarität hat ihre Ursache in spiegelbildlichen aktiven Zentren, die auf verschiedene Weise entstehen können [132]. Im einfachsten Fall ist in enantiokomplementären Proteinen die Position zweier Aminosäuren vertauscht. Hierbei müssen zwei Fälle unterschieden werden. Zum einen ist ein Austausch katalytisch relevanter Aminosäuren denkbar, andererseits kann auch eine Substitution der an der Substratbindung beteiligten Aminosäuren zu einer Umkehrung der Konformation des aktiven Zentrums führen. Die Struktur des Proteins ist in beiden Fällen identisch und kann als Bezugspunkt dienen. Die Entstehung spiegelbildlicher aktiver Zentren ist auch durch verschiedene Proteinfaltungen denkbar. Hierbei kann die Faltung entweder zu einer spiegelbildlich orientierten räumlichen Nähe chemisch ähnlicher Aminosäuren und damit zur Entstehung eines spiegelbildlichen aktiven Zentrum führen. Bei Beteiligung eines Kofaktors kann sich dieser durch eine unterschiedliche Proteinstruktur auf entgegengesetzten Seiten eines räumlich identischen aktiven Zentrums befinden. Die Existenz solcher enantiokomplementärer Proteinpaare wurde für alle genannten Fälle gezeigt [132].
Mit der Beschreibung der Funktion von *Fi*DIR1 und *At*DIR6 konnte ein weiteres enantiokomplementäres Proteinpaar identifiziert werden, dessen Proteine sich wie im vorangegangenen Kapitel gezeigt hinsichtlich des kinetischen Ablaufs der dirigierten Kupplung von Koniferylalkoholradikalen stark ähneln. Um Aussagen über die Ursache und Art der spiegelbildlichen Aktivität machen zu können, sollen im Weiteren strukturelle Aspekte der beiden Protein verglichen werden.
Beide Proteine besitzen ein N-terminales Signalpeptid, das während der Sekretion abgespalten wird, wodurch ein prozessiertes Protein von ca. 180 Aminosäurenlänge und einem Molekulargewicht von

7. Diskussion

18-19 kDa resultiert. Alle untersuchten DPs weisen in der Primärsequenz 2-4 Glykosylierungsmotive und in prozessiertem Zustand eine ca. 2-8 kDa schwere Glykosylierung auf.

Die Bestimmung von Sekundärstrukturanteilen durch CD-spektrometrische Untersuchungen zeigte, dass *At*DIR6 eine ähnliche Zusammensetzung besitzt, wie für *Fi*DIR1 in der Literatur beschrieben wurde [74]. Beide Proteine weisen einen hohen Anteil an β-Faltblattstrukturen (35-50 %) und einen mittleren an β-Schleifen (9-14 %) auf (Tab. 7.1). Der Gehalt an α-Helices ist mit vorhergesagten 2-12 % sehr gering. Ungeordnete Bereiche finden sich zu 36-47 %. DPs unterschiedlicher Enantiospezifität sind daher vermutlich in nativem Zustand vor allem aus β-Strukturen aufgebaut.

Die Schmelzkurve bei θ_{220} zeigte während der temperaturbedingten Denaturierung von *At*DIR6 einen untypischen Verlauf. Nach anfänglichem Anstieg sank der θ_{220}-Wert ab 45 °C erneut bis zu einer Temperatur von 62 °C. Bei der weiteren Erwärmung auf 90 °C stieg der Wert wieder stark an. Die Analyse der Sekundärstrukturanteile bei steigenden Temperaturen zeigte zwischen 50 und 60 °C einen Knick im Bezug auf α-Helix- und β-Faltblattgehalt. Eine Erwärmung von *At*DIR6 auf 45 °C hatte keinen Aktivitätsverlust zur Folge. Dagegen war eine Erwärmung auf 62 °C mit einer verringerten Aktivität verbunden. Vermutlich nimmt das Protein bei etwa 62 °C einen zweiten thermodynamisch günstigen Konformationszustand ein, der bei Abkühlung nicht reversibel ist. Für *Fi*DIR1 wurde ein Temperaturoptimum bis 33 °C bestimmt [74]. Ab einer Temperatur von 50 °C war keine Aktivität mehr nachweisbar. Nach Erwärmungen bis auf 45 °C konnte in anschließenden Kupplungsansätzen keine Reduktion der Aktivität von *Fi*DIR1 festgestellt werden. Der Temperaturbereich in dem DPs aktiv sind, scheint bei *At*DIR6 und *Fi*DIR1 in dem für Proteine typischen Bereich (um RT) zu liegen, wobei *At*DIR6 gegenüber *Fi*DIR1 eine höhere Toleranz gegenüber einer Temperaturerhöhung aufweist.

In nativen Zustand liegen DPs als Dimere vor. An aus der unlöslichen Proteinfraktion von *F. intermedia* Sprossen aufgereinigtem *Fi*DIR1 konnte die Dimerisierung des Proteins durch chemische Verknüpfung und Immundetektion gezeigt werden [74]. Die Zugabe eines chemischen Verknüpfungsreagenz' vor der Aufreinigung von *Fi*DIR1 führte zur Erzeugung einer ca. 50 kDa Bande. Eine erste Analyse des Molekulargewichts von *Fi*DIR1 durch Gelfiltration ergab 78 kDa für das native Protein [41]. Die Verwendung eines anderen Säulenmaterials führte zu einer Neubestimmung der molekularen Masse mit 53 kDa [74], was in besserem Einklang mit der Dimerisierung einer experimentell bestimmten Monomermasse von 23 bzw. 25 kDa steht. Auch rekombinantes *At*DIR bildet in nativem Zustand Dimere, wie durch chemische Verknüpfung und kalibrierte Gelfiltration gezeigt werden konnte. Ebenso wie für *Fi*DIR1 führte die Massenbestimmung von nativem *At*DIR6 durch Gelfiltration mit 52 kDa zu einem etwas zu hohen Ergebnis. Dies wird vermutlich durch die extensive ca. 2-4 kDa schwere Glykosylierung der Proteinisoformen verursacht, die zu einer Abweichung von der globulären Struktur und damit einem höheren Widerstand bei der Gelfiltration führt.

Diese Befunde deuten auf eine prinzipiell ähnliche Sekundär- und Quartärstruktur der enantiokomplementären DPs *At*DIR6 und *Fi*DIR1 hin. Damit würden enantiokomplementäre DPs zu der Kategorie gehören, in der die Spiegelbildlichkeit der Bindungstaschen auf den Austausch einzelner Aminosäuren zurückzuführen ist. Unter dieser Annahme dürfte also der Austausch einiger weniger Aminosäuren zu einer Umkehr der Enantiospezifität ausreichen.

Um für die Stereospezifität relevante Aminosäuren identifizieren zu können, wurde ein Sequenzver-

7. Diskussion

gleich mit enantiokomplementären DPs durchgeführt (Abb. 7.2). Hierbei wurden funktional charakterisierte, (+)-Pinoresinol bildende DPs (*Fi*DIR1 aus *F. intermedia* und *Tp*DIR2/7 aus *T. plicata*) mit der Sequenz von *At*DIR6 verglichen. Um den Sequenzraum zu vergrößern wurden die beiden Proteine *Fi*DIR2 und *At*DIR5 unter Annahme organismenspezifisch konservierter Kupplungsspezifität in den Vergleich einbezogen. Der Vergleich der DP-Sequenzen aus Angio- mit denen der Gymnospermen zeigt eine 47-59 %ige Identität zwischen den ausgewählten Vertretern der phylogenetisch entfernt stehenden Taxa. Bezüglich des Vergleichs der DP-Sequenzen aus dem gleichen Organismus lässt sich feststellen, dass die Identität bei 69 % für *A. thaliana* (*At*DIR5 und *At*DIR6) und bei 81 % für *F. intermedia* (*Fi*DIR1 und *Fi*DIR2) liegt. Die beiden *T. plicata* DPs (*Tp*DIR2 und *Tp*DIR7) sind zu 78 % identisch. Die Gemeinsamkeiten zwischen den Sequenzen der enantiokomplementären Angiospermen-DPs aus *Arabidopsis* bzw. *Forsythia* waren mit 42-46 % Identität deutlich geringer als zwischen den DPs aus den phylogenetisch entfernt stehenden *Thuja* und *Forsythia* (56-59 % Identität). Bezüglich der Enantiospezifität gleiche DPs aus *Thuja* und *Forsythia* sind sich damit deutlich ähnlicher als die in Angiospermen enantiokomplementären DPs.

In den *Arabidopsis*-DPs finden sich an 30 Stellen in beiden Proteinen konservierte Aminosäuren, die an der Bildung einer enantiokomplementären Bindungstasche beteiligt sein könnten. Auffallendster Unterschied zwischen den enantiokomplementären Proteinen ist eine Lücke im Alignment zwischen dem ersten und zweiten DP-Motiv, die ein potentielles Glykosylierungmotiv enthält. Insgesamt gilt zu bemerken, dass DPs mit einer Spezifität für die Bildung von (+)-Pinoresinol über vier, während die enantiokomplementären DPs nur über zwei Glykosylierungsmotive verfügen. Die in (−)-Pinoresinol bildenden DPs konservierten Aminosäuren häufen sich in Motiv 2 und 4 sowie am C-Terminus der Proteine (Abb. 7.2).

Mit Hilfe der dreidimensionalen Struktur enantiokomplementärer DPs könnten mögliche Bindungspositionen der Radikale sowie deren Zugänglichkeit untersucht und die Zahl der für die Enantiospezifität verantwortlichen Aminosäuren weiter eingeschränkt werden. Hierdurch könnte der Mechanismus der DP-vermittelten Radikalkupplung analysiert werden. Durch den Austausch mindestens zweier bindungsrelevanter Aminosäuren sollte sich die Enantiospezifität der DPs umkehren lassen. Eventuell führt auch das Einfügen des deletierten Sequenzbereichs in die *Arabidopsis*-DP zu einer Änderung der Enantiospezifität. Damit könnte eine strukturbedingte Änderung eine enantiokomplementäre Bindungstasche erzeugen.

7.3. Vergleich zu anderen Protein-Familien

Die Tatsache, dass DPs bisher keiner bekannten Proteinfamilie zugeordnet werden können [41, 63], ist insofern unbefriedigend als DPs evolutionär aus einem Vorläufer hervorgegangen sein müssen, dessen Spuren sich auch außerhalb der Samenpflanzen finden lassen müssten. Für DPs codierende Gene wurden bisher nur innerhalb der Samenpflanzen identifiziert [159]. Eine Erklärung für die Abwesenheit von DPs in niederen Pflanzen und anderen Taxa wäre die späte Evolution der DPs im Laufe der Entwicklung der Landpflanzen [38, 63]. Da eine *de novo*-Bildung von Proteinen ausgeschlossen werden kann, sollten sich zu DPs homologe Vorläuferproteine in Farnen, Moosen, Grünalgen oder

7. Diskussion

Tab. 7.1.: Vergleich der experimentell ermittelten Sekundärstrukturgehalte von AtDIR6, AtAOC2 und RnOBP1 mit denen von FiDIR1 [74],

Sekundärstruktur	Anteil [%]			
	FiDIR1	AtDIR6	RnOBP1	AtAOC2
β-Faltblatt	35 - 42	46 - 50	36 - 39	38 - 43
β-Schleifen	9 - 14	10 - 11	12	13
α-Helices	5 - 12	2 - 7	6 - 13	3 - 8
Ungeordnet	40 - 47	36 - 37	39 - 41	41

Cyanobakterien nachweisen lassen.

Ein weiterer Grund für eine nicht vollziehbare Zuordnung der DPs zu einer bekannten Proteinfamilie ist die geringe Anzahl verfügbarer Sequenzen aus verschiedenen Organismen, bei einer gleichzeitig sehr geringen Sequenzidentität zwischen den verschiedenen DP-Unterfamilien. Für eine mögliche Zuordnung müssen derzeit also neben der Primärstruktur auch andere Kriterien herangezogen werden. Im Folgenden soll durch den Vergleich verschiedener Aspekte von AtDIR6, dem lipocalinähnlichen AtAOC2 und dem Lipocalin RnOBP1 sowie den in der Literatur verfügbaren Daten die Möglichkeit einer potentiellen phylogenetischen Beziehung eruiert werden.

7.3.1. Molekularer Vergleich

DPs sind kleine extrazelluläre Glykoproteine, die mit den Radikalen niedermolekularer Verbindungen interagieren. Kennzeichnend ist eine fehlende katalytische Aktivität gegenüber dem nichtradikalischen Substrat. Die Bindung und sterische Ausrichtung der Radikale durch DP-Dimere, resultiert in der Bildung eines stereo- und regioselektiven Produktes.

In den geschilderten Aspekten ähneln DPs stark den Lipocalinen. Es handelt sich bei Lipocalinen um kleine Proteine (meist < 200 Aminosäuren), die meist in den extrazellulären Raum sekretiert werden. Sie werden häufig posttranslational modifiziert und sind meist in oligomerem Zustand aktiv. Lipocaline sind in der Natur weit verbreitet und wurden sowohl in Pro- als auch Eukaryoten nachgewiesen [70]. Sie erfüllen eine Vielzahl an biologischen Funktionen. Ursprünglich wurden Lipocaline als Transportpoteine eingestuft, wie für das Retinol-Bindeprotein (RBP) beschrieben [141]. Die Untersuchung der physiologischen Funktion weiterer Lipocaline zeigte, dass sie darüber hinaus auch an vielen anderen biologischen Prozessen beteiligt sind, wie beispielsweise bei der Vermittlung von Pheromon- und Geruchsreaktionen, bei der Farbgebung von Invertebraten, bei Immunprozessen und bei der Prostaglandin D Synthese. Die Prostaglandin D Synthase (PDS) ist eine der wenigen Ausnahmen eines Lipocalins für das eine enzymatische Aktivität nachgewiesen wurde [197].

Allen Lipocalinen ist die Eigenschaft gemeinsam mit kleinen, meist hydrophoben Molekülen zu interagieren. Beispielsweise wird das humane Tränenlipocalin (hTLC) in die Tränenflüssigkeit sekretiert und ist durch Bindung hydrophober „Schmutzmoleküle" und dem Tränenbildungsprozess an der

7. Diskussion

Reinhaltung der Augenoberfläche beteiligt [161]. Gut charakterisierte Lipocaline sind die Geruchsstoffbindeproteine (OBPs), die Affinität gegenüber verschiedenen flüchtigen niedermolekularen Verbindungen zeigen und in der Nasenschleimhaut exprimiert werden. Vermutlich sind sie am Transport hydrophober Duftstoffe durch das wässrige Schleimhautmilieu verantwortlich, um eine Interaktion mit membranständigen Rezeptoren zu ermöglichen [148]. Verschiedene OBPs zeigen unterschiedliche Affinitäten gegenüber unterschiedlichen Substanzen [119]. Von den drei in der Ratte identifizierten OBPs zeigt OBP1 eine Substratpräferenz für mono- und bizyklische Terpene sowie Phenolderivate, während OBP2 und OBP3 aliphatische bzw. heterozyklische Verbindungen bevorzugen.

Die ersten pflanzlichen Lipocaline wurden 2005 in Weizen und *Arabidopsis* identifiziert [25]. Es handelte sich dabei um Proteine zweier verschiedener Kategorien, nämlich die temperaturinduzierbaren Lipocaline (TILs) und die chloroplastischen Lipocaline (CHLs). CHLs und TILs akkumulieren in Folge abiotischer Stresseinflüsse wie Licht und Temperatur [26, 113] und weisen molekulare Massen von 19-26 kDa auf. Die am Xanthophyllzyklus beteiligten Proteine Violaxanthindeepoxidase und Zeaxanthinepoxidase werden als „Outlier" Lipocaline eingestuft [88].

Ein anderes pflanzliches Protein, das Ähnlichkeiten zu den Lipocalinen und DPs aufweist, ist die Allenoxidzyklase (AOC). Die an der Jasmonsäuresynthese beteiligte *At*AOC2 ist – analog zu den DPs – an der stereospezifischen Kontrolle einer sonst unspezifisch verlaufenden chemischen Reaktion beteiligt. In Gegenwart von *At*AOC2 verläuft der Zerfall der instabilen 12,13-(S)-Epoxy-Oktadecatriensäure zu *cis*-(+)-OPDA [76], der ansonsten zum racemischen Produkt führt. Aufgrund der dreidimensionalen Struktur von *At*AOC2, die – wie die Lipocaline – ein achtsträngiges β-Fass bildet, sich aber bezüglich der Orientierung des Fasses den Lipocalinen entgegengesetzt verhält [89], kann *At*AOC2 als lipocalinähnlich bezeichnet werden. Die Interaktion mit kleinen hydrophoben bzw. reaktiven Molekülen in Verbindung mit der fehlenden selbstständigen katalytischen Aktivität stellt eine prinzipielle Gemeinsamkeit der DPs mit *At*AOC2 und Lipocalinen dar. Der Vergleich grundlegender molekularer Eigenschaften bekannter Lipocaline mit exemplarischen Vertretern der DPs sowie *At*AOC2 zeigt, dass es sich hierbei meist um kleinere Proteine (in der Regel 160-180 Aminosäuren) von ca. 20 kDa handelt (Tab. 7.2). DPs liegen mit 18,1-19,4 kDa im unteren Bereich der molekularen Massen, wie sie bei Lipocalinen zu finden sind. Einzelne Lipocaline besitzen höhere Molekulargewichte, wenn sie zusätzliche strukturelle Elemente oder Proteindomänen beinhalten [70]. Die isoelektrischen Punkte der Lipocaline und *At*AOC2 lagen mit $4,3 < pI < 5,7$ (Tab.6.3) im leicht sauren Bereich. DPs besaßen dagegen neutrale oder leicht im Alkalischen liegende isolelektrische Punkte ($6,9 < pI < 8,5$).

Lipocaline liegen in nativer Form als Monomer, Dimer, Tetramer oder Oligomer vor. Die Untersuchungen von *At*DIR6 (Kap. 6.6.1) und *Fi*DIR1 [74] zeigten, dass DPs in aktiver Form als Dimere vorliegen. In den hier durchgeführten chemischen Verknüpfungsexperimenten konnte *Rn*OBP1 zu Dimeren verknüpft werden. Dies steht in Übereinstimmung mit den von Löbel *et al.* publizierten Daten [120]. Die Aufklärung der Kristallstruktur und Gelfiltrationsexperimente [207] führten zur widersprüchlichen Aussage, dass es sich bei *Rn*OBP1 um ein Monomer handelt. Dies kann seine Ursache eventuell in der Verwendung unterschiedlicher Expressionssysteme haben (*E. coli* bzw. *P. pastoris*). Für *At*AOC2 wurde in nativem Zustand die Bildung von Trimeren beschrieben [89]. Dieser Befund konnte in den hier durchgeführten Verknüpfungsexperimenten bestätigt werden.

7. Diskussion

Eine weitere Übereinstimmung zwischen DPs und Lipocalinen ist die verbreitete posttranslationale Modifikation in Form von Glykosylierungen. Diese Eigenschaft trifft zwar nicht auf alle Lipocaline zu, scheint aber unter DPs konserviert zu sein. Angaben zur Glykosylierung von *Rn*OBP1 und *At*AOC2 finden sich in der Literatur nicht. Allerdings deutet die Verwendung prokaryotischer Expressionssyteme zur Bildung von rekombinantem *At*AOC2 bzw. *Rn*OBP1 darauf hin, dass eine Glykosylierung für die Erzeugung nativen Proteins nicht essentiell ist. Eine Bildung von aktiven DPs scheint aber nur in Expressionssystemen möglich zu sein, die auch über einen eukaryotischen Glykosylierungsapparat verfügen.

Auffallend war die Bildung von *Fi*DIR1-Oligomeren während der Aufreinigungsprozedur, die durch SDS nicht in Monomere überführt werden konnten. Im anfänglichen Extrakt wurde das Protein nach SDS-PAGE hauptsächlich als Monomer-Bande detektiert. Das gereinigte Protein lag nach SDS-PAGE allerdings als Di- bzw. Trimer vor. Die Bildung hochmolekularer Aggregate von *Fi*DIR1 nach längeren Inkubationszeiten oder in Lösungen geringer Ionenstärke ist bekannt [74]. Allerdings zeigte *At*DIR6 keine derartige Komplexbildung. Möglicherweise ist eine erhöhte Bereitschaft zur Komplexbildung auf die exzessivere Glykosylierung des Forsythien-DP's zurückzuführen. Eine Tendenz zur Oligomerisierung oder zur Komplexbildung mit anderen Proteinen wurde auch für Lipocaline beschrieben [58]. Apolipoprotein D (Apo D) besitzt die Fähigkeit über Disulfidbrücken mit verschiedenen Proteinen Komplexe auszubilden [13].

Insgesamt betrachtet, bestehen auf funktionaler und biochemischer Ebene große Übereinstimmungen zwischen DPs, *At*AOC2 und dem Lipocalin *Rn*OBP1.

7.3.2. Struktureller Vergleich

Die Sequenzidentität unter Lipocalinen ist mit zum Teil nur 10 % sehr gering. Trotzdem weisen alle Lipocaline eine charakteristische dreidimensionale Struktur auf, wie die Kristallstrukturen von Lipocalinen zeigen [139]. Die charakteristische Faltungsart eines Lipocalins ist ein achtsträngiges, antiparalleles β-Fass mit +1 Topologie, das eine Bindetasche für den hydrophoben Liganden aufweist (Abb. 7.6). Das β-Fass wird durch Wasserstoffbrücken zwischen den β-Faltblättern stabilisiert, die durch kurze β-Schleifen miteinander verbunden sind [60]. Der Zugang zur Bindetasche wird durch eine relativ große β-Schleife zwischen dem ersten und zweiten N-terminalen β-Blatt (Ω-Schleife) kontrolliert, die eine Art Deckel zum Fass bildet und die beobachteten Substratselektivitäten verleiht. Die Ligandenbindung kann im Inneren der Bindungstasche (Major Urinary Protein) oder an lösungsmittelexponierten Stellen erfolgen (Bilinbindeprotein). Ein weiteres strukturelles Charakterisitikum von Lipocalinen ist eine kurze N-terminale 3_{10}-α-Helix, die in das erste β-Faltblatt übergeht sowie eine längere C-terminale α-Helix, die tangential zur Fassaußenseite ausgerichtet ist [59]. Die Röntgenstrukturanalyse von *Rn*OBP1 zeigte, dass das Protein die typische Lipocalinfaltung aufweist (7.6B) [207].

Die Aufklärung der dreidimensionalen Struktur von *At*AOC2 zeigte, dass die Struktur von *At*AOC2 ebenfalls einem achtsträngigen, antiparallelen β-Fass mit einer C-terminalen α-helikalen Erweiterung entspricht (7.6A) [89]. Das Protein bildet eine hydrophobe Bindungstasche. Die Überlagerung der *At*AOC2 mit der Struktur des C_α-Lipocalins ergab, dass die fassbildenden β-Faltblattstrukturen

7. Diskussion

Tab. 7.2.: Biochemischer Vergleich ausgewählter Lipocaline (RBP: Retinolbindeprotein, A2U: α_{2u}-Globulin, BBP: Bilinbindeprotein, BLG: β-Laktoglobulin, A1M: α_1-Mikroglobulin, ApoD: Apolipoprotein D, LAZ: Lazarillo, PDS: Prostaglandin D Synthase, MUP: Major Urinary Protein, VEGP: Van Ebner's Drüsen Protein, RnOBP1: Geruchsstoffbindeprotein 1, AtAOC2: Allenoxidzyklase 2 und DIRs: DPs) bezüglich des Molekulargewichts (MW), des isoelektrischen Punktes (pI), der Anzahl an Aminosäuren (n), der Quartärstruktur (QS) und Glykosylierungen; verändert nach [58].

Protein	MW [kDa]	pI	n	QS	Glykosylierung
RBP	21,0	5,5	183	Monomer	-
A2U	18,7	5,7 - 6,7	162	Dimer	-
MUP	17,8	5,5 - 5,7	161	Dimer	-
BBP	19,6	?	173	Tetramer	-
BLG	18,0	5,2	162	Mono-/Dimer	-
A1M	31,0	4,3 - 4,8	188	Monomer/Komplexe	+
ApoD	29,0 - 32,0	4,7 - 5,2	169	Dimer/Komplexe	+
LAZ	45,0	?	183	Monomer	+
PDS	27,0	4,6	168	Monomer	+
VEGP	18,0	4,8 - 5,2	170	Dimer	?
RnOBP1	19,7	5,2	172	Mono-/Dimer	?
AtAOC2	19,4	5,4	176	Trimer	?
AtDIR6	18,1	8,5	158	Dimer	+
FiDIR1	18,8	8,4	166	Dimer	+
TpDIR7	18,6	6,9	167	?	+

7. Diskussion

gute Übereinstimmung zeigen, während die Schleifenregionen große Unterschiede aufweisen. Der auffallendste Unterschied zwischen der Struktur von Lipocalinen und *At*AOC2-Struktur ist die entgegengesetzte Orientierung des Fasses. Während sich die Ω-Schleife bei Lipocalinen oben am Fass befindet, findet sie sich bei der *At*AOC2 am Boden. Aufgrund der strukturellen Gestalt von *At*AOC2 wurde vorgeschlagen dieses als entferntes Mitglied der pflanzlichen Lipocalinfamilie zu betrachten [89]. Eine Entscheidung, ob die lipocalinähnliche Faltung der *At*AOC2 auf Homologie oder Konvergenz beruht, konnte aufgrund der geringen Sequenzidentität nicht getroffen werden [89].

Der Vergleich der Sekundärstrukturanteile von *Rn*OBP1, *At*AOC2 und *At*DIR6 zeigte, dass alle Proteine tendenziell gleiche Anteile der verschiedenen Sekundärstrukturelemente enthalten (Tab. 7.1). Solch eine Verteilung ist für Lipocaline charakteristisch und wurde zum Beispiel auch für das juvenile Hormonbindeprotein (JHBP) mit ca. 8 % α-Helices und 62 % β-Strukturen ermittelt [44]. Die ermittelten Sekundärstrukturanteile von *Rn*OBP1 stehen in guter Übereinstimmung mit den in der Literatur beschriebenen (9 % α-Helices und 43 % β-Faltblätter) [120]. Für *Rn*OBP1 ergab sich der lipocalintypische hohe Gehalt an β-Faltblattstrukturen, der in den beiden Proteinen *At*AOC2 und *At*DIR6 sogar noch höher ausfiel. Der Gehalt an α-Helices von *Rn*OBP1 war dagegen höher als in den beiden anderen Proteinen. Er lag allerdings in der gleichen Größenordnung wie für *Fi*DIR1 berichtet [74]. Ungeordnete Bereiche waren in *At*DIR6 mit 36-37 % in etwas geringerem Maße als in den beiden anderen Proteinen vertreten. Die CD-Spektren von *Rn*OBP1 und *At*DIR6 wiesen die für β-Strukturen typischen Extremwerte bei 195 bzw. 215 nm auf [193], während sowohl das Maximum bei 195 nm als auch das Minimum bei 215 nm im CD-Spektrum der *At*AOC2 etwas in den längerwelligen Bereich verschoben waren. Interessanterweise zeigte das CD-Spektrum von *At*DIR6 eine charakteristische Signalschulter bei der Wellenlänge des verschobenen Maximums. Diese Schulter ist auch im CD-Spektrum von *Fi*DIR1 detektierbar [74] und scheint ein DP-spezifisches Charakteristikum zu sein oder eventuell mit der Glykosylierung der DPs zusammenhängen.

In Übereinstimmung mit den veröffentlichten Kristallstrukturen von *Rn*OBP1 und *At*AOC2 zeigte die CD-spektrometrische Charakterisierung dieser Proteine einen hohen Anteil an β-Strukturelementen und einen geringen Anteil an α-Helices. Die vorhergesagten Sekundärstrukturanteile von *At*DIR6 stehen mit den für *Fi*DIR1 publizierten in guter Übereinstimmung und ähneln insgesamt denen der Lipocaline und *At*AOC2. Es besteht daher eine hohe Wahrscheinlichkeit, dass DPs analog zu *At*AOC2 oder *Rn*OBP1 eine β-Fassform besitzt. Eine Unterscheidung, ob DPs in der Lipocalin- oder einer lipocalinähnlichen Faltung vorliegen, wie sie bei *At*AOC2 zu finden ist, kann aufgrund der vorfügbaren Daten nicht getroffen werden.

7.3.3. Sequenzvergleich

Die Sequenzidentität unter Lipocalinen ist so gering, dass Aussagen über Homologie auf Sequenzebene meist nicht mehr getroffen werden können. Als entscheidend für eine Zuordnung zu den Lipocalinen wurde deshalb die Existenz dreier kurzer konservierter Sequenzmotive definiert. Ein konserviertes GxWY-Sequenzmotiv findet sich am N-Terminus, die beiden anderen konservierten Sequenzmotive (TDYxxY und R) folgen in C-terminaler Richtung [58, 59]. Diese Sequenzmotive sind im Bereich strukturell konservierter Regionen (SCRs) der Lipocalinfaltung lokalisiert. SCR I

7. *Diskussion*

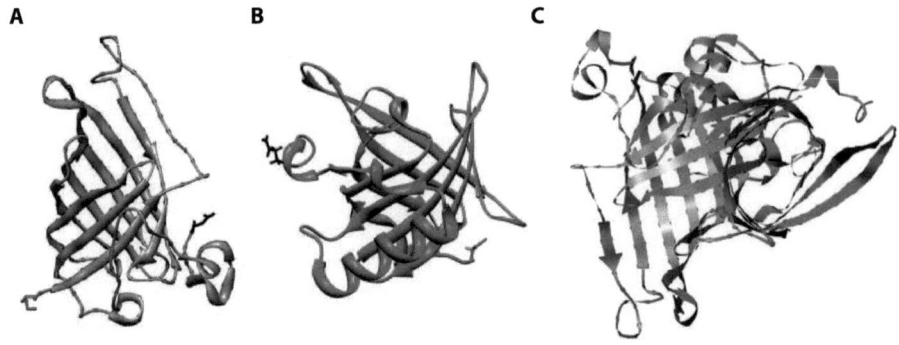

Abb. 7.6.: Strukturmodelle von *At*AOC2 (A, 2DIO.pdb) und *Rn*OBP1 (B, 3FIQ.pdb) sowie eine Übereinanderlagerung beider Strukturen (C) aufgrund des Sequenzvergleichs mit Hilfe von Chimera [152].

ist Teil der konservierten 3_{10}-α-Helix. SCR II findet sich zwischen β-Blatt sechs und sieben. SCR III steht über Wasserstoffbrücken mit SCR I und somit der 3_{10}-α-Helix in Verbindung [57]. Aufgrund der variablen Zahl nachweisbarer konservierter Sequenzmotive wird zwischen „Kern"- und „Outlier"-Lipocalinen unterschieden, wobei „Kern"-Lipocaline alle drei Motive, die „Outlier" nur das N-terminale Sequenzmotiv und eventuell ein weiteres Motiv besitzen [58]. Bezüglich der in Pflanzen beschriebenen Lipocaline verfügen CHLs und TILs über alle drei Sequenzmotive [25]. In TILs ist das mittlere Sequenzmotiv allerdings lediglich noch in Form der zentralen Asparaginsäure nachweisbar. VDE weist das N-terminale und C-terminale Sequenzmotiv auf, die ZEP nur das N-terminale. Damit müssen beide Enzyme als „Outlier"-Lipocaline bezeichnet werden. Auch die OBPs werden aufgrund des Fehlens der beiden C-terminalen Sequenzmotive zu den „Outlier"-Lipocalinen gerechnet [59].

Für eine Zuordnung der DPs zu den Lipocalinen wäre die Existenz dieser konservierten Sequenzmotive in den DP-Sequenzen notwendig. Der Sequenzvergleich ausgewählter Lipocaline mit *At*AOC2 und DPs zeigt, dass die Sequenzlängen der CHLs und der *At*AOC2 von der der anderen Lipocaline und der DPs nach oben hin abweichen (Abb. 7.7B), alle anderen Sequenzen aber eine ähnliche Länge besitzen. Diese Abweichungen beruhen vor allem auf dem Vorhandensein des N-terminalen Chloroplastentransitpeptids (Abb 7.7B), welches je nach Protein eine Länge von 13 bis 146 Aminosäuren besitzt [222].

Die verglichenen DP-Sequenzen waren den Sequenzen pflanzlicher Lipocaline nur zu 3-5 % identisch und 11-15 % ähnlich. Die Identitäten zwischen DPs und Lipocalinen betrugt 1-10 %. *Rn*OBP1 besitzt mit 2-5 % Identität zu den DPs nur eine sehr geringe Sequenzähnlichkeit. PDGS und NGL zeigten gegenüber den DPs mit 5-10 % Identität die höchsten Sequenzgemeinsamkeiten. *At*AOC2 weist gegenüber den Lipocalinen 4-7 % Identität auf. Beim Vergleich mit den pflanzlichen Lipocalinen sinken die Werte auf 1-3 %. Die Sequenzen von DPs und *At*AOC2 sind zu 6-9 % identisch. Diese Werte liegen jedoch alle innerhalb eines Bereichs in dem zufällige Sequenzübereinstimmungen auftreten können, so dass eine Aussage über eine potentielle Homologie der Proteine nicht getroffen werden kann. Insgesamt bestätigt das Alignment die geringe Sequenzähnlichkeit innerhalb der Lipocaline und lipocalinähnlichen Proteine sowie zwischen AtAOC2, Lipocalinen und DPs.

Die Betrachtung des Alignments in Bezug auf die Sequenzmotive im Bereich der SCRs zeigte, dass diese sich in dem erhaltenen Vergleich anhand der einbezogenen Lipocalinsequenzen eindeutig identifizieren ließen (Abb. 7.7B). Die beiden charakteristischen Aminosäuren Glycin und Tryptophan des N-terminalen für Lipocaline spezifischen Sequenzmotivs waren in allen Lipocalinen konserviert. Ebenso konnten die beiden anderen Motive im Bereich der SCR II und III in den als Lipocalinen bekannten Proteinen PDS, NGL, INC, CRA, RBP und CHLs gefunden werden. Die TILs verfügten zwar über das C-terminale Sequenzmotiv, aber – wie beschrieben – im mittleren Motiv nur über die zentrale konservierte Asparaginsäure. TLC fehlte das mittlere Sequenzmotiv, ähnelte ansonsten aber den TILs. RnOBP1 zeichnete sich nur durch die Existenz des N-terminalen Sequenzmotivs aus. In AtAOC2 ließ sich keines der Motive identifizieren. Die in der Literatur beschriebene geringe Sequenzidentität zwischen den Aminosäuren 47 und 56 der AtAOC2 und SCR I in RBP aus dem Schwein [89] konnte im Sequenzalignment nicht reproduziert werden.

DPs besitzen an der Stelle des für Lipocaline typischen N-terminalen Sequenzmotivs ein DP-konserviertes VxYF-Motiv (DP-Motiv 1), wobei die beiden hinteren Aminosäuren wie bei dem für Lipocaline spezifischen Motiv aromatische Reste darstellen. Das konservierte Threonin innerhalb des mittleren Sequenzmotivs findet sich in allen betrachteten DP-Sequenzen, während in FiDIR2 und TpDIR7 das mittlere Sequenzmotiv mit Ausnahme des terminalen Tyrosins vollständig erhalten ist. Anstelle des C-terminalen Tyrosins des mittleren Sequenzmotivs findet sich in den DPs einheitlich ein Threonin. Dieses Sequenzmotiv befindet sich in dem Bereich, in dem in DPs das DP-Motiv 4 zu finden ist. Das C-terminale Motiv fehlt in den DPs. Hier findet sich an der Stelle des konservierten Arginins ein Valin. Im Sequenzbereich von SCR III findet sich in DPs das DP-Motiv 5.

Das den DPs fehlende N-terminale Sequenzmotiv führt formal zu einem Ausschluss aus der Lipocalinfamilie [59]. Aufgrund des in DP-Sequenzen konservierten mittleren Sequenzmotivs kann aber eine Homologie zwischen Lipocalinen und DPs nicht ausgeschlossen werden. Interessant ist diese Tatsache insbesondere deswegen, da der Anfang dieses Motivs das Ende einer innerhalb aller DPs konservierten Glykosylierungsstelle darstellt. Da Glykosylierungen für DPs vermutlich in irgendeiner Weise essentiell sind, unterliegt dieser Sequenzabschnitt wahrscheinlich einer geringeren Variabilität hinsichtlich von Aminosäuresubstitutionen.

7.3.4. Schlussfolgerung

Eine Zugehörigkeit der DPs zu den all-β-Proteinen ist aufgrund der generell identischen Sekundärstrukturgehalte bei einer ähnlicher Anzahl an Aminosäuren anzunehmen. Die beschriebenen Analogien zwischen Lipocalinen und DPs bezüglich ihrer molekularen Eigenschaften und Funktionalität ist ein weiterer Hinweis auf eine ähnliche dreidimensionale Struktur. In diesen Eigenschaften stimmt auch AtAOC2 weitgehend mit den Lipocalinen und DPs überein, für die das Vorliegen einer lipocalinähnlichen Faltung anhand der Kristallstruktur gezeigt werden konnte [89]. Übereinstimmende Faltungsmuster bei Proteinen, deren Homologie anhand der Primärstruktur nicht eindeutig bestimmt werden kann, können als Strukturhomologe aufgefasst werden. Aufgrund der β-Fassstruktur und

7. Diskussion

des konservierten Faltungsmusters werden auch die Fettsäurebindeproteine (FABPs, zehnsträngiges Fass), Metalloproteinaseinhibitoren (MPIs), Triabine und Avidine (alle achtsträngige Fassstruktur) zusammen mit den Lipocalinen in die Superfamilie der Calycine eingeordnet [60]. Es ist, aufgrund der erhobenen Tatsachen anzunehmen, dass eine Zugehörigkeit der DPs zur Calycin-Superfamilie besteht. Endgültige Klarheit kann aber nur durch Analyse der dreidimensionalen Struktur und dem Faltungsmuster von DPs verschafft werden.

7. Diskussion

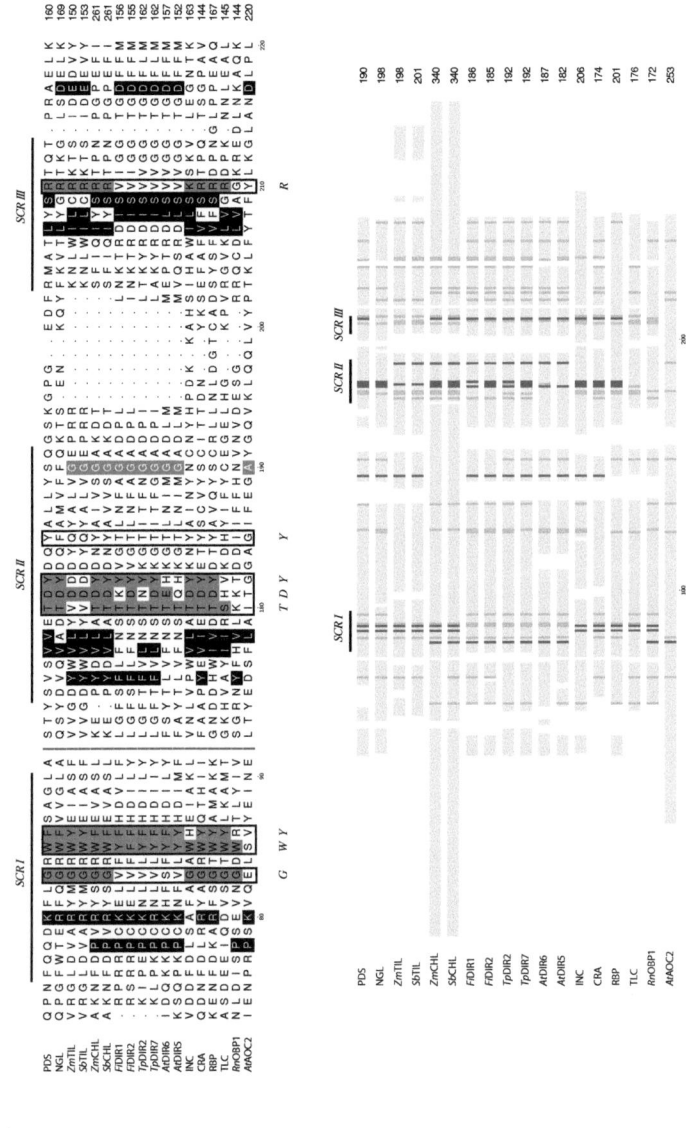

Abb. 7.7.: Sequenzvergleich von Lipocalinen, *At*AOC2 und DPs im Bereich von SCR I-III (A) sowie schematische Gesamtübersicht über Lücken und konservierte Bereiche (je dunkler desto höher die Ähnlichkeit, Proteine: siehe Tab. 7.2, B). Die SCRs sind hervorgehoben und die Konsesussequenzen unterhalb des Vergleichs angegeben. Chemisch ähnliche Aminosäuren sind schwarz hinterlegt.

Literaturverzeichnis

[1] ADLER, E. : Lignin Chemistry - Past, Present and Future. In: *Wood Science and Technology* 11 (1977), S. 169–218

[2] ALTSCHUL, S. ; GISH, W. ; MILLER, W. ; MYERS, E. ; LIPMAN, D. : Basic Local Alignment Search Tool. In: *Journal of Molecular Biology* 215 (1990), S. 403–410

[3] ALTSCHUL, S. ; MADDEN, T. ; SCHAFFER, A. ; ZHANG, J. ; ZHANG, Z. ; MILLER, W. ; LIPMAN, D. : Gapped BLAST and PSI-BLAST: A New Generation of Protein Database Search Programs. In: *Nucleic Acids Research* 25 (1997), S. 3389–3402

[4] ALTSCHUL, S. ; WOOTTON, J. ; GERTZ, E. ; AGARWALA, R. ; MORGULIS, A. ; SCHAFFER, A. ; YU, Y. : Protein Database Searches Using Compositionally Adjusted Substitution Matrices. In: *FEBS Journal* 272 (2005), S. 5101–5109

[5] ANDRADE, M. ; CHACON, P. ; MERELO, J. ; MORAN, F. : Evaluation of Secondary Structure of Proteins from UV Circular Dichroism Using an Unsupervised Learning Neural Network. In: *Protein Engineering* 6 (1993), S. 383–390

[6] BALEN, B. ; KRSNIK-RASOL, M. : N-Glycosylation of Recombinant Therapeutic Glycoproteins in Plant Systems. In: *Food Technology and Biotechnology* 45 (2007), Nr. 1, S. 1–10

[7] BAO, W. ; O'MALLEY, D. ; WHETTEN, R. ; SEDEROFF, R. : A Laccase Associated with Lignification in Loblolly Pine Xylem. In: *Science* 260 (1993), S. 672–674

[8] BECERRA-ARTEAGA, A. ; SHULER, M. : Influence of Culture Medium Supplementation of Tobacco NT1 Cell Suspension Cultures on the N-Glycosylation of Human Secreted Alkaline Phosphatase. In: *Biotechnology and Bioengineering* 97 (2007), Nr. 6, S. 1585–1593

[9] BEDOWS, E. ; HATFIELD, G. : An Investigation of the Antiviral Activity of *Podophyllum peltatum*. In: *Journal of Natural Products* 45 (1982), Nr. 6, S. 725–729

[10] BENEDICT, C. ; LIU, J. ; STIPANOVIC, R. : The Peroxidative Coupling of Hemigossypol to (+)- and (-)-Gossypol in Cottonseed Extracts. In: *Phytochemistry* 67 (2006), S. 356–361

[11] BERNARDS, M. ; LOPEZ, M. ; ZAJICEK, J. ; LEWIS, N. : Hydroxycinnamic Acid-Derived

Polymers Constitute the Polyaromatic Domain of Suberin. In: *Journal of Biological Chemistry* 270 (1995), Nr. 13, S. 7382–7386

[12] BHIRAVAMURTY, P. ; KANAKALA, R. ; RAO, E. ; SASTRY, K. : Effect of Some Furofuranoid Lignans on Three Species of Seeds. In: *Current Sciences* 48 (1979), S. 949–950

[13] BLANCO-VACA, F. ; VIA, D. ; YANG, C. ; MASSEY, J. ; POWNALL, H. : Characterization of Disulfide-Linked Heterodimers Containing Apolipoprotein D in Human Plasma Lipoproteins. In: *Journal of Lipid Research* 33 (1992), S. 1785–1795

[14] BLOM, N. ; SICHERITZ-PONTEN, T. ; GUPTA, R. ; GAMMELTOFT, S. ; BRUNAK, S. : Prediction of Post-Translational Glycosylation and Phosphorylation of Proteins from the Amino Acid Sequence. In: *Proteomics* 4 (2004), S. 1633–1649

[15] BOLLAG, J. ; LEONOWICZ, A. : Comparative Studies of Extracellular Fungal Laccases. In: *Applied and Environmental Microbiology* 48 (1984), Nr. 4, S. 849–854

[16] BRADFORD, M. : A Rapid and Sensitive Method for the Quantification of Microgram Quantities of Protein Utilizing the Principle of Protein-Dye Binding. In: *Analytical Biochemistry* 72 (1976), S. 248–254

[17] BRASH, A. ; BAERTSCHI, S. ; INGRAM, C. ; HARRIS, T. : Isolation and Characterization of Natural Allene Oxides: Unstable Intermediates in the Metabolism of Lipid Hydroperoxides. In: *Proceedings of the National Academy of Sciences* 85 (1988), S. 3382–3386

[18] BRINGMANN, G. ; MORTIMER, A. ; KELLER, P. ; GRESSER, M. ; GARNER, J. ; BREUNING, M. : Atropselektive Synthese axial-chiraler Biaryle. In: *Angewandte Chemie* 117 (2005), S. 5518–5563

[19] BU'LOCK, J. : The Formation of Melanin from Adenochrome. In: *Journal of the Chemical Society* (1961), S. 52–58

[20] BU'LOCK, J. ; LEEMING, P. ; SMITH, H. : Pyrones. Part II. Hispidin, a New Pigment and Precursor of a Fungus „Lignin". In: *Journal of the Chemical Society* (1962), S. 2085–2089

[21] BURLAT, V. ; KWON, M. ; DAVIN, L. ; LEWIS, N. : Dirigent Proteins and Dirigent Sites in Lignifying Tissues. In: *Phytochemistry* 57 (2001), S. 883–897

[22] BYKOVA, N. ; RAMPITSCH, C. ; KROKHIN, O. ; STANDING, K. ; ENS, W. : Determination and Characterization of Site-Specific N-Glycosylation Using MALDI-Qq-TOF Tandem Mass Spectrometry: Case Study with a Plant Protease. In: *Analytical Chemistry* 78 (2006), Nr. 4, S. 1093–1103

Literaturverzeichnis

[23] CASTRO, M. ; GORDALIZA, M. ; CORRAL, J. del ; FELICIANO, A. : The Distribution of Lignanoids in the Order Coniferae. In: *Phytochemistry* 41 (1996), Nr. 4, S. 995–1011

[24] CEDZICH, A. ; HUTTENLOCHER, F. ; KUHN, B. ; PFANNSTIEL, J. ; GABLER, L. ; STINTZI, A. ; SCHALLER, A. : The Protease-Associated Domain and C-terminal Extension Are Required for Zymogen Processing, Sorting within the Secretory Pathway, and Activity of Tomato Subtilase 3 (SlSBT3). In: *The Journal of Biological Chemistry* 284 (2009), Nr. 21, S. 14068–14078

[25] CHARRON, J. ; OUELLET, F. ; PELLETIER, M. ; DANYLUK, J. ; CHAUVE, C. ; SARHAN, F. : Identification, Expresssion, and Evolutionary Analysis of Plant Lipocalins. In: *Plant Physiology* 139 (2005), S. 2017–2028

[26] CHI, W. ; FUNG, R. ; LIU, H. ; HSU, C. ; CHARNG, Y. : Temperature-Induced Lipocalin Is Required for Basal and Acquired Thermotolerance in *Arabidopsis*. In: *Plant, Cell & Environment* 32 (2009), S. 917–927

[27] CHO, J. ; CHOI, G. ; SON, S. ; JANG, K. ; LIM, H. ; LEE, S. ; SUNG, N. ; CHO, K. ; KIM, J. : Isolation and Antifungal Activity of Lignans from *Myristica fragans* Against Various Plant Pathogenic Fungi. In: *Pest Management Science* 63 (2007), S. 935–940

[28] CLAVEL, T. ; BORRMANN, D. ; BRAUNE, A. ; DORE, J. ; BLAUT, M. : Occurence and Activity of Human Intestinal Bacteria Involved in the Conversion of Dietary Lignans. In: *Anaerobe* 12 (2006), S. 140–147

[29] COMPTON, L. ; JOHNSON, W. : Analysis of Protein Circular Dichroism Spectra for Secondary Structure Using a Simple Matrix Multiplication. In: *Analytical Biochemistry* 155 (1986), S. 155–167

[30] COOPER, C. ; GASTEIGER, E. ; PACKER, N. : GlycoMod - A Software Tool for Determining Glycosylation Compositions from Mass Spectrometric Data. In: *Proteomics* 1 (2001), S. 340–349

[31] COOPER, G. ; LAIRD, A. ; NAHAR, L. ; SARKER, S. : Lignan Glucosides from the Seeds of *Centaurea americana* (Compositae). In: *Biochemical Systematics and Ecology* 30 (2002), S. 65–67

[32] CULLEY, D. ; HOROVITZ, D. ; HADWIGER, L. : Molecular Characterization of Diseaes-Resistance Response Gene *DRR206-d* from *Pisum sativum* (L.). In: *Plant Physiology* 107 (1995), S. 301–302

[33] CULLMANN, F. ; ADAM, K. ; BECKER, H. : New Bisbibenzyls and Lignans from the Liverwort *Pellia epiphylla*. In: *Planta Medica* 59 (1993), S. 610–610

Literaturverzeichnis

[34] CULLMANN, F. ; BECKER, H. : Lignans from the Liverwort *Lepicolea ochroleuca*. In: *Phytochemistry* 52 (1999), S. 1651–1656

[35] CULLMANN, F. ; SCHMIDT, A. ; SCHULD, F. ; TRENNHEUSER, M. ; BECKER, H. : Lignans from the Liverworts *Lepidozia incurvata, Chiloscyphus polyanthos* and *Jungermannia exsertifolia* ssp. *cordifolia*. In: *Phytochemistry* 52 (1999), S. 1647–1650

[36] DADA, G. ; CORBANI, A. ; MANITTO, P. ; SPERANZA, G. ; LUNAZZI, L. : Lignan Glycosides from the Heartwood of European Oak *Quercus petraea*. In: *Journal of Natural Products* 52 (1989), Nr. 6, S. 1327–1330

[37] DAVIN, L. ; BEDGAR, D. ; KATAYAMA, T. ; LEWIS, N. : On the Stereoselective Synthesis of (+)-Pinoresinol in *Forsythia suspensa* from Its Achiral Precursor, Coniferyl Alcohol. In: *Phytochemistry* 31 (1992), Nr. 11, S. 3869–3874

[38] DAVIN, L. ; LEWIS, N. : Dirigent Proteins and Dirigent Sites Explain the Mystery of Specificity of Radical Precursor Coupling in Lignan and Lignin Biosynthesis. In: *Plant Physiology* 123 (2000), S. 453–461

[39] DAVIN, L. ; LEWIS, N. : Lignin Primary Structures and Dirigent Sites. In: *Current Opinion in Biotechnology* 16 (2005), S. 407–415

[40] DAVIN, L. ; WANG, C. ; HELMS, G. ; LEWIS, N. : [^{13}C]-Specific Labeling of 8-2' Linked (-)-*cis*-Blechnic, (-)-*trans*-Blechnic and (-)-Brainic Acids in the Fern *Blechnum spicant*. In: *Phytochemistry* 62 (2003), S. 501–511

[41] DAVIN, L. B. ; WANG, H.-B. ; CROWELL, A. L. ; BEDGAR, D. L. ; MARTIN, D. M. ; SARKANEN, S. ; LEWIS, N. G.: Stereoselective Bimolecular Phenoxy Radical Coupling by an Auxiliary (Dirigent) Protein Without an Active Center. In: *Science* 175 (1997), S. 362–366

[42] DINKOVA-KOSTOVA, A. ; GANG, D. ; DAVIN, L. ; BEDGAR, D. ; CHU, A. ; LEWIS, N. : (+)-Pinoresinol/(+)-Lariciresinol Reductase from *Forsythia intermedia*. In: *Journal of Biological Chemistry* 271 (1996), Nr. 46, S. 29473–29482

[43] DIRNBERGER, D. ; STEINKELLNER, H. ; ABDENNEBI, L. ; REMY, J. ; WIEL, D. van d.: Secretion of Biologically Active Glycoforms of Bovine Follicle Stimulating Hormone in Plants. In: *European Journal of Biochemistry* 268 (2001), S. 4570–4579

[44] DOBRYSZYCKI, P. ; KOLODZIEJCZYK, R. ; KROWARSCH, D. ; GAPINSKI, J. ; OZYHAR, A. ; KOCHMAN, M. : Unfolding and Refolding of Juvenile Hormone Binding Protein. In: *Biophysical Journal* 86 (2004), Nr. 2, S. 1138–1148

Literaturverzeichnis

[45] DONALDSON, L. : Mechanical Constraints on Lignin Deposition During Lignification. In: *Wood Science Technology* 28 (1994), S. 111–118

[46] DONALDSON, L. : Lignification and Lignin Topochemistry - an Ultratructural View. In: *Phytochemistry* 57 (2001), S. 859–873

[47] DRAKAKAKI, G. ; MARCEL, S. ; ARCALIS, E. ; ALTMANN, F. ; GONZALEZ-MELENDI, P. ; FISCHER, R. ; CHRISTOU, P. ; STOGER, E. : The Intracellular Fate of a Recombinant Protein Is Tissue Dependent. In: *Plant Physiology* 141 (2006), S. 578–586

[48] DROCHNER, D. ; HÜTTEL, W. ; NIEGER, M. ; MÜLLER, M. : Unselective Phenolic Coupling of Methyl 2-Hydroxy-4-methoxy-6-methylbenzoate - A Valuable Tool for the Total Synthesis of Natural Product Families. In: *Angewandte Chemie* 115 (2003), Nr. 8, S. 961–963

[49] EDGE, A. ; FALTYNEK, C. ; HOF, L. ; REICHERT, L. ; WEBER, P. : Deglycosylation of Glycoproteins by Trifluoromethanesulfonic Acid. In: *Analytical Biochemistry* 118 (1981), Nr. 1, S. 131–137

[50] ELAKOVICH, S. ; STEVENS, K. : Phytotoxic Properties of Nordihydroguaiaretic Acid, a Lignan from *Larrea tridentata* (Creosote Bush). In: *Journal of Chemical Ecology* 11 (1985), Nr. 1, S. 27–33

[51] EMANUELSSON, O. ; NIELSEN, H. ; BRUNAK, S. ; HEIJNE, G. von: Predicting Subcellular Localization of Proteins Based on Their N-terminal Amino Acid Sequence. In: *Journal of Molecular Biology* 300 (2000), S. 1005–1016

[52] ERDTMANN, H. : Dehydrierungen in der Coniferylreihe. In: *Zeitung für Biochemie* 258 (1933), S. 172–180

[53] FERRER, J. ; AUSTIN, M. ; STEWART, C. ; NOEL, J. : Structure and Function of Enzymes in the Biosynthesis of Phenylpropanoids. In: *Plant Physiology and Biochemistry* 46 (2008), S. 356–370

[54] FISCHER, E. : Einfluss der Configuration auf die Wirkung der Enzyme. In: *Berichte der Deutschen Chemischen Gesellschaft* 27 (1894), S. 2985–2993

[55] FITCHETTE-LAINE, A. ; GOMORD, V. ; CABANES, M. ; MICHALSKI, J. ; MACARY, M. S. ; FOUCHER, B. ; CAVELIER, B. ; HAWES, C. ; LEROUGE, P. ; FAYE, L. : N-Glycans Harboring the Lewis a Epitope Are Expressed at the Surface of Plant Cells. In: *The Plant Journal* 12 (1997), Nr. 6, S. 1411–1417

[56] FLORIANO-SANCHEZ, E. ; VILLANUEVA, C. ; MEDINA-CAMPOS, O. ; ROCHA, D. ;

Literaturverzeichnis

SANCHEZ-GONZALES, D. ; CARDENAS-RODRIGUEZ, N. ; J, P.-C. : Nordihydroguaiaretic Acid Is a Potent *In Vivo* Scavenger of Peroxynitrite, Singlet Oxygen, Hydroxyl Radical, Superoxide Anion and Hypochlorous Acid and Prevents *In Vivo* Ozone-Induced Tyrosine Nitration in Lungs. In: *Free Radical Research* 40 (2006), Nr. 5, S. 523–533

[57] FLOWER, D. : A Structural Signature Characteristic of the Calycin Protein Superfamily. In: *Protein Peptide Letters* 2 (1995), S. 341–346

[58] FLOWER, D. : The Lipocalin Protein Family: Structure and Function. In: *Biochemistry Journal* 318 (1996), S. 1–14

[59] FLOWER, D. ; NORTH, A. ; ATTWOOD, T. : Structure and Sequence Relarionships in the Lipocalins and Related Proteins. In: *Protein Science* 2 (1993), S. 753–761

[60] FLOWER, D. ; NORTH, A. ; SANSOM, C. : The Lipocalin Protein Family: Structural and Sequence Overview. In: *Biochimica et Biophysica Acta* 1482 (2000), S. 9–24

[61] FORD, J. ; LEWIS, N. ; DAVIN, L. : *Plant Lignans and Health: Cancer Chemoprevention and Biotechnological Opportunities*. New York : Kluwer Academic Publisher/Plenum Publishers, 1999 (Plant Polyphenols 2: Chemistry, Biology, Pharmacology, Ecology). – 675–694 S.

[62] FRIAS, I. ; SIVERIO, J. ; C. GONZALEZ, J. T. ; PEREZ, J. : Purification of a New Peroxidase Catalysing the Formation of Lignan-Type Compounds. In: *Biochemical Journal* 273 (1991), S. 109–113

[63] GANG, D. ; COSTA, M. ; FUJITA, M. ; DINKOVA-KOSTOVA, A. ; WANG, H. ; BURLAT, V. ; MARTIN, W. ; SARKANEN, S. ; DAVIN, L. ; LEWIS, N. : Regiochemical Control of Monolignol Radical Coupling: A New Paradigm for Lignin and Lignan Biosynthesis. In: *Chemistry & Biology* 6 (1999), Nr. 3, S. 143–151

[64] GAO, R. ; GAO, C. ; TIAN, X. ; YU, X. ; DI, X. ; XIAO, H. ; ZHANG, X. : Insecticidal Activity of Deoxypodophyllotoxin, Isolated from *Juniperus sabina* L, and Related Lignans against Larvae of *Pieris rapae* L. In: *Pest Managment Science* 60 (2004), S. 1131–1136

[65] GAVEL, Y. ; HEIJNE, G. : Sequence Differences Between Glycosylated and Non-Glycosylated Asn-X-Thr/Ser Acceptor Sites: Implications for Protein Engineering. In: *Protein Engineering* 3 (1990), Nr. 5, S. 433–442

[66] GERSHENZON, J. ; DUDAREVA, N. : The Function of Terpene Natural Products in the Natural World. In: *Nature Chemical Biology* 3 (2007), Nr. 7, S. 408–414

[67] GERTSCH, J. ; TOBLER, R. ; BRUN, R. ; STICHER, O. ; HEILMANN, J. : Antifungal, Antipro-

Literaturverzeichnis

tozoal, Cytotoxic and Piscicidal Properties of Justicidin B and a New Arylnaphthalide Lignan from *Phyllanthus piscatorum*. In: *Planta Medica* 69 (2003), S. 420–424

[68] GLEAVE, A. : A Versatile Binary Vector System With a T-DNA Organisational Structure Conducive to Efficient Integration of Cloned DNA Into the Plant Genome. In: *Plant Molecular Biology* 20 (1992), S. 1203–1207

[69] GORDALIZA, M. ; GARCIA, P. ; CORRAL, J. M. ; CASTRO, M. ; GOMEZ-ZURITA, M. : Podophyllotoxin: Distribution, Sources, Applications and New Cytotoxic Derivatives. In: *Toxicon* 44 (2004), S. 441–459

[70] GRZYB, J. ; LATOWSKI, D. ; STRZALKA, K. : Lipocalins - a Family Portrait. In: *Journal of Plant Physiology* 163 (2006), S. 895–915

[71] GUTTERNIGG, M. ; KRETSCHMER-LUBICH, D. ; PASCHINGER, K. ; RENDIC, D. ; HADER, J. ; GEIER, P. ; RANFTL, R. ; JANTSCH, V. ; LOCHNIT, G. ; WILSON, I. : Biosynthesis of Truncated N-Linked Oligosaccharides Results from Non-Orthologous Hexosaminidase-Mediated Mechanisms in Nematodes, Plants, and Insects. In: *Journal of Biological Chemistry* 282 (2007), Nr. 38, S. 27825–27840

[72] HAEGGLUND, P. ; BRUNKENBORG, J. ; ELORTZA, F. ; JENSEN, O. ; ROEPSTORFF, P. : A New Strategy for Identification of N-Glycosylated Proteins and Unambiguous Assignment of Their Glycosylation Sites Using HILIC Enrichment and Partial Deglycosylation. In: *Journal of Proteome Research* 3 (2004), S. 556–566

[73] HALLS, S. ; DAVIN, L. ; KRAMER, D. ; LEWIS, N. : Kinetic Study of Coniferyl Alcohol Radical Binding to the (+)-Pinoresinol Forming Dirigent Protein. In: *Biochemistry* 43 (2004), S. 2587–2595

[74] HALLS, S. ; LEWIS, N. : Secondary and Quaternary Structures of the (+)-Pinoresinol-Forming Dirigent Protein. In: *Biochemistry* 41 (2002), S. 9455–9461

[75] HALLS, S. ; LEWIS, N. : Reversed-Phase HPLC Lignan Chiral Analysis with Laser Polarimetric Detection. In: *Tetrahedron: Asymmetry* 14 (2003), S. 649–658

[76] HAMBERG, M. ; FAHLSTADIUS, P. : Allene Oxide Cyclase: A New Enzyme in Plant Lipid Metabolism. In: *Archives of Biochemistry and Biophysics* 276 (1990), Nr. 2, S. 518–526

[77] HANAWA, F. ; SHIRO, M. ; HAYASHI, Y. : Heartwood Constituents of *Betula maximowicziana*. In: *Phytochemistry* 45 (1997), Nr. 3, S. 589–595

[78] HAPIOT, P. ; PINSON, J. ; FRANCESCH, C. ; MHAMDI, F. ; ROLANDO, C. ; SCHNEIDER, S.

: One-Electron Redox Potentials for the Oxidation of Coniferyl Alcohol and Analogues. In: *Journal of Electroanalytical Chemistry* 328 (1992), S. 327–331

[79] HAPIOT, P. ; PINSON, J. ; NETA, P. ; FRANCESCH, C. ; MHAMDI, F. ; ROLANDO, C. ; SCHNEIDER, S. : Mechanism of Oxidative Coupling of Coniferyl Alcohol. In: *Phytochemistry* 36 (1994), Nr. 4, S. 1013–1020

[80] HARBORNE, J. : Recent Advances in Chemical Ecology. In: *Natural Product Reports* 6 (1989), S. 85–109

[81] HARMATHA, J. ; NAWROT, J. : Insect Feeding Deterrent Activity of Lignans and Related Phenylpropanoids with a Methylendioxyphenyl (Piperonyl) Structure Moiety. In: *Entomologia Experimentalis et Applicata* 104 (2002), S. 51–60

[82] HARTMANN, T. : Diversity and Variability of Plant Secondary Metabolism: A Mechanistic View. In: *Entomologia Experimentalis et Applicata* 80 (1996), S. 177–188

[83] HATFIELD, R. ; VERMERRIS, W. : Lignin Formation in Plants. The Dilemma of Linkage Specificity. In: *Plant Physiology* 126 (2001), S. 1351–1357

[84] HAWORTH, R. D.: Natural Resins. In: *Annual Reports on the Progress of Chemistry Section B* 33 (1936), S. 266–279

[85] HEIJNE, G. von: Patterns of Amino Acids Near Signal-Sequence Cleavage Sites. In: *European Journal of Biochemistry* 133 (1983), S. 17–21

[86] HEINONEN, S. ; NURMI, T. ; LIUKKONEN, K. ; POUTANEN, K. ; WÄHÄLÄ, K. ; DEYAMA, T. ; NISHIBE, S. ; ADLERCREUTZ, H. : In Vitro Metabolism of Plant Lignans: New Precursors of Mammalian Lignans Enterolactone and Enterodiol. In: *Journal of Agricultural and Food Chemistry* 49 (2001), S. 3176–3186

[87] HEMMATI, S. ; SCHMIDT, T. ; FUSS, E. : (+)-Pinoresinol/(-)-Lariciresinol Reductase from *Linum perenne* Himmelszelt Involved in the Biosynthesis of Justicidin B. In: *FEBS Letters* 581 (2007), S. 603–610

[88] HIEBER, D. ; BUGOS, R. ; YAMAMOTO, H. : Plant Lipocalins: Violaxanthin Deepoxidase and Zeaxanthin Epoxidase. In: *Biochimica et Biophysica Acta* 1482 (2000), S. 84–91

[89] HOFMANN, E. ; ZERBE, P. ; SCHALLER, F. : The Crystal Structure of *Arabidopsis thaliana* Allene Oxide Cyclase: Insights into the Oxylipin Cyclization Reaction. In: *The Plant Cell* 18 (2006), S. 3201–3217

Literaturverzeichnis

[90] HUMPHREYS, J. ; CHAPPLE, C. : Rewriting the Lignin Roadmap. In: *Current Opinion in Plant Biology* 5 (2002), S. 224–229

[91] HÜTTEL, W. ; MÜLLER, M. : Regio- and Stereoselective Intermolecular Oxidative Phenol Coupling in Kotanin Biosynthesis by *Aspergillus niger*. In: *ChemBioChem* 8 (2007), S. 521–529

[92] HYDER, P. ; FREDRICKSON, E. ; ESTELL, R. ; TELLEZ, M. ; GIBBENS, R. : Distribution and Concentration of Total Phenolics, Condensed Tannins, and Nordihydroguaiaretic Acid (NDGA) in Creosotebush (*Larrea tridentata*). In: *Biochemical Systematics and Ecology* 30 (2002), S. 905–912

[93] IMBERT, T. : Discovery of Podophyllotoxins. In: *Biochimie* 80 (1998), S. 207–222

[94] JIANG, J. ; HAN, Y. ; XING, L. ; XU, Y. ; XU, Z. ; CHONG, K. : Cloning and Expression of a Novel cDNA Encoding a Mannose-Specific Jacalin-Related Lectin from *Oryza sativa*. In: *Toxicon* 47 (2006), S. 133–139

[95] JOHANSSON, C. ; SADDLER, J. ; BEATSON, R. : Characterization of the Polyphenolics Related to the Colour of Western Red Cedar (*Thuja plicata* Donn) Heartwood. In: *Holzforschung* 54 (2000), S. 246–254

[96] JOHNSON, W. : Analyzing Protein Circular Dichroism Spectra for Accurate Secondary Structures. In: *PROTEINS: Structure, Function, and Genetics* 36 (1999), S. 307–312

[97] JOSEPH, H. ; GLEYE, J. ; MOULIS, C. ; MENSAH, L. ; ROUSSAKIS, C. ; GRATAS, C. : Justicidin B, a Cytotoxic Principle from *Justicia pectoralis*. In: *Journal of Natural Products* 51 (1988), Nr. 3, S. 599–600

[98] KANE, J. ; HARTLEY, D. : Formation of Recombinant Protein Inclusion Bodies in *Escherichia coli*. In: *Trends in Biotechnology* 6 (1988), Nr. 5, S. 95–101

[99] KATAYAMA, T. ; DAVIN, L. ; LEWIS, N. : An Extraordinary Accumulation of (-)-Pinoresinol in Cell-Free Extracts of *Forsythia intermedia*: Evidence for Enantiospecific Reduction of (+)-Pinoresinol. In: *Phytochemistry* 31 (1992), Nr. 11, S. 3875–3881

[100] KATAYAMA, T. ; OGAKI, A. : Biosynthesis of (+)-Syringaresinol in *Liriodendron tulipifera* I: Feeding Experiments with L-[U-^{14}C]Phenylalanine and [8-^{14}C]Sinapyl Alcohol. In: *Journal of Wood Science* 47 (2001), S. 41–47

[101] KAWAI, S. ; SUGISHITA, K. ; OHASHI, H. : Identification of *Thuja occidentalis* Lignans and Its Biosynthetic Relationship. In: *Phytochemistry* 51 (1999), S. 243–247

[102] KENRICK, P. ; CRANE, P. : The Origin and Early Evolution of Plants on Land. In: *Nature* 389 (1997), S. 33–39

[103] KIM, H. ; ONO, E. ; MORIMOTO, K. ; YAMAGAKI, T. ; OKAZAWA, A. ; KOBAYASHI, A. ; SATAKE, H. : Metabolic Engineering of Lignan Biosynthesis in *Forsythia* Cell Culture. In: *Plant & Cell Physiology* 50 (2009), Nr. 12, S. 2200–2209

[104] KIM, M. ; JEON, J. ; DAVIN, L. ; LEWIS, N. : Monolignol Radical-Radical Coupling Networks in Western Red Cedar and *Arabidopsis* and Their Evolutionary Implications. In: *Phytochemistry* 61 (2002), S. 311–322

[105] KIM, M. ; JEON, J. ; FUJITA, M. ; DAVIN, L. ; LEWIS, N. : The Western Red Cedar (*Thuja plicata*) 8-8' DIRIGENT Family Displays Diverse Expression Patterns and Conserved Monolignol Coupling Specificity. In: *Plant Molecular Biology* 49 (2002), S. 199–214

[106] KITTUR, F. ; YU, H. ; BEVAN, D. ; ESEN, A. : Homolog of the Maize β-Glucosidase Aggregating Factor from Sorghum Is a Jacalin-Related GalNAc-Specific Lectin But Lacks Protein Aggregating Activity. In: *Glycobiology* 19 (2009), Nr. 3, S. 277–287

[107] KITTUR, F. ; YU, H. ; BEVAN, D. ; ESEN, A. : Deletion of the N-Terminal Dirigent Domain in Maize β-Glucosidase Aggregating Factor and Its Homolog Sorghum Lectin Dramatically Alters the Sugar-Specificities of Their Lectin Domains. In: *Plant Physiology and Biochemistry* 48 (2010), Nr. 8, S. 731–734

[108] KOSHLAND, D. : Application of a Theory of Enzyme Specificity to Protein Synthesis. In: *Proceedings of the National Academy of Science* 44 (1958), S. 98–104

[109] KYHSE-ANDERSEN, J. : Electroblotting of Multible Gels: A Simple Apparatus Without Buffer Tank for Rapid Transfer of Proteins from Polyacrylamide to Nitrocellulose. In: *Journal of Biochemical and Biophysical Methods* 10 (1984), S. 203–209

[110] LAEMMLI, U. : Cleavage of Structural Proteins During the Assembly of the Head of Bacteriophage T4. In: *Nature* 227 (1970), S. 680–685

[111] LAMBERT, J. ; ZHAO, D. ; MEYERS, R. ; KUESTER, R. ; TIMMERMANN, B. ; DORR, R. : Nordihydroguaiaretic Acid: Hepatotoxicity and Detoxification in the Mouse. In: *Toxicon* 40 (2002), S. 1701–1708

[112] LEES, J. ; MILES, A. ; WIEN, F. ; WALLACE, B. : A Reference Database for Circular Dichroism Spectroscopy Covering Fold and Secondary Structure Space. In: *Bioinformatics* 22 (2006), Nr. 16, S. 1955–1962

Literaturverzeichnis

[113] LEVESQUE-TREMBLAY, G. ; HAVAUX, M. ; OUELLET, F. : The Chloroplastic Lipocalin AtCHL Prevents Lipid Peroxidation and Protects *Arabidopsis* Against Oxidative Stress. In: *The Plant Journal* 60 (2009), S. 691–702

[114] LEWINSOHN, E. ; GIJZEN, M. : Phytochemical Diversity: The Sounds of Silent Metabolism. In: *Plant Science* 179 (2009), S. 161–169

[115] LEWIS, N. ; DAVIN, L. : *Lignans: Biosynthesis and Function*. London : Elsevier, 1999 (Comprehensive Natural Products Chemistry 1). – 639–712 S.

[116] LIN, R. ; SKALSOUNIS, A. ; SEGUIN, E. ; TILLEQUIN, F. ; KOCH, M. : Phenolic Constituents of *Selaginella doederleinii*. In: *Planta Medica* 60 (1994), S. 168–170

[117] LIS, H. ; SHARON, N. : Protein Glycosylation Structural and Functional Aspects. In: *European Journal of Biochemistry* 218 (1993), S. 1–27

[118] LIU, J. ; STIPANOVIC, R. ; BELL, A. ; PUCKHABER, L. ; MAGILL, C. : Stereoselective Coupling of Hemigossypol to Form (+)-Gossypol in Moco Cotton Is Mediated by a Dirigent Protein. In: *Phytochemistry* 69 (2008), S. 3038–3042

[119] LÖBEL, D. ; JACOB, M. ; VÖLKNER, M. ; BREER, H. : Odorants of Different Chemical Classes Interact with Distinct Odorant Binding Protein Subtypes. In: *Chemical Senses* 27 (2002), S. 39–44

[120] LÖBEL, D. ; MARCHESE, S. ; KRIEGER, J. ; PELOSI, P. ; BREER, H. : Subtypes of Odorant-Binding Proteins - Heterologous Expression and Ligand Binding. In: *European Journal of Biochemistry* 254 (1998), S. 318–324

[121] MACRAE, W. ; TOWERS, G. : Biological Activities of Lignans. In: *Phytochemistry* 23 (1984), Nr. 6, S. 1207–1220

[122] MANTHEY, M. ; PYNE, S. ; TRUSCOTT, R. : Involvement of Tyrosine Residues in the Tanning of Proteins by 3-Hydroxyanthranilic Acid. In: *Proceedings of the National Academy of Science* 89 (1992), S. 1954–1957

[123] MAO, D. ; WACHTER, E. ; WALLACE, B. : Folding of the Mitochondrial Proton Adenosinetriphosphatase Proteolipid Channel in Phospholipid Vesicles. In: *Biochemistry* 21 (1982), S. 4960–4968

[124] MARJAMAA, K. ; KUKKOLA, E. ; LUNDELL, T. ; KARHUNEN, P. ; SARANPÄÄ, P. ; FAGERSTEDT, K. : Monolignol Oxidation by Xylem Peroxidase Isoforms of Norway Spruce *Picea abies* and Silver Birch *Betula pendula*. In: *Tree Physiology* 26 (2006), S. 605–611

Literaturverzeichnis

[125] MARMARAS, V. ; CHARALAMBIDIS, N. ; ZERVAS, C. : Immune Response in Insects: The Role of Phenoloxidase in Defense Reactions in Relation to Melanization and Sclerotization. In: *Archives of Insect and Physiology* 31 (1996), S. 119–133

[126] MARSHALL, R. : Glycoproteins. In: *Annual Review of Biochemistry* 41 (1972), S. 673–702

[127] MARTONE, P. ; ESTEVEZ, J. ; LU, F. ; RUEL, K. ; DENNY, M. ; SOMERVILLE, C. ; RALPH, J. : Discovery of Lignin in Seaweed Reveals Convergent Evolution of Cell-Wall Architecture. In: *Current Biology* 19 (2009), S. 169–175

[128] MAZUR, W. ; ADLERCREUTZ, H. : Naturally Occurring Oestrogens in Food. In: *Pure and Applied Chemistry* 70 (1998), Nr. 9, S. 1759–1776

[129] MIESSNER, M. ; CRESCENZI, O. ; NAPOLITANO, A. ; PROTA, G. ; ANDERSEN, S. ; PETER, M. : Biphenyltetrols and Dibenzofuranones from Oxidative Coupling of Resorcinols with 4-Alkylpyrocatechols: New Clues to the Mechanism of Insect Cuticle Sclerotization. In: *Helvetica Chimica Acta* 74 (1991), S. 1205–1212

[130] MILTON, R. ; MILTON, S. ; KENT, S. : Total Chemical Synthesis of a D-Enzyme: The Enantiomers of HIV-1 Protease Show Demonstration of Reciprocal Chiral Substrate Specificity. In: *Science* 256 (1992), S. 1445–1448

[131] MOSS, G. : Nomenclature of Lignans and Neolignans. In: *Pure and Applied Chemistry* 72 (2000), Nr. 8, S. 1493–1523

[132] MUGFORD, P. ; WAGNER, U. ; JIANG, Y. ; FABER, K. ; KAZLAUSKAS, R. : Enantiokomplementäre Enzyme: Klassifizierung, molekulare Grundlage der Enantiopräferenz und Prognosen für spiegelbildliche Biotransformationen. In: *Angewandte Chemie* 120 (2008), S. 8912–8923

[133] MUNAKATA, K. ; MARUMO, S. ; OHTA, K. ; CHEN, Y. : Justicidin A and B, the Fish-Killing Components of *Justicia hayatai* var. *decumbens*. In: *Tetrahedron Letters* 6 (1965), Nr. 47, S. 4167–4170

[134] NAKAJIMA, M. ; KOGA, T. ; SAKAI, H. ; YAMANAKA, H. ; FUJIWARA, R. ; YOKOI, T. : N-Glycosylation Plays a Role in Protein Folding of Human UGT1A9. In: *Biochemical Pharmacology* 79 (2010), S. 1165–1172

[135] NAKATSUBO, T. ; MIZUTANI, M. ; SUZUKI, S. ; HATTORI, T. ; UMEZAWA, T. : Characterization of *Arabidopsis thaliana* Pinoresinol Reductase, a New Type of Enzyme Involved in Lignan Biosynthesis. In: *Journal of Biological Chemistry* 283 (2008), Nr. 23, S. 15550–15557

[136] NERSISSIAN, A. ; MEHRABIAN, Z. ; NALBANDYAN, R. ; HART, P. ; FRACZKIEWICZ, G.

; CZERNUSZEWICZ, R. ; BENDER, C. ; PEISACH, J. ; HERRMANN, R. ; VALENTINE, J. : Cloning, Expression, and Spectroscopic Characterization of *Cucumis sativus* Stellacyanin in Its Nonglycosylated Form. In: *Protein Science* 5 (1996), S. 2184–2192

[137] NG, D. ; HIEBERT, S. ; LAMB, R. : Different Roles of Individual N-Linked Oligosaccharide Chains in Folding, Assembly, and Transport of the Simian Virus 5 Hemagglutinin-Neuraminidase. In: *Molecular and Cellular Biology* 10 (1990), Nr. 5, S. 1989–2001

[138] NIELSEN, H. ; ENGELBRECHT, J. ; BRUNAK, S. ; HEIJNE, G. von: Identification of Prokaryotic and Eukaryotic Signal Peptides and Prediction of Their Cleavage Sites. In: *Protein Engineering* 10 (1997), Nr. 1, S. 1–6

[139] NORTH, A. : Structural Homology in Ligand-Specific Transport Protein. In: *Biochemical Society Symposia* 57 (1991), S. 35–48

[140] NOSE, M. ; BERNARDS, M. ; FURLAN, M. ; ZAJICEK, J. ; EBERHARDT, T. ; LEWIS, N. : Towards the Specification of Consecutive Steps in Macromolecular Lignin Assembly. In: *Phytochemistry* 39 (1995), Nr. 1, S. 71–79

[141] NOY, N. : Retinoid-Binding Proteins: Mediators of Retinoid Action. In: *Biochemical Journal* 348 (2000), S. 481–495

[142] OKUNISHI, T. ; SAKAKIBARA, N. ; SUZUKI, S. ; UMEZAWA, T. ; SHIMADA, M. : Stereochemistry of Matairesinol Formation by *Daphne* Secoisolariciresinol Dehydrogenase. In: *Journal of Wood Science* 50 (2004), S. 77–81

[143] OKUNISHI, T. ; UMEZAWA, T. ; SHIMADA, M. : Enantiomeric Compositions and Biosynthesis of *Wikstroemia sikokiana* Lignans. In: *Journal of Wood Science* 46 (2000), S. 234–242

[144] OKUNISHI, T. ; UMEZAWA, T. ; SHIMADA, M. : Isolation and Enzymatic Formation of Lignans of *Daphne genkwa* and *Daphne odora*. In: *Journal of Wood Science* 47 (2001), S. 383–388

[145] PAIN, R. : Determining the CD Spectrum of a Protein. In: *Current Protocols in Protein Science* 7 (2004), Nr. 6, S. 1–24

[146] PAN, J. ; CHEN, S. ; YANG, M. ; WU, J. ; SINKKONEN, J. ; ZOU, K. : An Update on Lignans: Natural Products and Synthesis. In: *Natural Product Reports* 26 (2009), S. 1251–1292

[147] PATTISON, R. ; AMTMANN, A. : N-Glycan Production in the Endoplasmic Reticulum of Plants. In: *Trends in Plant Science* 14 (2009), Nr. 2, S. 92–99

[148] PELOSI, P. : The Role of Perireceptor Events in Vertebrate Olfaction. In: *Cellular Molecular Life Science* 58 (2001), S. 503–509

Literaturverzeichnis

[149] PERLMAN, D. ; HALVORSON, H. : A Putative Signal Peptidase Recognition Site and Sequence in Eukaryotic and Prokaryotic Signal Peptides. In: *Journal of Molecular Biology* 167 (1983), S. 391–409

[150] PETER, G. ; NEALE, D. : Molecular Basis for the Evolution of Xylem Lignification. In: *Current Opinion in Plant Biology* 7 (2004), S. 737–742

[151] PETER, M. : Chemical Modifications of Biopolymers by Quinones and Quinone Methides. In: *Angewandte Chemie* 28 (1989), S. 555–570

[152] PETTERSON, E. ; GODDARD, T. ; HUANG, C. ; COUCH, G. ; GREENBLATT, D. ; MENG, E. ; FERRIN, T. : UCSF Chimera - A Visualization System for Exploratory Research and Analysis. In: *Journal of Computational Chemistry* 25 (2004), Nr. 13, S. 1605–1612

[153] PEUMANS, W. ; DAMME, E. V.: Lectins as Plant Defense Proteins. In: *Plant Physiology* 109 (1995), S. 347–352

[154] PICKEL, B. ; CONSTANTIN, M. ; PFANNSTIEL, J. ; CONRAD, J. ; BEIFUSS, U. ; SCHALLER, A. : An Enantiocomplementary Dirigent Protein for the Enantioselective Laccase-Catalyzed Oxidative Coupling of Phenols. In: *Angewandte Chemie* 49 (2010), S. 202–204

[155] PROVENCHER, S. ; GLÖCKNER, J. : Estimation of Globular Protein Secondary Structure from Circular Dichroism. In: *Biochemistry* 20 (1981), Nr. 1, S. 33–37

[156] RAFFAELLI, B. ; HOIKKALA, A. ; LEPPÄLÄ, E. ; WÄHÄLÄ, K. : Enterolignans. In: *Journal of Chromatography B* 777 (2002), S. 29–43

[157] RALPH, J. ; PENG, J. ; LU, F. ; HATFIELD, R. ; HELM, R. : Are Lignins Optically Active? In: *Journal of Agricultural and Food Chemistry* 47 (1999), S. 2991–2996

[158] RALPH, S. ; J-PARK ; BOHLMANN, J. ; MANSFIELD, S. : Dirigent Proteins in Conifer Defense: Gene Discovery, Phylogeny, and Differential Wound- and Insect-Induced Expression of a Family of DIR and DIR-Like Genes in Spruce (*Picea* spp.). In: *Plant Molecular Biology* 60 (2006), S. 21–40

[159] RALPH, S. ; JANCSIK, S. ; BOHLMANN, J. : Dirigent Proteins in Conifer Defense II: Extended Gene Discovery, Phylogeny, and Constitutive and Stress-Induced Gene Expression in Spruce (*Picea* spp.). In: *Phytochemistry* 68 (2007), S. 1975–1991

[160] RAYON, C. ; LEROUGE, P. ; FAYE, L. : The Protein N-Glycosylation in Plants. In: *Journal of Experimental Botany* 49 (1998), Nr. 326, S. 1463–1472

[161] REDL, B. : Human Tear Lipocalin. In: *Biochimica et Biophysica Acta* 1482 (2000), S. 241–248

Literaturverzeichnis

[162] RIEDERER, M. ; HINNEN, A. : Removal of N-Glycosylation Sites of the Yeast Acid Phosphatase Severely Affects Protein Folding. In: *Journal of Bacteriology* 173 (1991), Nr. 11, S. 3539–3546

[163] SALEEM, M. ; KIM, H. ; ALI, M. ; LEE, Y. : An Update on Bioactive Plant Lignans. In: *Natural Product Reports* 22 (2005), S. 696–716

[164] SARKANEN, S. : *Template Polymerization in Lignin Biosynthesis*. American Chemical Society, 1998 (Lignin and Lignan Biosynthesis). – 194–208 S.

[165] SATAKE, T. ; MURAKAMI, T. ; SAIKI, Y. ; CHEN, C. : Chemische Untersuchungen der Inhaltsstoffe von *Pteris vittata* L. In: *Chemical and Pharmaceutical Bulletin* 26 (1978), Nr. 5, S. 1619–1622

[166] SAVITZKY, A. ; GOLAY, M. : Smoothing and Differentiation of Data by Simplified Last Squares Procedures. In: *Analytical Chemistry* 36 (1964), Nr. 8, S. 1627–1639

[167] SCHER, J. ; ZAPP, J. ; BECKER, H. : Lignan Derivatives from the Liverwort *Bazzania trilobata*. In: *Phytochemistry* 62 (2003), S. 769–777

[168] SCHIEBERLE, P. ; HOFMANN, T. : Die molekulare Welt des Lebensmittelgenusses. In: *Chemie in unserer Zeit* 37 (2003), S. 388–401

[169] SCHMID, J. ; AMRHEIN, N. : Molecular Organization of the Shikimate Pathway in Higher Plants. In: *Phytochemistry* 39 (1995), Nr. 4, S. 737–749

[170] SCHROEDER, F. ; CAMPO, M. del ; GRANT, J. ; WEIBEL, D. ; SMEDLEY, S. ; BOLTON, K. ; MEINWALD, J. ; EISNER, T. : Pinoresinol: A Lignol of Plant Origin Serving for Defense in a Caterpillar. In: *Proceedings of the National Academy of Sciences* 103 (2006), Nr. 42, S. 15497–15501

[171] SEIDEL, V. ; WINDHÖVEL, J. ; EATON, G. ; ALFERMANN, A. ; ARROO, R. ; MEDARDE, M. ; PETERSEN, M. ; WOOLLEY, J. : Biosynthesis of Podophyllotoxin in *Linum album* Cell Cultures. In: *Planta* 215 (2002), S. 1031–1039

[172] SETCHELL, K. ; BULL, R. ; ADLERCREUTZ, H. : Steroid Excretion During the Reproductive Cycle and in Pregnancy of the Vervet Monkey (*Cercopithecus aethiops pygerythrus*). In: *Journal of Steroid Biochemistry* 12 (1979), S. 375–384

[173] SETCHELL, K. ; LAWSON, A. ; MITCHELL, F. ; ADLERCREUTZ, H. ; M. AXELSON, D. K.: Lignans in Man and in Animal Species. In: *Nature* 287 (1980), S. 740–742

[174] SHANG, C. ; SASSA, H. ; HIRANO, H. : The Role of Glycosylation in the Function of a 48-

Literaturverzeichnis

kDa Glycoprotein from Carrot. In: *Biochemical and Biophysical Research Communications* 328 (2005), S. 144–149

[175] SINGH, S. ; PANDA, A. : Solubilization and Refolding of Bacterial Inclusion Body Proteins. In: *Journal of Bioscience and Bioengineering* 99 (2005), Nr. 4, S. 303–310

[176] SOJAR, H. ; BAHL, O. : A Chemical Method for the Deglycosylation of Proteins. In: *Archives of Biochemistry and Biophysics* 259 (1987), Nr. 1, S. 52–57

[177] SORENSON, H. ; MORTENSEN, K. : Advanced Genetic Strategies for Recombinant Protein Expression in *Escherichia coli*. In: *Journal of Biotechnology* 115 (2005), S. 113–128

[178] SREERAMA, N. ; VENYAMINOV, S. ; WOODY, R. : Estimation of the Number of α-Helical and β-Strand Segments in Proteins Using Circular Dichroism Spectroscopy. In: *Protein Science* 8 (1999), S. 370–380

[179] SREERAMA, N. ; VENYAMINOV, S. ; WOODY, R. : Estimation of Protein Secondary Structure from Circular Dichroism Spectra: Inclusion of Denatured Proteins with Native Protein in the Analysis. In: *Analytical Biochemistry* 287 (2000), Nr. 2, S. 243–251

[180] SREERAMA, N. ; WOODY, R. : A Self-Consistent Method for the Analysis of Protein Secondary Structure from Circular Dichroism. In: *Analytical Biochemistry* 209 (1993), S. 32–44

[181] SREERAMA, N. ; WOODY, R. : Estimation of Protein Secondary Structure from CD Spectra: Comparison of CONTIN, SELCON and CDSSTR Methods with an Expanded Reference Set. In: *Analytical Biochemistry* 287 (2000), S. 252–260

[182] STERJIADES, R. ; DEAN, J. ; ERIKSSON, K. : Laccase from Sycamore Maple (*Acer pseudoplatanus*) Polymerizes Monolignols. In: *Plant Physiology* 99 (1992), S. 1162–1168

[183] STOKKUM, I. V. ; SPOELDER, H. ; BLOEMENDAL, M. ; GRONDELLE, R. V. ; GROEN, F. : Estimation of Protein Secondary Structure and Error Analysis from CD Spectra. In: *Analytical Biochemistry* 191 (1990), S. 110–118

[184] STRASSER, R. ; BONDILI, J. ; SCHOBERER, J. ; SVOBODA, B. ; LIEBMINGER, E. ; GLÖSSL, J. ; ALTMANN, F. ; STEINKELLNER, H. ; MACH, L. : Enzymatic Properties and Subcellular Localization of Arabidopsis β-N-Acetylhexosaminidases. In: *Plant Physiology* 145 (2007), S. 5–16

[185] SU, D. ; WANG, Y. ; YU, S. ; YU, D. ; HU, Y. ; TANG, W. ; LIU, G. ; WANG, W. : Glucosides from the Roots of *Capparis tenera*. In: *Chemistry & Biodiversity* 4 (2007), S. 2852–2862

Literaturverzeichnis

[186] SUZUKI, S. ; UMEZAWA, T. : Biosynthesis of Lignans and Norlignans. In: *Journal of Wood Science* 53 (2007), S. 273–284

[187] SUZUKI, S. ; UMEZAWA, T. ; SHIMADA, M. : Stereochemical Difference in Secoisolariciresinol Formation between Cell-Free Extracts from Petioles and from Ripening Seeds of *Arctium lappa* L. In: *Bioscience Biotechnology Biochemistry* 62 (1998), Nr. 7, S. 1468–1470

[188] SUZUKI, S. ; UMEZAWA, T. ; SHIMADA, S. : Stereochemical Diversity in Lignan Biosynthesis of *Arctium lappa* L. In: *Bioscience Biotechnology Biochemistry* 66 (2002), Nr. 6, S. 1262–1269

[189] SWAN, E. ; JIANG, K. ; GARDNER, J. : The Lignans of *Thuja plicata* and the Sapwood-Heartwood Transformation. In: *Phytochemistry* 8 (1969), S. 345–351

[190] SYRJÄNEN, K. ; BRUNOW, G. : Regioselectivity in Lignin Biosynthesis. The Influence of Dimerization and Cross-Coupling. In: *Journal of the Chemical Society* 1 (2000), S. 183–187

[191] TAKEDA, R. ; HASEGAWA, J. ; SHINOZAKI, M. : The First Isolation of Lignans, Megacerotonic Acid and Anthocerotonic Acid, from Non-Vascular Plants, Anthocerotae (Hornworts). In: *Tetrahedron Letters* 31 (1990), Nr. 29, S. 4159–4162

[192] TANIGUCHI, E. ; IMAMURA, K. ; ISHIBASHI, F. ; MATSUI, T. ; NISHIO, A. : Structure of the Novel Insecticidal Sesquilignan, Haedoxan A. In: *Agricultural and Biological Chemistry* 53 (1989), Nr. 3, S. 631–643

[193] TCATCHOFF, L. ; NESPOULOUS, C. ; PERNOLLET, J. ; BRIAND, L. : A Single Lysyl Residue Defines the Binding Specificity of a Human Odorant-Binding Protein for Aldehydes. In: *FEBS Letters* 580 (2006), S. 2102–2108

[194] TRETTER, V. ; ALTMANN, F. ; MÄRZ, L. : Peptide-N^4-(N-Acetyl-β-glucosaminyl)asparagine Amidase F Cannot Release Glycans with Fucose Attached α1-3 to the Asparagine-Linked N-Acetylglucosamine Residue. In: *European Journal of Biochemistry* 199 (1991), S. 647–652

[195] UMEZAWA, T. : Diversity in Lignan Biosynthesis. In: *Phytochemistry Reviews* 2 (2003), S. 371–390

[196] UMEZAWA, T. ; SHIMADA, M. : Formation of the Lignan (+)-Secoisolariciresinol by Cell-Free Extracts of *Arctium lappa*. In: *Bioscience, Biotechnology & Agrochemistry* 60 (1996), Nr. 4, S. 736–737

[197] URADE, Y. ; FUJIMOTO, N. ; HAYAISHI, O. : Purification and Characterization of Rat Brain Prostaglandin D Synthase. In: *Journal of Biological Chemistry* 260 (1985), S. 12410–12415

[198] VALSARAJ, R. ; PUSHPANGADAN, P. ; SMITT, U. ; ADSERSEN, A. ; CHRISTENSEN, S. ;

Literaturverzeichnis

SITTIE, A. ; NYMAN, U. ; NIELSEN, C. ; OLSEN, C. : New Anti-HIV-1, Antimalarial, and Antifungal Compounds from *Terminalia bellerica*. In: *Journal of Natural Products* 60 (1997), S. 739–742

[199] VASILEV, N. ; BOS, E. ; KAYSER, O. ; MOMEKOV, G. ; KONSTANTINOV, S. ; IONKOVA, I. : Production of Justicidin B, a Cytotoxic Arylnaphthalene Lignan from Genetically Transformed Root Cultures of *Linum leonii*. In: *Journal of Natural Products* 69 (2006), S. 1014–1017

[200] VOGT, T. : Phenylpropanoid Biosynthesis. In: *Molecular Plant Biology* 3 (2010), Nr. 1, S. 2–20

[201] WALTER, P. ; JOHNSON, A. : Signal Sequence Recognition and Protein Targeting to the Endoplasmic Reticulum Membrane. In: *Annual Reviews in Cell Biology* 10 (1994), S. 87–119

[202] WANG, C. ; DAVIN, L. ; LEWIS, N. : Stereoselective Phenolic Coupling in *Blechnum spicant*: Formation of 8-2' Linked (-)-*cis*-Blechnic, (-)- *trans*-Blechnic and (-)-Brainic Acids. In: *Chemical Communication* (2001), S. 113–114

[203] WANG, C. ; EUFEMI, M. ; TURANO, C. ; GIARTOSIO, A. : Influence of the Carbohydrate Moiety on the Stability of Glycoproteins. In: *Biochemistry* 35 (1996), Nr. 23, S. 7299–7307

[204] WANG, Y. ; FRISTENSKY, B. : Transgenic Canola Lines Expressing Pea Defense Gene DRR206 Have Resistance to Aggressive Blackleg Isolates and to *Rhizoctonia solani*. In: *Molecular Breeding* 8 (2001), S. 263–271

[205] WARD, R. : Lignans, Neolignans and Related Compounds. In: *Natural Product Reports* 16 (1999), S. 75–96

[206] WEINTRAUB, M. ; RAYMOND, S. : Antiserums Prepared with Acrylamide Gel Used as Adjuvant. In: *Science* 142 (1963), S. 1677–1678

[207] WHITE, S. ; BRIAND, L. ; SCOTT, D. ; BORYSIK, A. : Structure of a Rat Odorant-Binding Proteine OBP1 at 1.6 A Resolution. In: *Acta Crystallographica* (2009), S. 403–410

[208] WHITMORE, L. ; WALLACE, B. : Protein Secondary Structure Analysis from Circular Dichroism Spectroscopy: Methods and Reference Databases. In: *Biopolymers* 89 (2008), Nr. 5, S. 392–400

[209] WHITMORE, L. ; WALLACE, B. A.: DICHROWEB, an Online Server for Protein Secondary Structure Analyses from Circular Dichroism Spectroscopic Data. In: *Nucleic Acids Research* 32 (2004), S. W668–W673

[210] WILLFOER, S. ; HEMMING, J. ; REUNANEN, M. ; ECKERMAN, C. ; HOLMBOM, B. : Lignans

and Lipophilic Extractives in Norway Spruce Knots and Stemwood. In: *Holzforschung* 57 (2003), S. 27–36

[211] WUHRER, M. ; CATALINA, M. ; DEELDER, A. ; HOKKE, C. : Glycoproteomics Based on Tandem Mass Spectrometry of Glycopeptides. In: *Journal of Chromatography B* 849 (2007), S. 115–128

[212] XIA, Z. ; COSTA, M. ; PELISSIER, H. ; DAVIN, L. ; LEWIS, N. : Secoisolariciresinol Dehydrogenase: Purification, Cloning, and Functional Expression. In: *Journal of Biological Chemistry* 276 (2001), Nr. 16, S. 12614–12623

[213] XIA, Z. ; COSTA, M. ; PROCTOR, J. ; DAVIN, L. ; LEWIS, N. : Dirigent-Mediated Podophyllotoxin Biosynthesis in *Linum flavum* and *Podophyllum peltatum*. In: *Phytochemistry* 55 (2000), S. 537–549

[214] XIE, C. ; LOU, H. : Secondary Metabolites in Bryophytes: An Ecological Aspect. In: *Chemistry & Biodiversity* 6 (2009), S. 303–312

[215] XIE, L. ; AKAO, T. ; HAMASAKI, K. ; DEYAMA, T. ; HATTORI, M. : Biotransformation of Pinoresinol Diglucoside to Mammalian Lignans by Human Intestinal Microflora, and Isolation of *Enterococcus faecalis* Strain PDG-1 Responsible for the Transformation of (+)-Pinoresinol to (+)-Lariciresinol. In: *Chemical and Pharmaceutical Bulletin* 51 (2003), Nr. 5, S. 508–515

[216] YAMAUCHI, S. ; TANIGUCHI, E. : Influence on Insecticidal Activity of the 3-(3,4-Methylenedioxyphenyl)Group in the 1,4-Benzodioxanyl Moiety of Haedoxan. In: *Bioscience Biotechnology Biochemistry* 56 (1992), Nr. 11, S. 1744–1750

[217] YASUDA, S. ; HIRANO, J. ; TANGE, J. ; NADADOMI, W. ; TACHI, M. : Manufacture of Wood-Cement Boards III: Cement-Hardening Inhibitory Components of Western Red Cedar Heartwood. In: *Journal of Wood Chemistry and Technology* 9 (1989), Nr. 1, S. 123–133

[218] YASUMOTO, K. ; YAMAMOTO, A. ; MITSUDA, H. : Effect of Phenolic Antioxidants on Lipoxygenase Reaction. In: *Agricultural and Biological Chemistry* 34 (1970), Nr. 8, S. 1162–1168

[219] YOUN, B. ; MOINUDDIN, S. ; DAVIN, L. ; LEWIS, N. ; KANG, C. : Crystal Structure of Apo-Form and Binary/Ternary Complexes of *Podophyllum* Secoisolariciresinol Dehydrogenase, an Enzyme Involved in Formation of Health-Protecting and Plant Defense Lignans. In: *Journal of Biological Chemistry* 280 (2005), Nr. 13, S. 12917–12926

[220] YUSIFOV, T. ; ABDURAGIMOV, A. ; GASYMOV, K. ; GLASGOW, B. : Endonuclease Activity in Lipocalins. In: *Biochemical Journal* 347 (2000), S. 815–819

Literaturverzeichnis

[221] ZACHARIUS, R. ; ZELL, T. ; MORRISON, J. ; WOODLOCK, J. : Glycoprotein Staining Following Electrophoresis on Acrylamide Gels. In: *Analytical Biochemistry* 1 (1969), S. 148–152

[222] ZHANG, X. ; GLASER, E. : Interaction of Plant Mitochondrial and Chloroplastic Signal Peptides with the Hsp70 Molecular Chaperone. In: *Trends in Plant Science* 7 (2002), Nr. 1, S. 14–21

[223] ZHU, L. ; ZHANG, X. ; TU, L. ; ZENG, F. ; NIE, Y. ; GUO, X. : Isolation and Characterization of Two Novel Dirigent-Like Genes Highly Induced in Cotton (*Gossypium barbadense* and *G. hirsutum*) After Infection by *Verticillium dahliae*. In: *Journal of Plant Pathology* 89 (2007), Nr. 1, S. 41–45

[224] ZIDORN, C. ; ELLMERER, E. ; STURM, S. ; STUPPNER, H. : Tyrolobibenzyls E and F from *Scorzonera humilis* and Distribution of Caffeic Acid Derivatives, Lignans and Tyrolobibenzyls in European Taxa of the Subtribe Scorzonerinae (Lactuceae, Asteraceae). In: *Phytochemistry* 63 (2003), S. 61–67

Abbildungsverzeichnis

4.1. Schema des Sekundärstoffwechsels in der Pflanze sowie die Strukturen der Carvon-Enantiomere 15
4.2. Grundstrukturen von Phenylpropandimeren 16
4.3. Strukturen der Lignantypen und Modifikationen der Arylreste 17
4.4. Strukturformeln verschiedener Lignane 18
4.5. Phenylpropanbiosyntheseweg 20
4.6. Lignanbiosyntheseweg 23
4.7. Radikalische Kupplung von Koniferylalkohol 24
4.8. Stereospezifisch kontrollierte Phenoxykupplungen 26

5.1. Kalibrierung der Gelfiltrationssäule 59
5.2. CD-Spektrum von AKS 63
5.3. Quantifizierung von Koniferylalkohol und Pinoresinol 67
5.4. LC-MS-Analyse von Koniferylalkohol und Pinoresinol 68
5.5. Charakterisierung von Koniferylalkohol und (+)-Pinoresinol 69

6.1. Vorhersage der Signalpeptid-Spaltstelle von AtDIR5/6 73
6.2. Schema des pAtDIR6-Proteinkonstrukts 74
6.3. Induktion und Aufreinigung von His_6-AtDIR6 75
6.4. Expression von His_6-AtDIR6 in Rosetta-gami B und Faltungsexperimente 76
6.5. Erzeugung des α-AtDIR6-Antiserums 77
6.6. Test transgener $S.\ peruvianum$-Zellen 79
6.7. Extraktion von AtDIR6 mit KCl 81
6.8. Kationenaustausch und $(NH_4)_2SO_4$-Fällung 83
6.9. Gelfiltration der 60-90 % $(NH_4)_2SO_4$-Fällungsstufe 83
6.10. Graduelle Kationenaustauschchromatographie 84
6.11. Übersicht der Aufreinigung von AtDIR6 85
6.12. Identifizierung von AtDIR6 durch MS 87
6.13. Charakterisierung der FiDIR1-exprimierenden Tomatenzellkultur 88
6.14. Identifizierung von FiDIR1 durch MS 90
6.15. Charakterisierung der Kopplungsprodukte durch LC/MS und UV/VIS 91
6.16. DP-Aktivität von AtDIR6 und FiDIR1 93
6.17. Oxidative Aktivität von AtDIR6 94
6.18. Variation der Koniferylalkoholkonzentration 95

Abbildungsverzeichnis

6.19. Umsetzung mit verschiedenen Konzentrationen an Koniferylalkohol 96
6.20. Bilanz der Umsetzungen mit variierenden AtDIR6-Konzentrationen 97
6.21. Kalibirierte Gelfiltration 99
6.22. EDC-Quervernetzung von AtDIR6 99
6.23. Isoformen von AtDIR6 100
6.24. Glykosylierungsnachweis und PNGase F-Behandlung 101
6.25. Deglykosylierung und Molekulargewichtsbestimmmung von AtDIR6 103
6.26. Hilic-Chromatographie 104
6.27. Glykosylierung von AtDIR6 105
6.28. Nachweis Zuckerspezifischer Oxoniumionen durch MS/MS 106
6.29. MS/MS-Spektren der M^{110}-K^{128}- und H^{42}-K^{75}-Peptide 106
6.30. Identifizierung des N-Terminus von AtDIR6 durch ISD-MALDI-TOF 109
6.31. Fragmentierungsspektrum des F^{30}-K^{37}-Peptids durch MS/MS. 110
6.32. CD-Spektrum von AtDIR6 112
6.33. Temperaturabhängige Konformationsänderungen von AtDIR6 114
6.34. Temperaturabhängige Aktivität und Konformationsreversibilität 115
6.35. Schmelzkurven von AtDIR6 116
6.36. Alignment von AtAOC2, AtDIR6 und RnOBP1 118
6.37. Expression und Aufreinigung von AtAOC2 und RnOBP1 120
6.38. EDC-Quervernetzung von RnOBP1 und AtAOC2 121
6.39. CD-Spektren von AtDIR6, AtAOC2 und RnOBP1 123
6.40. Dirigierende Aktivität von textitRnOBP1 und AtAOC2 125

7.1. DP-Proteinfamilie 127
7.2. Aminosäuresequenzvergleich von DPs 128
7.3. Struktur von N-Glykanen 132
7.4. N-Glykosylierung *in planta* 134
7.5. Kinetische DP-Modell 137
7.6. RnObp1- und AtAOC2-Modell 148
7.7. Sequenzvergleich von Lipocalinen und DPs 151

Tabellenverzeichnis

5.1. Verwendete Enzyme 31
5.2. Verwendete Oligonukleotide 32
5.3. Verwendete Plasmide 32
5.4. Bakterienstämme 33
5.5. Verwendete Antibiotika 35
5.6. Extinktionskoeffizienten 50
5.7. Puffer für das SDS-PAGE-Gel 51
5.8. Verwendete Antikörper 54
5.9. Ammoniumsulfatsättigungsstufen 56
5.10. Gradient der Kationenaustauschchromatographie 57
5.11. LMS I 66
5.12. LMS II 66

6.1. BLAST mit *Fi*DIR1 71
6.2. BLAST mit *Tp*DIR7 71
6.3. Bioinformatische Vorhersagen von DPs 72
6.4. Vorhersagen zur Prozessierung von DPs mit SignalP 3.0 73
6.5. MS/MS-Spektrum des G^{129}-R^{144}-Peptids von *At*DIR6 86
6.6. MS/MS-Spektrum des D^{144}-R^{158}-Peptids von *Fi*DIR1 89
6.7. Produktmengen bei variablen Substratkonzentrationen 96
6.8. (–)-Pinoresinolmengen bei variablen *At*DIR6-Konzentrationen 98
6.9. MS/MS-Spektrum des H^{42}-K^{75}-Peptids 107
6.10. MS/MS-Spektrum des M^{110}-K^{128}-Peptids 108
6.11. MS/MS-Spektrum des ISD-Fragments F^{30}-K^{37} 110
6.12. Sekundärstrukturvorhersage mit verschiedenen Algorithmen und Referenzdatensätzen 112
6.13. T_m-, ΔS- und ΔH-Werte der Temperaturbereiche ①, ② und ③ 116
6.14. Bioinformatische Charakterisierung von *At*DIR6, *At*AOC2 und *Rn*OBP1 118
6.15. Sekundärstrukturvorhersage für *At*DIR6, *At*AOC2 und *Rn*OBP1 122

7.1. Sekundärstrukturgehalte von *Fi*DIR1, *At*DIR6, *At*AOC2 und *Rn*OBP1 143
7.2. Biochemischer Vergleich von Lipocalinen, *At*AOC2 und DPs 146

A. Sequenzen

A.1. p*AtDIR6* ohne Signalpetid mit N-terminalem His$_6$-Tag

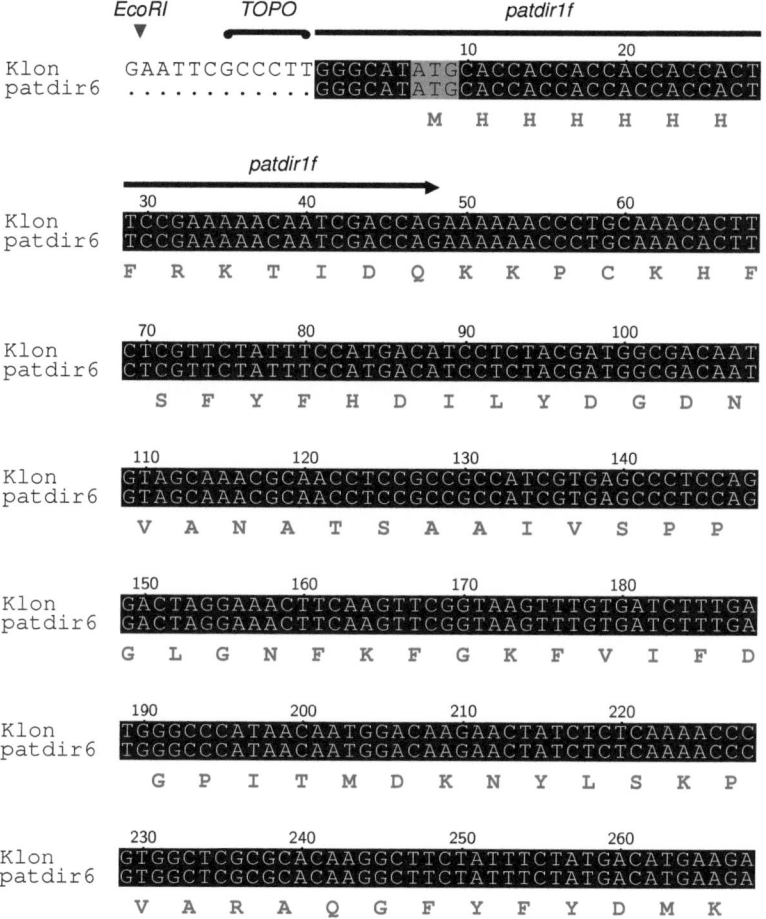

A. Sequenzen

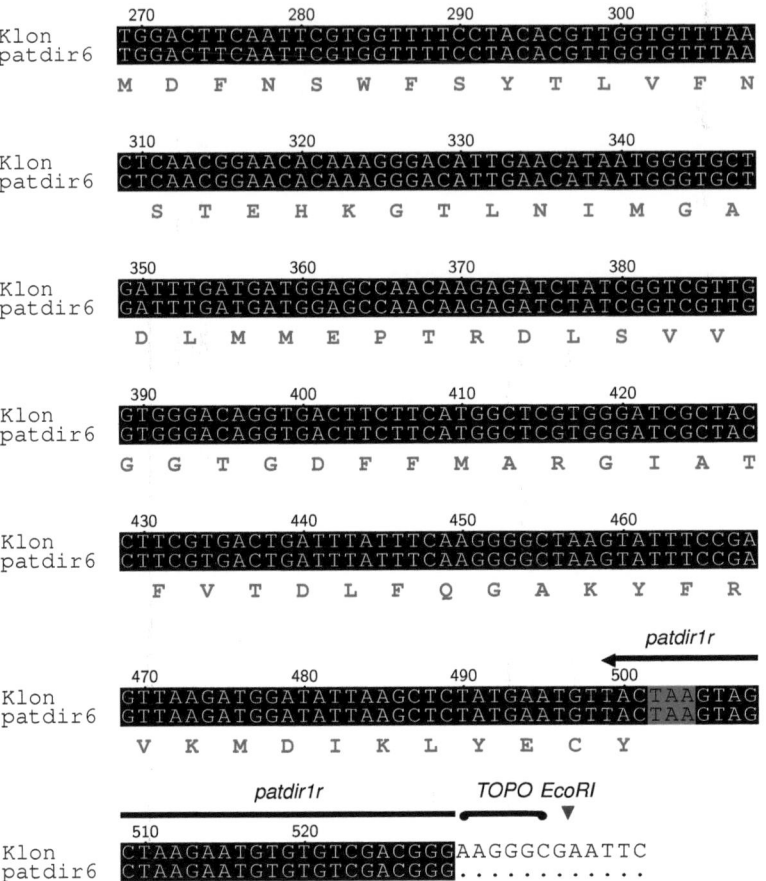

A. Sequenzen

A.2. *AtDIR6* in pART7

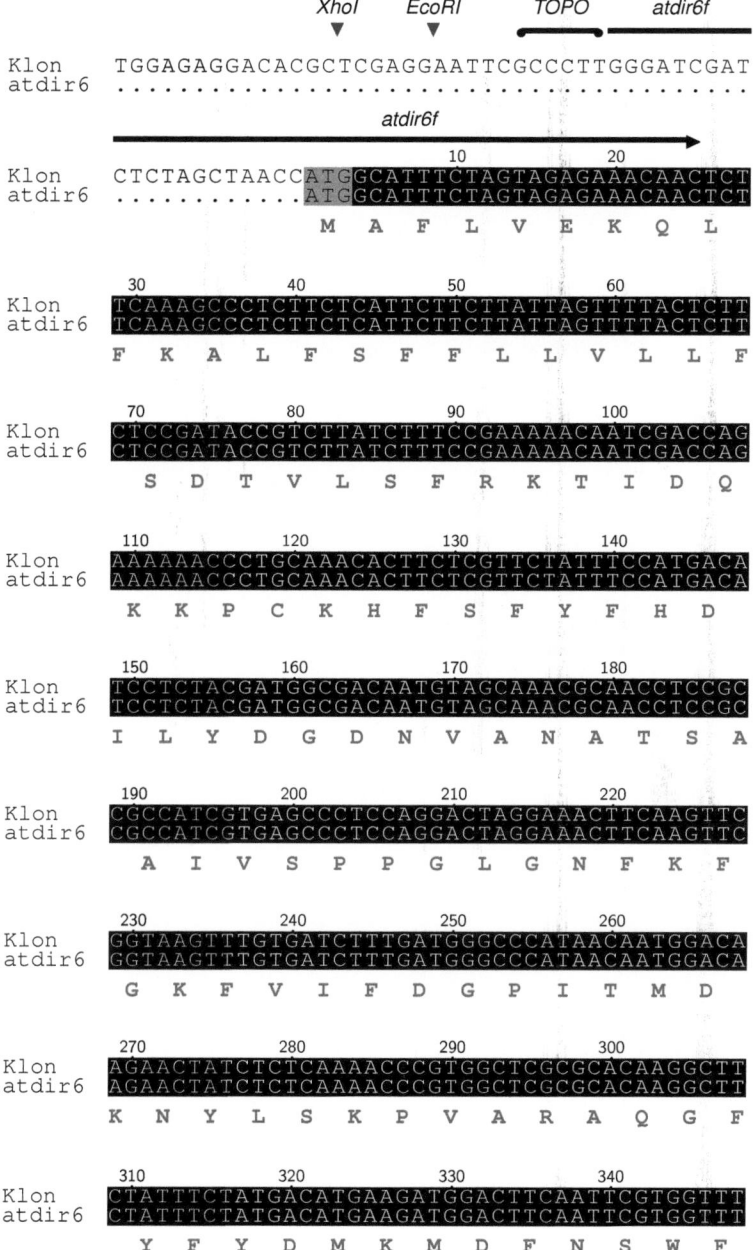

A. Sequenzen

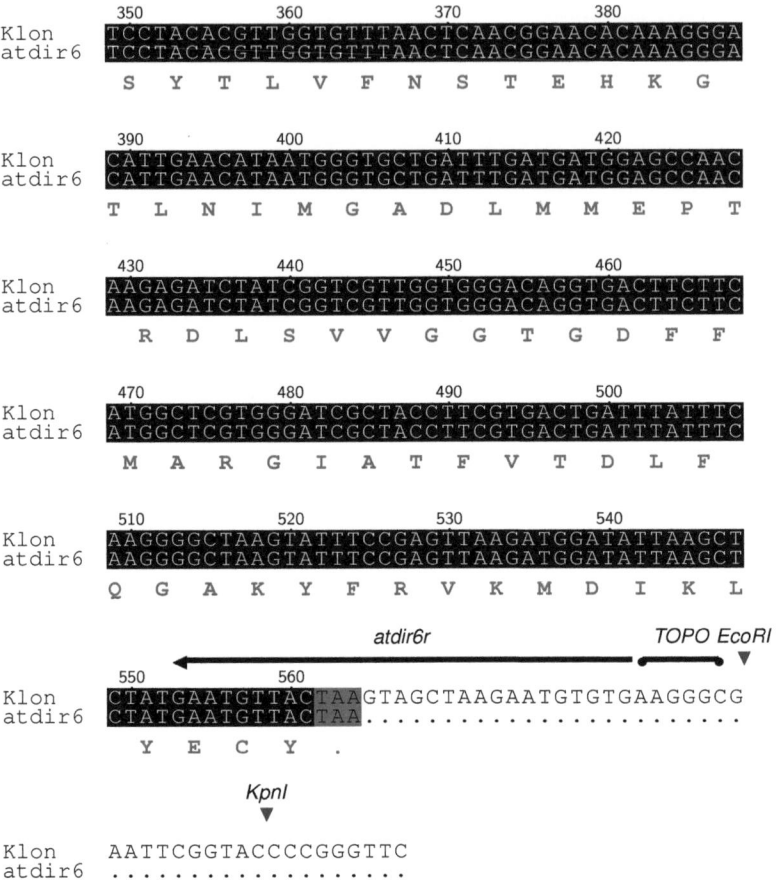

A. Sequenzen

A.3. *FiDIR1* in pART7

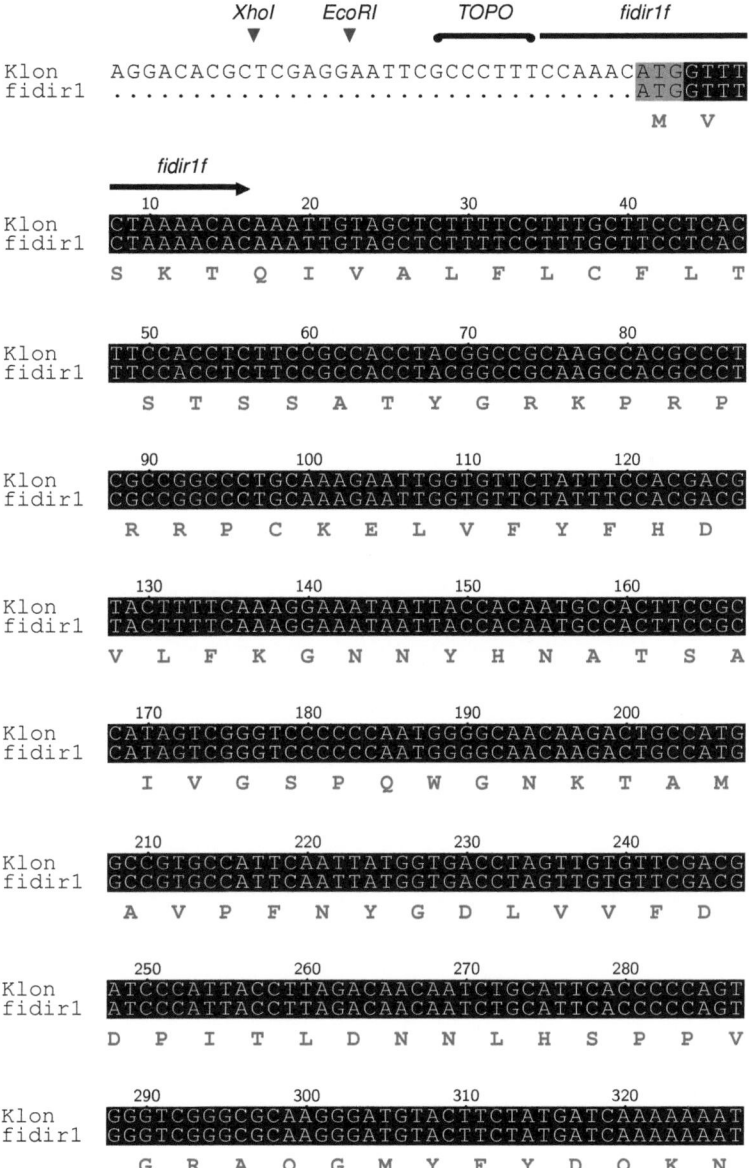

A. Sequenzen

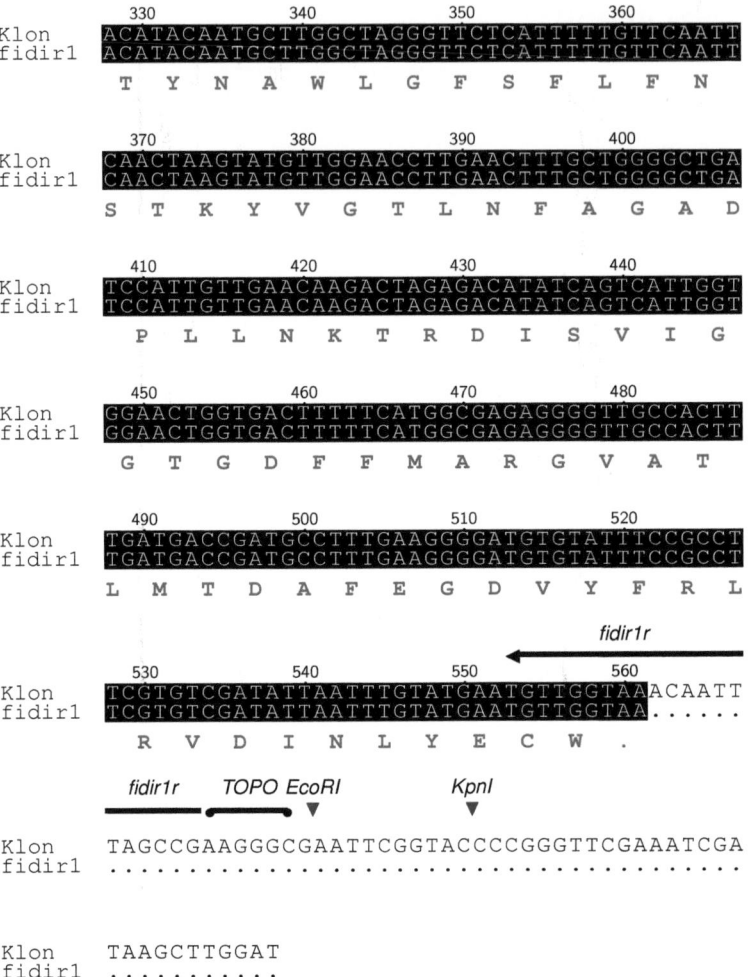

Die VDM Verlagsservicegesellschaft sucht für wissenschaftliche Verlage abgeschlossene und herausragende

Dissertationen, Habilitationen, Diplomarbeiten, Master Theses, Magisterarbeiten usw.

für die kostenlose Publikation als Fachbuch.

Sie verfügen über eine Arbeit, die hohen inhaltlichen und formalen Ansprüchen genügt, und haben Interesse an einer honorarvergüteten Publikation?

Dann senden Sie bitte erste Informationen über sich und Ihre Arbeit per Email an *info@vdm-vsg.de*.

Sie erhalten kurzfristig unser Feedback!

VDM Verlagsservicegesellschaft mbH
Dudweiler Landstr. 99   Telefon +49 681 3720 174
D - 66123 Saarbrücken   Fax   +49 681 3720 1749
www.vdm-vsg.de

Die VDM Verlagsservicegesellschaft mbH vertritt

Printed by Books on Demand GmbH, Norderstedt / Germany